福建省中等职业学校学业水平考试用书

U0641627

机械基础（上册）

主　编　齐　峰　刘焕新
副主编　叶铁锋　林　静
　　　　陈联滋

华中科技大学出版社
http://press.hust.edu.cn
中国·武汉

内 容 简 介

福建省中等职业学校学业水平考试《机械基础》是福建省 2024 级学生在 2026 年新学考十二大类中的一个大类,新的福建省中等职业学校学业水平考试《机械基础》虽然起名为机械基础,但实际上其内容包括机械制图、机械设计基础(包括机械基础概论、工程力学、常用机构、常用传动装置、连接和支承零部件及机械节能环保与安全防护)、工程材料、金属工艺学和机械制造基础等。

本书主要是依据福建省中等职业学校学业水平考试《机械基础》科目考试说明中机械制图考试范围与要求编写的。

图书在版编目(CIP)数据

机械基础.上册 / 齐峰,刘焕新主编;叶铁锋,林静,陈联滋副主编. -- 武汉 : 华中科技大学出版社, 2025. 8. -- ISBN 978-7-5772-2073-4

Ⅰ. TH11

中国国家版本馆 CIP 数据核字第 2025WM3929 号

机械基础(上册)   齐　峰　刘焕新　主　编
Jixie Jichu(Shangce)   叶铁锋　林　静　陈联滋　副主编

策划编辑:徐晓琦　张少奇
责任编辑:余　涛
封面设计:原色设计
责任监印:曾　婷
出版发行:华中科技大学出版社(中国·武汉)　　电话:(027)81321913
　　　　　武汉市东湖新技术开发区华工科技园　　邮编:430223
录　　排:武汉市洪山区佳年华文印部
印　　刷:武汉市籍缘印刷厂
开　　本:787mm×1092mm　1/16
印　　张:11.75
字　　数:268 千字
版　　次:2025 年 8 月第 1 版第 1 次印刷
定　　价:42.80 元

前　言

福建省中等职业学校学业水平考试是根据国家中等职业教育专业教学标准,结合福建省中等职业教育教学实际,由福建省级教育行政部门组织实施的考试,主要用于衡量学生达到国家规定学习要求的程度,是保障职业教育教学质量的一项重要制度。考试成绩是中职学生毕业和升学的重要依据,是评价中等职业学校教育教学质量的重要参考,是持续推进福建省现代职业教育体系建设的重要途径。本书主要是依据福建省中等职业学校学业水平考试《机械基础》科目考试说明中机械制图考试范围与要求编写的。主要内容包括:

1. 制图的基本规定及技能

(1) 了解图纸幅面和格式的规定。

(2) 理解比例的含义和规定。

(3) 会使用常用尺规绘图工具。

(4) 掌握常见的线型(粗实线、细实线、细点画线、细虚线、波浪线等)的画法和用途。

(5) 掌握标注尺寸的基本规则,会进行基本的尺寸标注。

(6) 理解斜度和锥度的概念。

(7) 掌握常用的圆周等分和正多边形的作法。

(8) 掌握简单平面图形的分析方法和作图步骤。

2. 投影基础

(1) 理解投影法的概念。

(2) 理解正投影法的特性。

(3) 掌握三视图的形成以及三视图之间的投影关系。

(4) 理解点、直线、平面的三面投影特征。

(5) 理解空间任意两点的相对位置关系。

(6) 理解直线、平面的投影特性。

(7) 掌握点、直线、平面的三视图的绘制。

(8) 掌握平面体(棱柱、棱锥、棱台)和曲面体(圆柱、圆锥、球体)视图的画法。

(9) 掌握用特殊位置平面截切平面体和圆柱体的截交线绘制。

(10) 掌握正交两圆柱体的相贯线绘制。

(11) 掌握组合体三视图的绘制。

（12）能识读和标注简单组合体的尺寸。

（13）掌握简单平面形体正等轴测图的绘制。

3．图样的基本表示法

（1）掌握六个基本视图、向视图的画法、标注和应用。

（2）掌握局部视图和斜视图的画法、标注和应用。

（3）掌握单一剖切面剖切机件——全剖、半剖、局部剖、斜剖视的画法、标注和应用。

（4）理解几个剖切面剖切机件——阶梯剖、旋转剖、复合剖的画法、标注和应用。

（5）理解断面图、局部放大图的画法、标注和应用。

（6）了解第三角投影方法的画法和应用。

4．常用件和标准件的画法

（1）掌握内、外螺纹和内外螺纹旋合的规定画法、标注及应用。

（2）掌握螺钉、螺母、垫圈、螺栓和螺柱的规定画法、标注及应用。

（3）掌握键连接、销连接的规定画法、标注及应用。

（4）理解滚动轴承的规定画法、简化画法及应用。

（5）理解单个圆柱齿轮、两个圆柱齿轮啮合的规定画法。

5．零件图

（1）理解零件图的视图选择原则和典型零件的表示方法。

（2）了解尺寸基准的概念。

（3）掌握表面结构及表面粗糙度的符号、代号及其标注和识读。

（4）理解中等复杂程度零件图的识读。

（5）了解极限的概念、标准公差与基本偏差。

（6）掌握尺寸公差在图样上的标注和识读。

（7）掌握常用形位公差的特征项目、符号及其标注和识读。

6．装配图

（1）理解装配图的零件序号和明细栏。

（2）了解配合的概念、种类。

（3）掌握配合在装配图上的标注和识读。

（4）理解简单装配图的识读。

本书就是紧扣以上内容展开编写的,不足之处敬请广大师生指正。

编者

2025 年 6 月 25 日

目　　录

第一章

机械制图

第一节 制图的基本规定及技能

一、图纸幅面和格式的规定

机械图样是表达工程技术人员的设计意图、交流技术思想、组织和指导生产的重要工具,是现代工业生产中必不可少的技术文件。图样作为技术交流的共同语言,必须有统一的规范,否则会给生产和技术交流带来混乱和障碍。

1. 图纸幅面

图纸宽度与长度组成的图面,称为图纸幅面。基本幅面共有五种,其代号由"A"和相应的幅面号组成,如表 1-1-1 所示。基本幅面的尺寸关系如图 1-1-1 所示,绘图时优先采用表 1-1-1 中的基本幅面。

表 1-1-1　基本幅面(第一选择) 单位:mm

幅面号	A0	A1	A2	A3	A4
(短边×长边)$B \times L$	841×1189	594×841	420×594	297×420	210×297
(无装订边的留边宽度)e	20			10	
(有装订边的留边宽度)c	10			5	
(装订边的宽度)a	25				

幅面代号的几何含义,实际上就是对 0 号幅面的裁切次数。例如,A1 中的"1",表示将整张纸(A0 幅面)的长边对裁一次所得的幅面,如图 1-1-1(b)所示;A4 中的"4",表示将整张纸的长边依次对裁四次所得的幅面,如图 1-1-1(e)所示。

提示:国家标准规定,机械图样中的尺寸以 mm(毫米)为单位时,不需标注单位符号(或名称)。如采用其他单位,则必须注明相应的单位符号。本书正文叙述中,尺寸单位为 mm

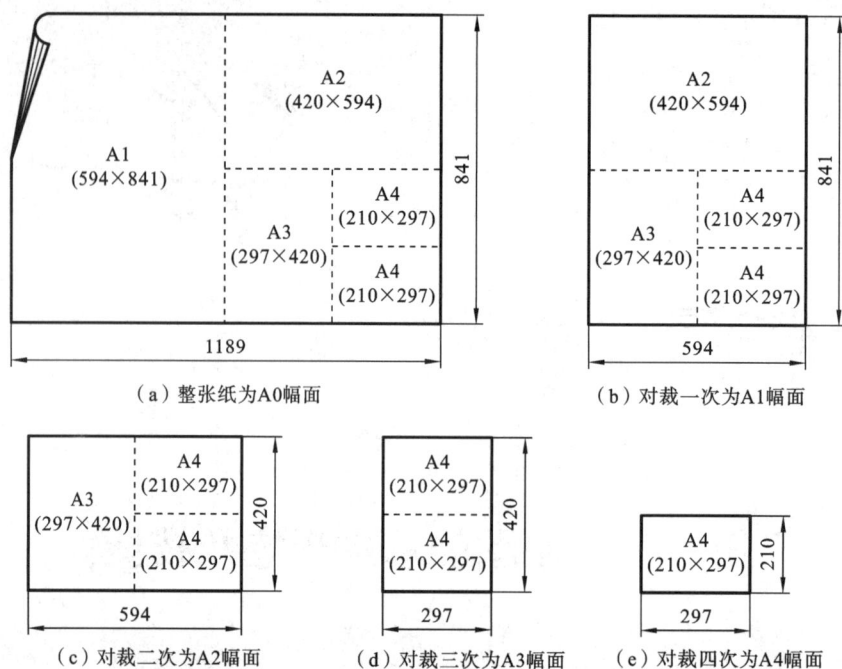

（a）整张纸为A0幅面 （b）对裁一次为A1幅面

（c）对裁二次为A2幅面 （d）对裁三次为A3幅面 （e）对裁四次为A4幅面

图 1-1-1　基本幅面的尺寸关系

时,简洁起见,有的地方也未加单位符号。

必要时,也允许选用表 1-1-2 中所规定的加长幅面。加长幅面的尺寸是由基本幅面的短边成整数倍增加后得出的,如图 1-1-2 所示。图中粗实线所示为基本幅面,细实线所示为加长幅面的第二选择,细虚线所示为加长幅面的第三选择。

表 1-1-2　加长幅面(第二选择、第三选择)　　　　　　　　　　　　单位:mm

第二选择		第三选择			
幅面号	$B \times L$	幅面号	$B \times L$	幅面号	$B \times L$
A3×3	420×891	A0×2	1189×1682	A3×5	420×1486
A3×4	420×1189	A0×3	1189×2523	A3×6	420×1783
A4×3	297×630	A1×3	841×1783	A3×7	420×2080
A4×4	297×841	A1×4	841×2378	A4×6	297×1261
A4×5	297×1051	A2×3	594×1261	A4×7	297×1471
—	—	A2×4	594×1682	A4×8	297×1682
—	—	A2×5	594×2102	A4×9	297×1892

2. 图框格式

图框是图纸上限定绘图区域的线框,如图 1-1-3、图 1-1-4 所示。在图纸上必须用粗实线画出图框,其格式分为不留装订边和留装订边两种,但同一产品的图样只能采用一种格式。

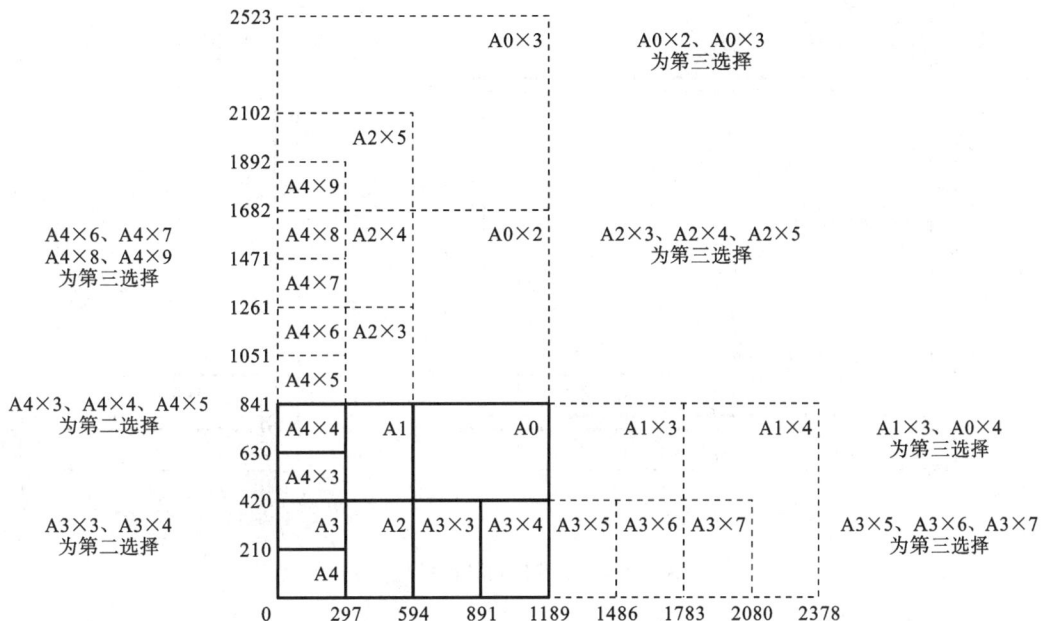

图 1-1-2 基本幅面与加长幅面

不留装订边的图纸,其图框格式如图 1-1-3 所示。留装订边的图纸,其图框格式如图 1-1-4 所示。基本幅面的图框及留边宽度等,按表 1-1-1 中的规定绘制。优先采用不留装订边的格式。

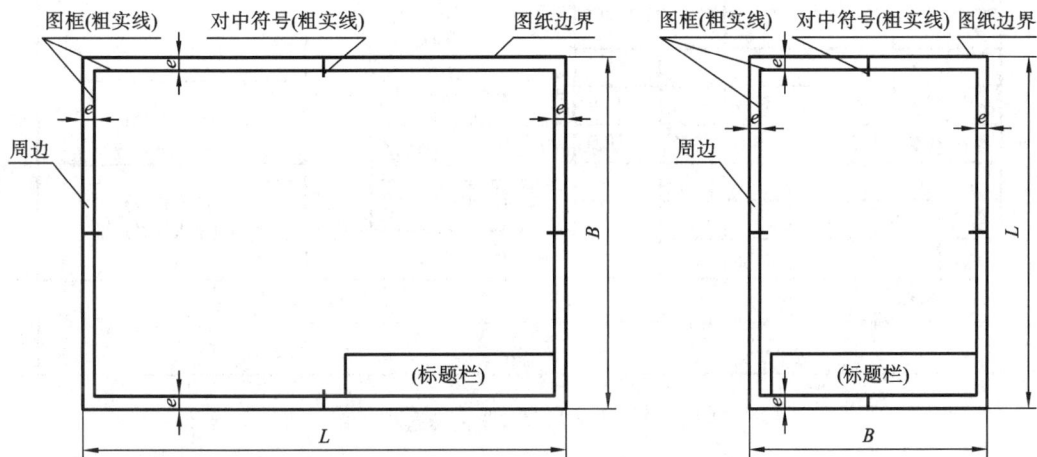

（a）A3图幅横放(X型图纸)　　　　　　　　（b）A4图幅竖放(Y型图纸)

图 1-1-3 不留装订边的图框格式

3. 标题栏及方位

标题栏一般由更改区、签字区、其他区、名称及代号区组成,在机械图样中必须画出。标题栏的内容、格式和尺寸应按《技术制图 标题栏》(GB/T 10609.1—2008)的规定绘制,如图

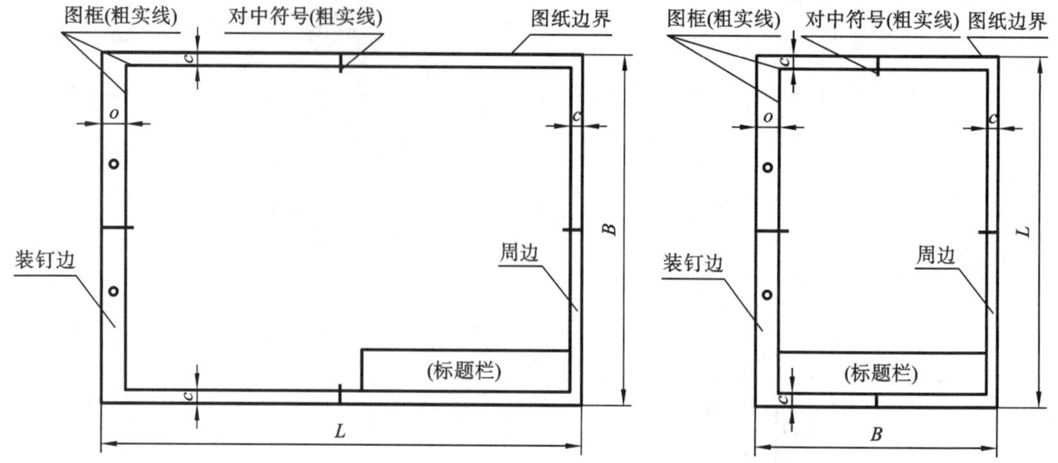

（a）A3图幅横放(X型图纸)　　　　　　　　　　（b）A4图幅竖放(Y型图纸)

图 1-1-4　留装订边的图框格式

1-1-5 所示。在装配图中一般应有明细栏。明细栏一般配置在装配图中标题栏的上方。明细栏的内容、格式和尺寸应按《技术制图　明细栏》(GB/T 10609.2—2009)的规定绘制。在学校的制图作业中，为了简化作图，建议采用图 1-1-6 所示的简化标题栏和明细栏。

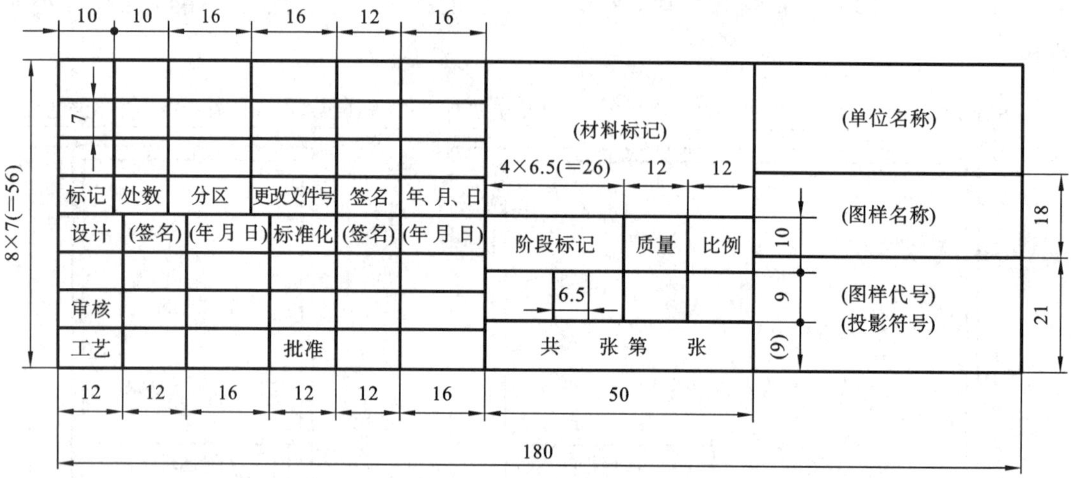

图 1-1-5　国家标准规定的标题栏格式

提示：简化标题栏的格线粗细，应参照图 1-1-6 绘制。标题栏的外框是粗实线，其右侧和下方与图框重叠在一起；明细栏中除表头外的横格线是细实线，竖格线是粗实线。

看图方向规定之一：若标题栏的长边置于水平方向并与图纸的长边平行，则构成 X 型图纸，如图 1-1-3(a)、图 1-1-4(a)所示；若标题栏的长边与图纸的长边垂直，则构成 Y 型图纸，如图 1-1-3(b)、图 1-1-4(b)所示。在此情况下，标题栏一般应置于图样的右下角，标题栏中的文字方向为看图方向。

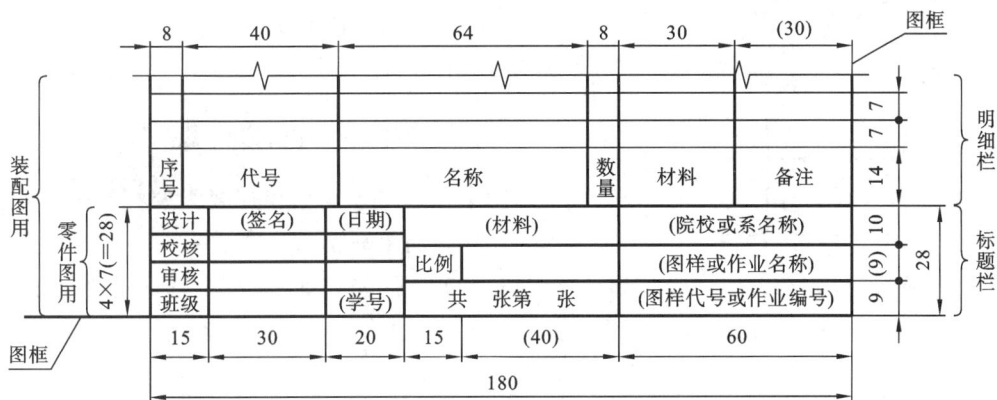

图 1-1-6　简化标题栏和明细栏的格式

看图方向规定之二:允许将 X 型图纸的短边置于水平位置使用,如图 1-1-7(a)所示;或者将 Y 型图纸的长边置于水平位置使用,如图 1-1-7(b)所示。即指 A4 图纸(Y 型)横放,其他基本幅面的图纸(X 型)竖放,标题栏均位于图纸的右上角,标题栏中的长边均置于铅垂方向,画有方向符号的装订边均位于图纸下方。此时,按方向符号指示的方向看图。

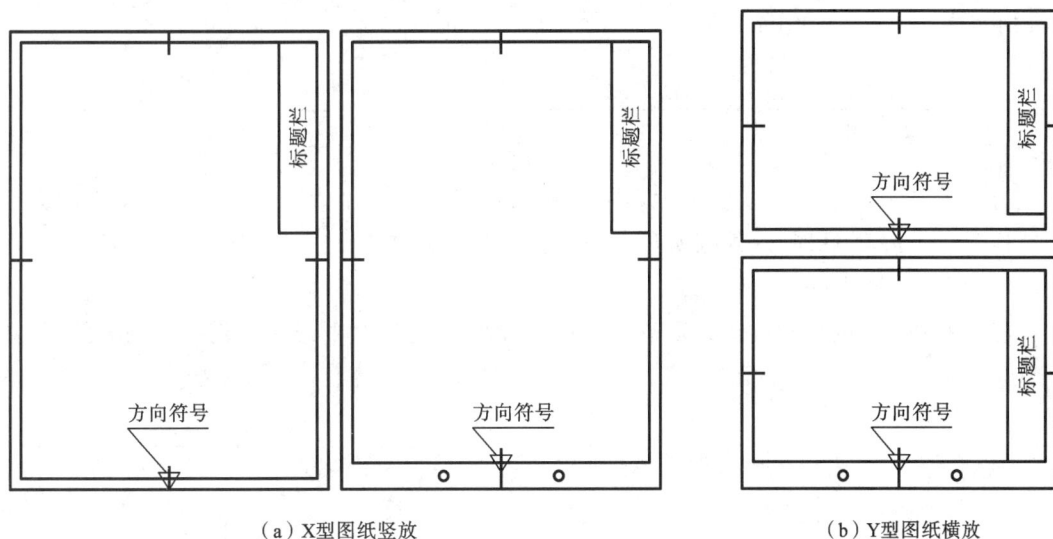

（a）X型图纸竖放　　　　　　　　　　　　（b）Y型图纸横放

图 1-1-7　对中符号与方向符号

4. 附加符号

(1) 对中符号:对中符号是从图纸四边的中点画入图框内约 5 mm 的粗实线段,通常作为图样缩微摄影和复制的定位基准标记。对中符号用粗实线绘制,线宽不小于 0.5 mm,如图 1-1-3、图 1-1-4 和图 1-1-7 所示。当对中符号处在标题栏范围内时,则伸入标题栏部分省略不画。

(2) 方向符号:若采用 X 型图纸竖放(或 Y 型图纸横放)时,应在图纸下边的对中符号处画出一个方向符号,以表明绘图与看图时的方向,如图 1-1-7 所示。方向符号是用细实线绘

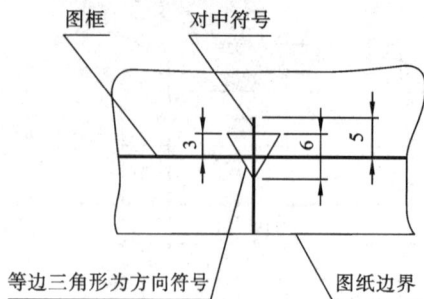

图 1-1-8　方向符号的画法

制的等边三角形，其大小和所处的位置如图 1-1-8 所示。

二、理解比例的含义和规定

图中图形与其实物相应要素的线性尺寸之比，称为比例。简单来说，就是"图：物"。绘制图样时，应在表 1-1-3 "优先选择系列"中选取适当的绘图比例。必要时，也允许从表 1-1-3 "允许选择系列"中选取。

表 1-1-3　比例系列

种类	定义	优先选择系列	允许选择系列
原值比例	比值为 1 的比例	$1:1$	—
放大比例	比值大于 1 的比例	$5:1$　$2:1$　$5\times10^n:1$ $2\times10^n:1$　$1\times10^n:1$	$4:1$　$2.5:1$ $4\times10^n:1$　$2.5\times10^n:1$
缩小比例	比值小于 1 的比例	$1:2$　$1:5$　$1:10$ $1:2\times10^n$　$1:5\times10^n$ $1:1\times10^n$	$1:1.5$　$1:2.5$　$1:3$ $1:1.5\times10^n$　$1:2.5\times10^n$ $1:3\times10^n$　$1:4$　$1:6$ $1:4\times10^n$　$1:6\times10^n$

注：n 为正整数。

为了在图样上直接反映实物的大小，绘图时应尽量采用原值比例。因各种实物的大小与结构千差万别，绘图时，应根据实际需要选取放大比例或缩小比例。绘图比例一般应填写在标题栏中的"比例"一栏内。

图样中所标注的尺寸数值必须是实物的实际大小，与绘制图形所采用的比例无关，如图 1-1-9 所示。

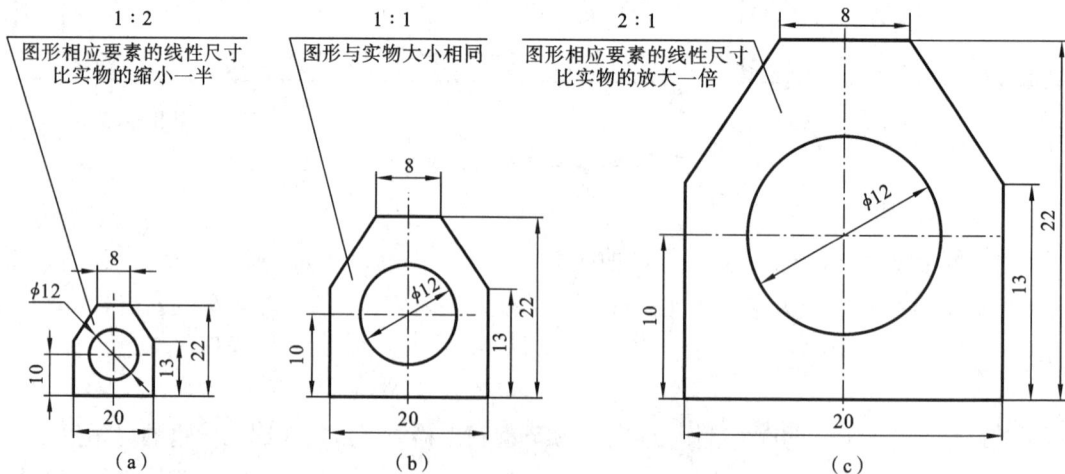

图 1-1-9　图形比例与尺寸数字

三、使用常用尺规绘图工具

绘图工具有铅笔(H、HB、B)、橡皮、三角板、图板、丁字尺、圆规等。

1. 铅笔（H、HB、B)

铅笔代号 H、B、HB 表示铅芯的软硬程度。B 前的数字越大,表示铅芯越软,绘出的图线颜色越深;H 前的数字越大,表示铅芯越硬,绘出的图线颜色越浅;HB 表示铅芯中等软硬程度。

画粗实线常用 B 或 2B 铅笔;画细实线、细虚线、细点画线和写字时,常用 H 或 HB 铅笔;画底稿时常用 H 或 2H 铅笔。铅笔的削法如图 1-1-10 所示。图中 d 为粗实线宽度。

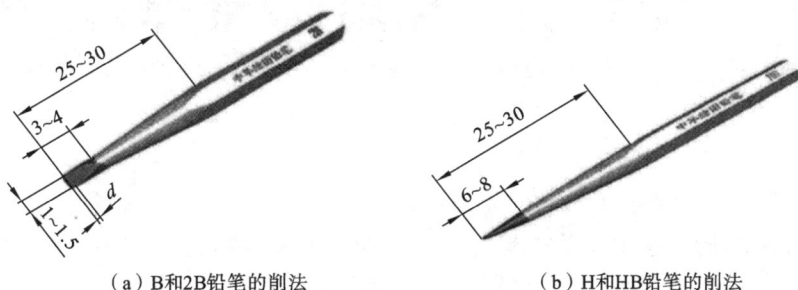

（a）B和2B铅笔的削法　　　　　　（b）H和HB铅笔的削法

图 1-1-10　铅笔的削法

2. 三角板

三角板由 45°和 30°(60°)各一块组成一副。如图 1-1-11 所示,三角板和丁字尺配合使用,可画出垂直线(自下而上画出)及与水平方向成 15°整倍数的斜线。

如图 1-1-12 所示,两块三角板配合使用,可画出一直线的平行线或垂直线。

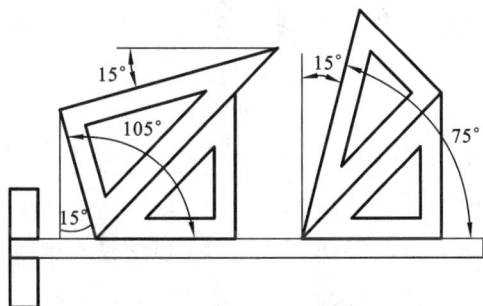

图 1-1-11　三角板和丁字尺配合使用　　　**图 1-1-12　两块三角板配合使用**

3. 图板及丁字尺

图板用于铺放图纸,表面平整光洁,左侧工作边应平直。丁字尺由尺头和尺身组成。

如图 1-1-13 所示,尺身的工作边一侧有刻度,便于画线时度量。使用时,将尺头内侧贴紧图板的左侧工作边上下移动,沿尺身上边可画出一系列水平线。

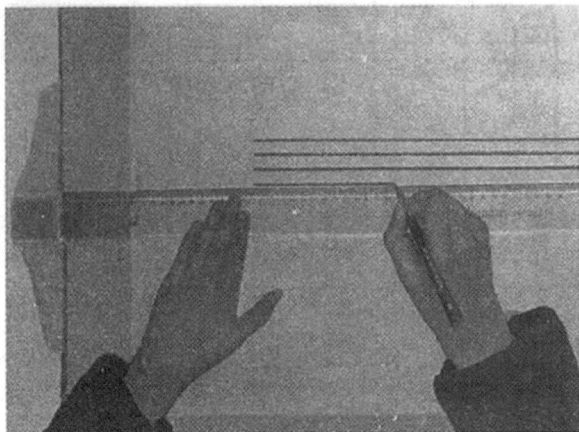

图 1-1-13 图板及丁字尺

4. 圆规

圆规是画圆及画圆弧的工具。使用前应先调整好针脚,使针尖(带台阶端)稍长于铅笔芯,如图 1-1-14(a)所示,图中 d 为粗实线宽度。画图时,先将两腿分开至所需的半径尺寸,借左手食指把针尖放在圆心位置,应尽量使针尖和铅芯同时与图面垂直,按顺时针方向一次画成,如图 1-1-14(b)、(c)所示,用力要均匀。

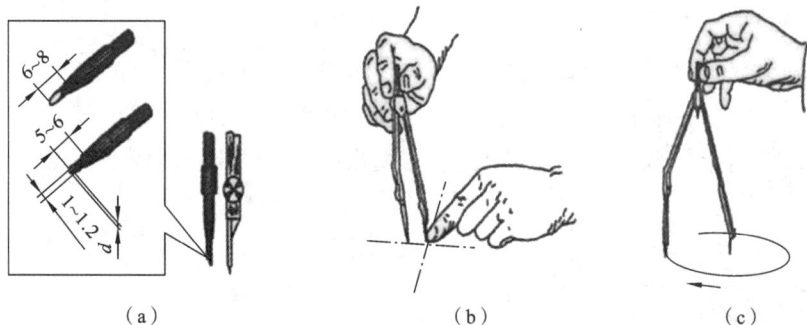

| (a) | (b) | (c) |

图 1-1-14 圆规的使用

四、常见的线型(粗实线、细实线、细点画线、细虚线、波浪线等)的画法和用途

图中所采用各种形式的线,称为图线。国家标准《机械制图 图样画法 图线》(GB/T 4457.4—2002)规定了在机械图样中使用的九种图线:粗实线、细实线、细点画线、细虚线、波浪线、双折线、粗虚线、粗点画线、细双点画线。

图 1-1-15 粗实线画法

1. 粗实线

粗实线画法如图 1-1-15 所示,d 为宽度。

粗实线一般应用于可见棱边线、可见轮廓线、相贯线、螺纹牙顶线、螺纹长度终止线、齿顶圆(线)、表格图和流程图中的主要表示线、系统结构线(金属结构工程)、模样分型线、剖切符号用线。

2. 细实线

细实线一般应用于过渡线、尺寸线、尺寸界线、指引线和基准线、剖面线、重合断面的轮廓线、短中心线、螺纹牙底线、尺寸线的起止线、表示平面的对角线、零件成形前的弯折线、范围线及分界线、重复要素表示线、锥形结构的基面位置线、叠片结构位置线、辅助线、不连续同一表面连线、成规律分布的相同要素连线、投射线、网格线。其宽度为粗实线的一半。

3. 细点画线

细点画线一般应用于轴线、对称中心线、分度圆(线)、孔系分布的中心线、剖切线。其宽度为粗实线的一半。细点画线画法如图 1-1-16 所示。

4. 细虚线

细虚线一般应用于不可见棱边线、不可见轮廓线。其宽度为粗实线的一半。细虚线画法如图 1-1-17 所示。

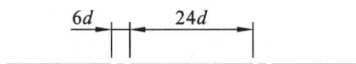

图 1-1-16　细点画线画法　　　　图 1-1-17　细虚线画法

5. 波浪线

图 1-1-18　波浪线画法

波浪线一般应用于断裂处边界线、视图与剖视图的分界线。其宽度为粗实线的一半。波浪线画法如图 1-1-18 所示。

机械图样中采用粗、细两种线宽,线宽的比例关系为 2∶1。图线的宽度应按图样的类型和大小,在下列数系中选取:0.13 mm、0.18 mm、0.25 mm、0.35 mm、0.5 mm、0.7 mm、1.0 mm、1.4 mm、2 mm。

粗实线(包括粗虚线、粗点画线)的宽度通常采用 0.7 mm,与之对应的细实线(包括波浪线、双折线、细虚线、细点画线、细双点画线)的宽度为 0.35 mm。

在同一图样中,同类图线的宽度应基本一致。细(粗)虚线、细(粗)点画线及细双点画线的线段长度和间隔应各自大致相等。图线的应用示例如图 1-1-19 所示。

五、标注尺寸的基本规则,会进行基本的尺寸标注

在机械图样中,图形只能表达零件的结构形状,若要表达它的大小,则必须在图形上标注尺寸。尺寸是加工制造零件的主要依据,不允许出现错误。如果尺寸标注错误、不完整或不合理,则会给机械加工和装配带来困难,甚至会生产出废品而造成经济损失。

1. 标注尺寸的基本规则(GB/T 4458.4—2003)

尺寸是用特定长度或角度单位表示的数值,并在技术图样上用图线、符号和技术要求表示出来。标注尺寸的基本规则如下:

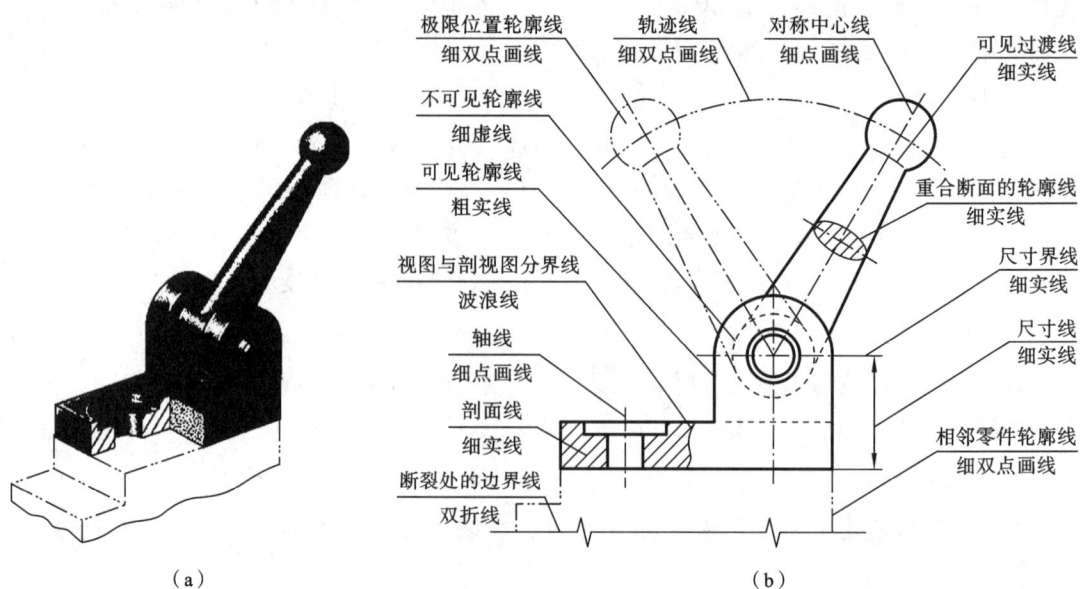

极限位置轮廓线 细双点画线
轨迹线 细双点画线
对称中心线 细点画线
可见过渡线 细实线
不可见轮廓线 细虚线
可见轮廓线 粗实线
重合断面的轮廓线 细实线
尺寸界线 细实线
视图与剖视图分界线 波浪线
轴线 细点画线
剖面线 细实线
尺寸线 细实线
相邻零件轮廓线 细双点画线
断裂处的边界线 双折线

（a） （b）

图 1-1-19 图线的应用示例

（1）零件的真实大小应以图样上所注的尺寸数值为依据，与图形的大小及绘图的准确度无关。

（2）零件的每一尺寸，一般只标注一次，并应标注在反映该结构最清晰的图形上。

（3）标注尺寸时，应尽可能使用符号或缩写词。常用的符号和缩写词如表 1-1-4 所示。

表 1-1-4 常用的符号和缩写词(摘自 GB/T 4458.4—2003)

名称	符号或缩写词	名称	符号或缩写词	名称	符号或缩写词
直径	ϕ	厚度	t	沉孔或锪平	⊔
半径	R	正方形	□	埋头孔	∨
球直径	$S\phi$	45°倒角	C	均布	EQS
球半径	SR	深度	↧	弧长	⌒

注：正方形符号、深度符号、沉孔或锪平符号、埋头孔符号、弧长符号的线宽为 $h/10$，符号高度为 h（h 为图样中字体高度）。

2. 尺寸的组成

每个完整的尺寸一般由尺寸数字、尺寸线和尺寸界线组成，称为尺寸三要素，如图 1-1-20所示。在机械图样中，尺寸线终端一般采用箭头的形式，如图 1-1-21 所示。

1）尺寸数字

尺寸数字表示尺寸度量的大小。

（1）线性尺寸的尺寸数字,一般标注在尺寸线的上方或左方,如图 1-1-20 所示。线性尺寸数字的方向:水平方向字头朝上,竖直方向字头朝左,倾斜方向字头保持朝上的趋势,并尽量避免在图 1-1-22(a)所示的 30°范围内标注尺寸。当无法避免时,可按图 1-1-22(b)所示的形式标注。

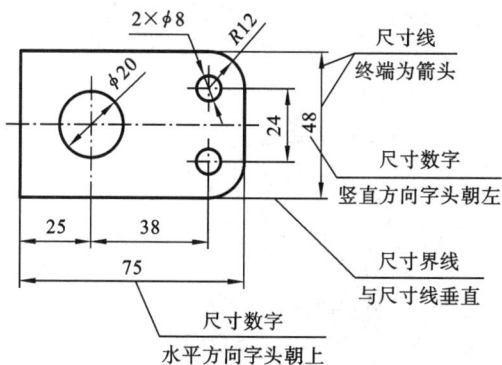

图 1-1-20 尺寸的标注示例

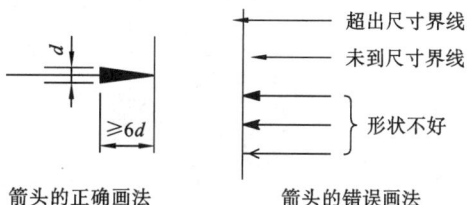

图 1-1-21 箭头的形式和画法

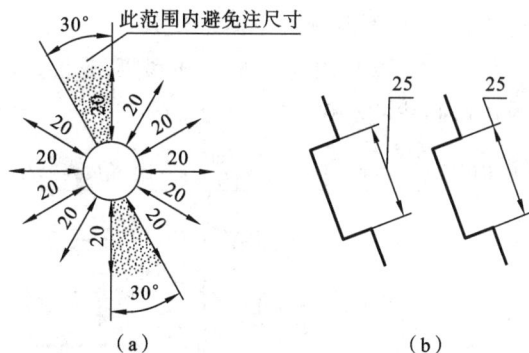

图 1-1-22 线性尺寸的注写

（2）尺寸数字不可被任何图线所通过,当不可避免时,图线必须断开,如图 1-1-23 所示。

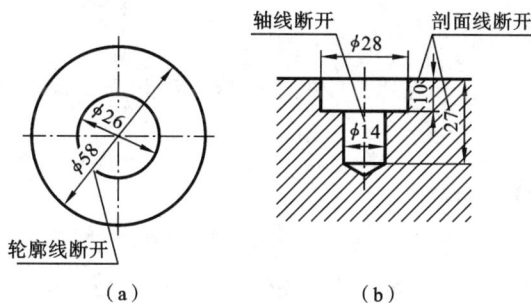

图 1-1-23 尺寸数字不可被任何图线所通过

（3）标注角度的尺寸界线应沿径向引出,尺寸线画成圆弧,其圆心为该角的顶点,半径取适当大小,标注角度的数字,一律水平方向书写,角度数字一般写在尺寸线的中断处,如图1-1-24(a)所示。必要时,允许注写在尺寸线的上方或外侧(或引出标注),如图1-1-24(b)所示。

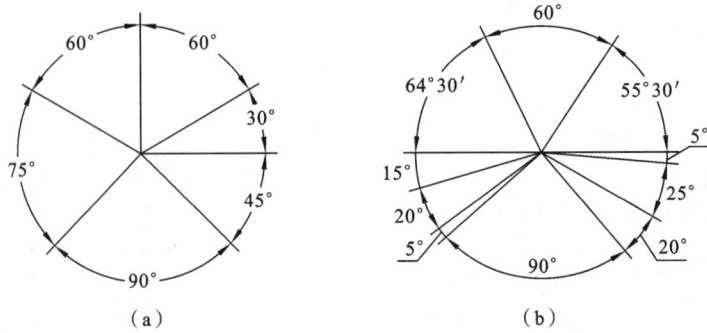

图 1-1-24　角度尺寸的注写

2）尺寸线

尺寸线表示尺寸度量的方向。

尺寸线必须用细实线单独画出,不能用其他图线代替,也不得与其他图线重合或画在其延长线上。标注线性尺寸时,尺寸线必须与所标注的线段平行,如图1-1-25(a)所示。图1-1-25(b)所示的是尺寸线错误画法的示例。

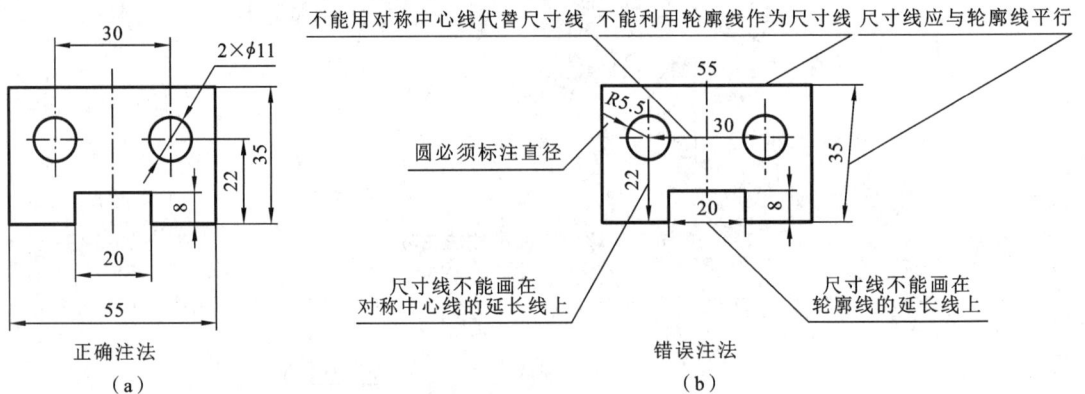

图 1-1-25　尺寸线的画法

3）尺寸界线

尺寸界线表示尺寸度量的范围。

(1)尺寸界线一般用细实线单独绘制,并自图形的轮廓线、轴线或对称中心线引出。也可以利用轮廓线、轴线或对称中心线作尺寸界线,如图1-1-26(a)所示。

(2)尺寸界线一般应与尺寸线垂直,必要时允许倾斜。在光滑过渡处标注尺寸时,必须用细实线将轮廓线延长,从它们的交点处引出尺寸界线,如图1-1-26(b)、(c)所示。

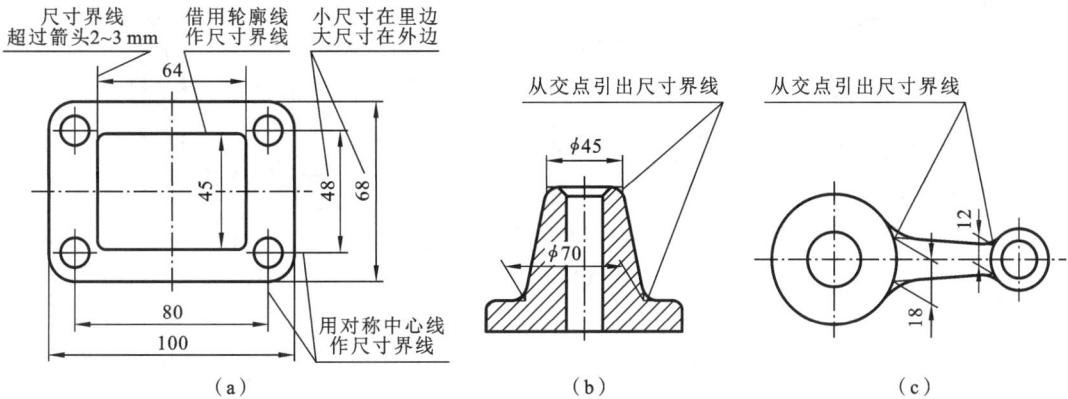

图 1-1-26 尺寸界线的画法

3. 常用的尺寸注法

1) 圆、圆弧及球面尺寸的注法

（1）标注整圆的直径尺寸时，以圆周为尺寸界线，尺寸线通过圆心，并在尺寸数字前加注直径符号"ϕ"，如图 1-1-27（a）所示。

标注大于半圆的圆弧直径，其尺寸线应画至略超过圆心，只在尺寸线一端画箭头指向圆弧，如图 1-1-27（b）所示。标注小于或等于半圆的圆弧半径时，尺寸线应从圆心出发引向圆弧，只画一个箭头，并在尺寸数字前加注半径符号"R"，如图 1-1-27（c）所示。

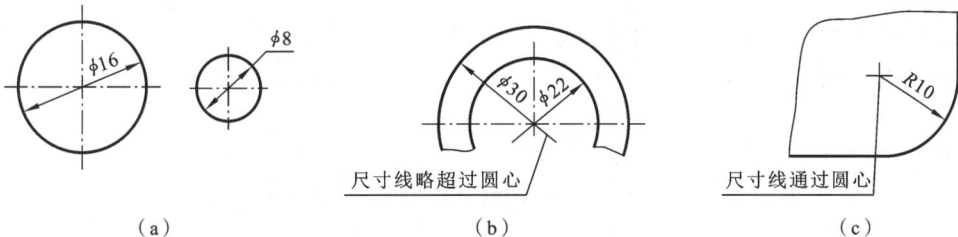

图 1-1-27 直径和半径的标注法

（2）当圆弧的半径过大或在图纸范围内无法标出圆心位置时，可采用折线的形式标注，如图 1-1-28（a）所示。当不需标出圆心位置时，则尺寸线只画靠近箭头的一段，如图 1-1-28（b）所示。标注球面的直径或半径时，应在尺寸数字前加注球直径符号"$S\phi$"或球半径符号"SR"，如图 1-1-28（c）、（d）所示。

2) 小尺寸的注法

对于尺寸界线之间没有足够位置画箭头或注写尺寸数字的小尺寸，可按图 1-1-29 所示的形式进行标注。标注一连串的小尺寸时，可用小圆点或斜线代替箭头（代替箭头的圆点大小应与箭头尾部宽度相同），但最外两端箭头仍应画出。当直径或半径尺寸较小时，箭头和数字都可以布置在圆弧外面。

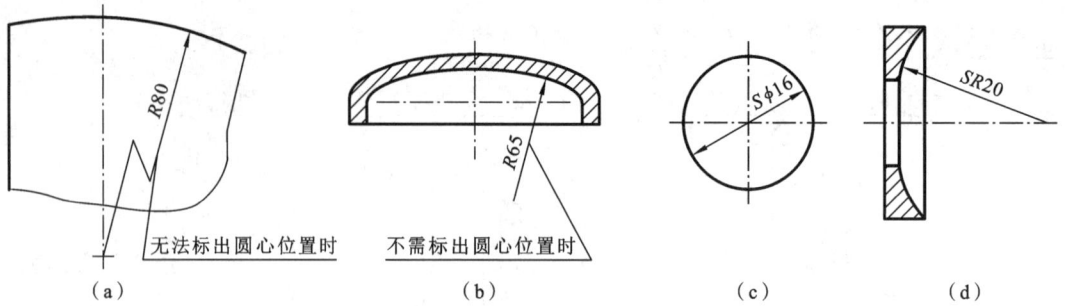

图 1-1-28 大圆弧和球面的注法

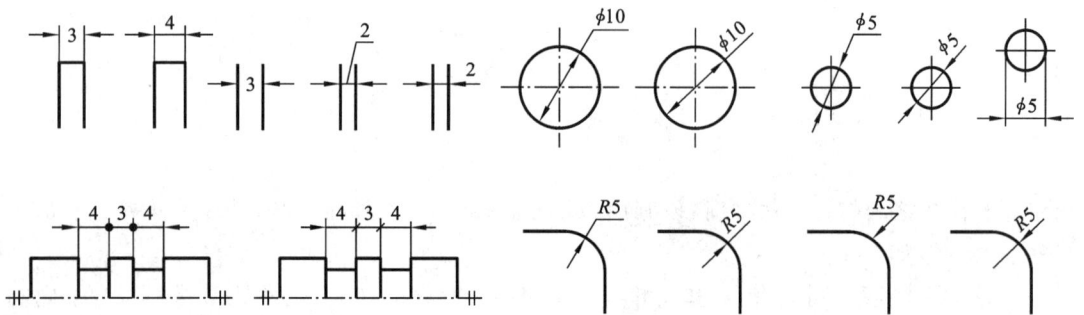

图 1-1-29 小尺寸的注法

3）对称图形的尺寸注法

对于对称图形,应把尺寸标注为对称分布;当对称图形只画出一半或略大于一半时,尺寸线应略超过对称中心线或断裂处的边界线,此时仅在尺寸线的一端画出箭头,如图 1-1-30 所示。

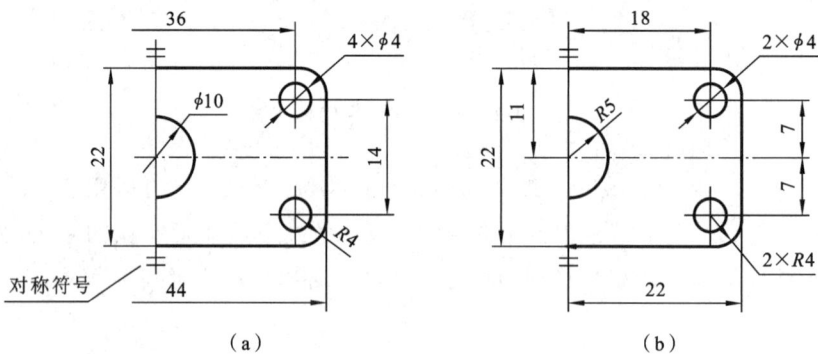

图 1-1-30 对称图形的尺寸注法

4）弦长或弧长的尺寸注法

标注弦长或弧长时,其尺寸界线均应平行于该弦的垂直平分线(弧长的尺寸线画成圆弧),如图 1-1-31(a)、(b)所示。当弧度较大时,也可沿径向引出标注,如图 1-1-31(c)所示。

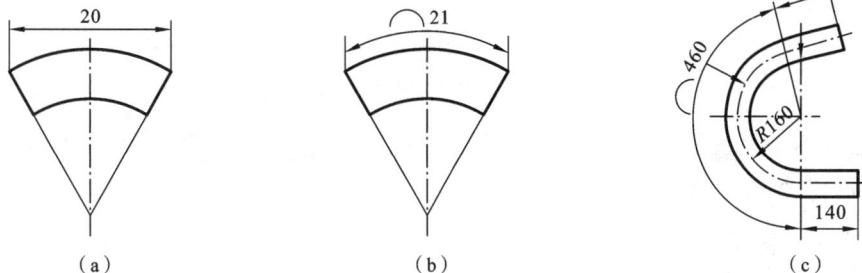

图 1-1-31

4. 简化注法(GB/T 16675.2—2012)

(1)标注尺寸时,可使用单边箭头,如图 1-1-32(a)所示;也可采用带箭头的指引线,如图 1-1-32(b)所示;还可采用不带箭头的指引线,如图 1-1-32(c)所示。

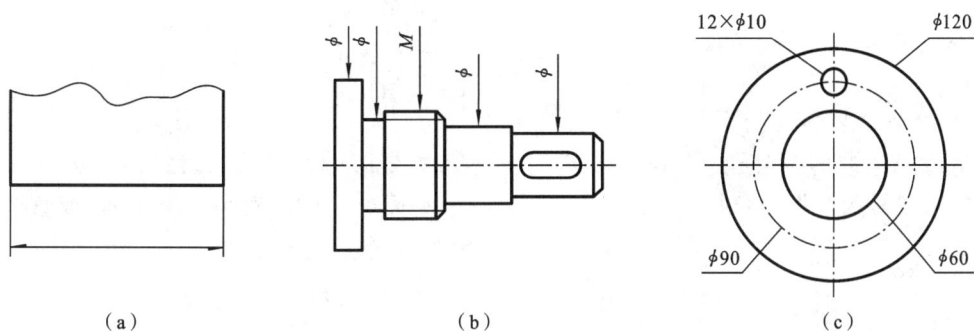

图 1-1-32 尺寸的简化注法(一)

(2)一组同心圆弧,可用共用的尺寸线和箭头依次标注半径,如图 1-1-33(a)所示。圆心位于一条直线上的多个不同心的圆弧,可用共用的尺寸线和箭头依次标注半径,如图 1-1-33(b)所示。一组同心圆,可用共用的尺寸线和各自箭头依次标注直径,如图 1-1-33(c)所示。

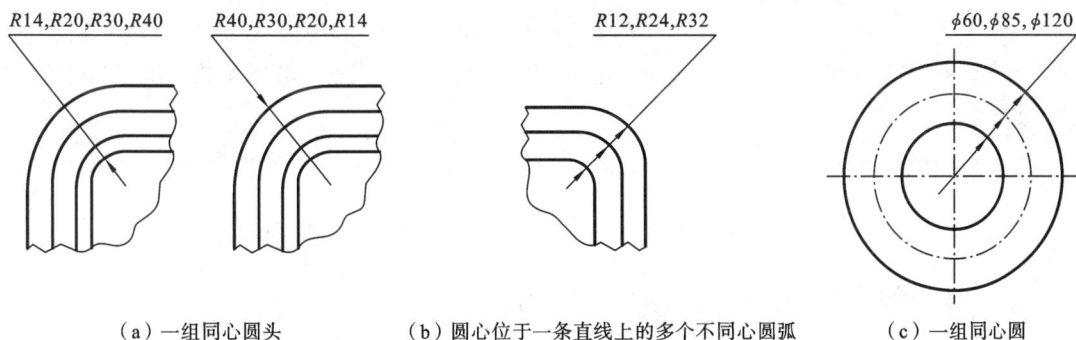

(a)一组同心圆头　　　　(b)圆心位于一条直线上的多个不同心圆弧　　　　(c)一组同心圆

图 1-1-33 尺寸的简化注法(二)

(3) 在同一图形中,对于尺寸相同的孔、槽等组成要素,可仅在一个要素上注出其尺寸和数量,并用缩写词"EQS"表示"均匀分布",如图 1-1-34(a)所示。当组成要素的定位和分布情况在图形中已明确时,可不标注其角度,并省略"BQS",如图 1-1-34(b)所示。

(4) 标注板状零件的厚度时,可在尺寸数字前加注厚度符号"*t*",如图 1-1-35 所示。

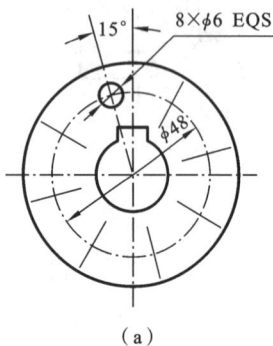

（a）

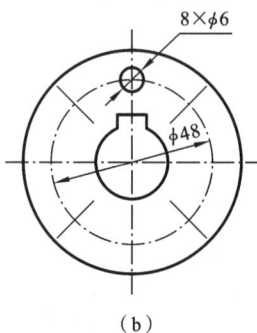

（b）

图 1-1-34　均布尺寸的简化注法

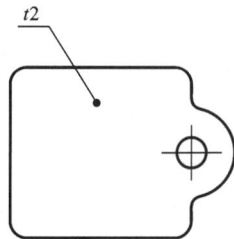

图 1-1-35　板状零件厚度的注法

六、斜度和锥度的概念

1. 斜度(GB/T 4096—2001、GB/T 4458.4—2003)

两指定截面的棱体高 H 和 h 之差与该两截面之间的距离 L 之比,称为斜度(见图 1-1-36),代号为"S"。可以把斜度简单理解为一个平面(或直线)对另一个平面(或直线)倾斜的程度。用关系式表示为

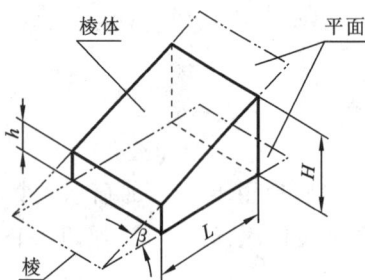

图 1-1-36　斜度的概念

$$S = \frac{H-h}{L} = \tan\beta$$

通常把比例的前项化为 1,以简单分数 $1:n$ 的形式来表示斜度。

2. 锥度(GB/T 157—2001、GB/T 4458.4—2003)

两个垂直圆锥轴线截面的圆锥直径 D 和 d 之差与该两截面之间的轴向距离 L 之比,称为锥度,代号为"C"。可以把锥度简单理解为圆锥底圆直径与锥高之比。

由图 1-1-37 可知,α 为圆锥角,D 为最大端圆锥直径,d 为最小端圆锥直径,L 为圆锥长度,即

$$C = \frac{D-d}{L} = 2\tan\frac{\alpha}{2}$$

与斜度的表示方法一样,通常也把锥度的比例前项化为 1,写成 $1:n$ 的形式。

七、常用的圆周等分和正多边形的作法

1. 三角板与丁字尺配合作正三(六)边形

用 30°(60°)三角板和丁字尺配合,作圆的内接正三边形。作图步骤如下:

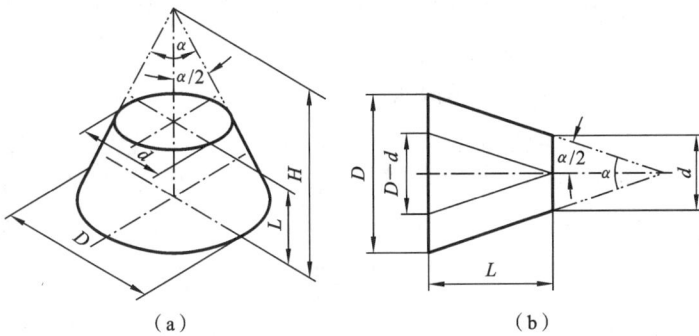

图 1-1-37 锥度的定义

（1）过点 B，用 $60°$ 三角板画出斜边 AB，如图 1-1-38(a)所示。

（2）翻转三角板，过点 B 画出斜边 BC，如图 1-1-38(b)所示。

（3）用丁字尺连接水平边 AC，即得圆的内接正三边形，如图 1-1-38(c)、(d)所示。

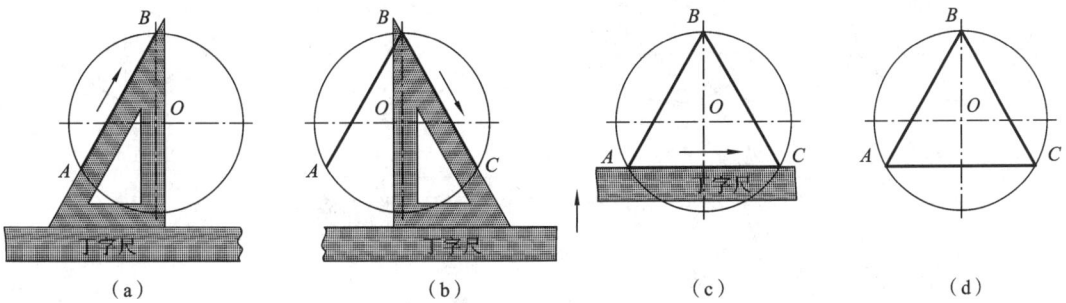

图 1-1-38 作已知圆的内接正三边形

用 $30°(60°)$ 三角板和丁字尺配合，作圆的内接正六边形。作图步骤如下：

（1）过点 A，用 $60°$ 三角板画出斜边 AB；向右平移三角板，过点 D 画出斜边 DE，如图 1-1-39(a)所示。

（2）翻转三角板，过点 D 画出斜边 CD；向左平移三角板，过点 A 画出斜边 AF，如图 1-1-39(b)所示。

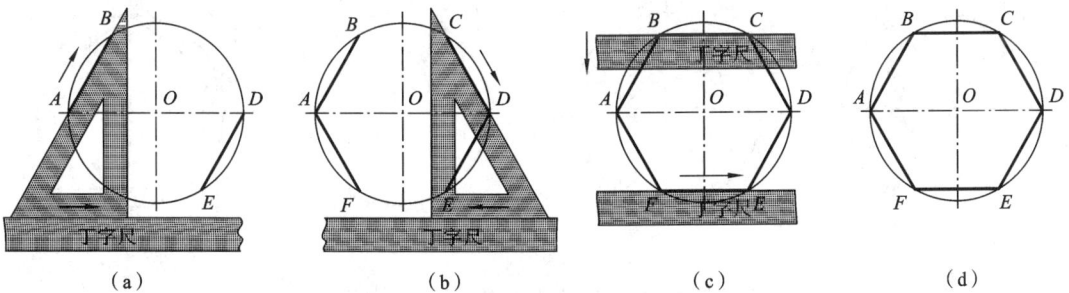

图 1-1-39 作已知圆的内接正六边形

(3) 用丁字尺连接两水平边 BC、FE，即得圆的内接正六边形，如图 1-1-39(c)、(d) 所示。

2. 用圆规作圆的内接正三(六)边形

作已知圆的内接正三(六)边形，作图步骤如下：

(1) 以圆的直径端点 F 为圆心，已知圆的半径 R 为半径画弧，与圆相交于点 B、C，如图 1-1-40(a) 所示。

(2) 依次连接 AB、BC、CA，即得到圆的内接正三边形，如图 1-1-40(b) 所示。

(3) 再以圆的直径端点 A 为圆心，已知圆的半径 R 为半径画弧，与圆相交于点 D、E，如图 1-1-40(c) 所示。

(4) 依次连接 AE、EB、BF、FC、CD、DA，即得到圆的内接正六边形，如图 1-1-40(d) 所示。

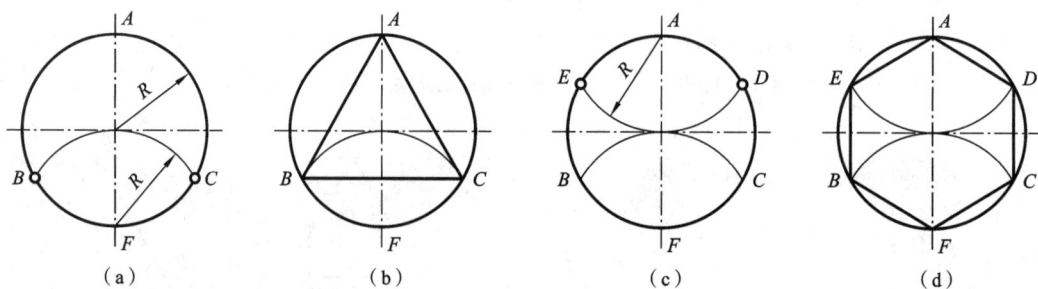

图 1-1-40　用圆规作圆的内接正三边形、六边形

3. 用圆规作圆的内接正五边形

作已知圆的内接正五边形。作图步骤如下：

(1) 在已知圆中取半径 OM 的中点 F，如图 1-1-41(a) 所示。

(2) 以 F 为圆心，FA 长为半径画弧，与 ON 交于点 G，如图 1-1-41(b) 所示。

(3) AG 即为五边形的边长(近似)，如图 1-1-41(c) 所示。

(4) 以 AG 为半径，顺次在圆周上截得等分点 B、C、D、E，依次连接 AB、BC、CD、DE、EA 即为所求，如图 1-1-41(d) 所示。

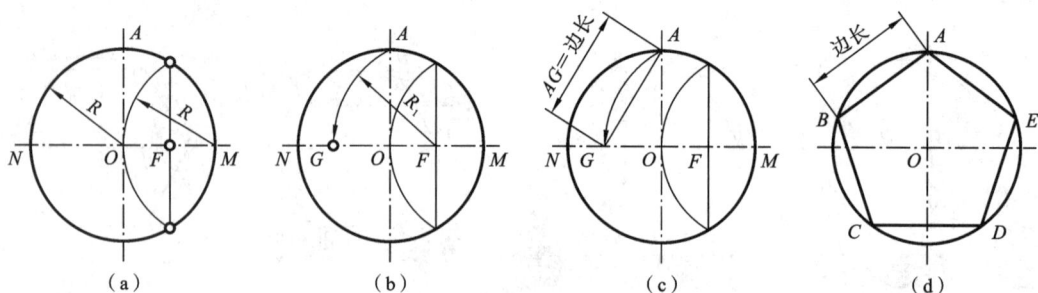

图 1-1-41　用圆规作圆的内接正五边形

4. 用计算法作圆的任意等分

圆的任意等分可利用弦长表,计算出每一等分所对应的弦长,用分规直接作图。表 1-1-5 为弦长表。

表 1-1-5　弦长表

等分数 n	弦长 L	等分数 n	弦长 L
3	$0.866d$	7	$0.434d$
4	$0.707d$	8	$0.383d$
5	$0.588d$	9	$0.342d$
6	$0.5d$	10	$0.309d$

注:d 为圆的直径,此表计算公式为:$L \approx d\sin(180°/n)$。

已知圆的直径为 $\phi50$ mm,试作圆的内接正九边形。作图步骤如下:

(1) 根据圆的等分数 $n=9$,在表 1-1-5 中查得弦长 $L_9 = 0.342d$。

(2) 计算弦长:$L_9 = 0.342 \times 50$ mm $= 17.1$ mm。

(3) 画直径为 $\phi50$ mm 的圆,用弦长 $L_9 = 17.1$ mm 在该圆上顺次截取九个等分点,再依次连接九个等分点即为所求,如图 1-1-42 所示。

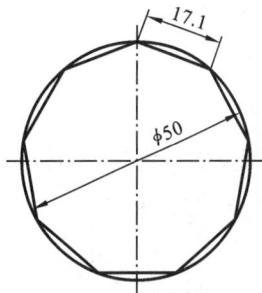

图 1-1-42　用弦长九等分圆周

八、简单平面图形的分析方法和作图步骤

平面图形是由许多线段连接而成的,这些线段之间的相对位置和连接关系靠给定的尺寸来确定。画平面图形时,只有通过分析尺寸,确定线段性质,明确作图顺序,才能正确地画出图形。

1. 尺寸分析

平面图形中的尺寸,按其作用可分为定形尺寸和定位尺寸两类。

1) 定形尺寸

将确定平面图形上几何元素形状大小的尺寸,称为定形尺寸。例如,线段长度、圆及圆弧的直径和半径、角度大小等即为定形尺寸。图 1-1-43 中的 $\phi16$、$R17$、$\phi30$、$R26$、$R128$、$R148$ 等尺寸,均为定形尺寸。

2) 定位尺寸

将确定几何元素位置的尺寸称为定位尺。

在图 1-1-43 中,150 确定了左端线的位置,150 为定位尺寸;27、$R56$ 确定了 $\Phi16$ 的圆心位置,27、$R56$ 为定位尺寸;22 确定了 $R22$、$R43$ 圆心的一个坐标值,22 为定位尺寸。

标注定位尺寸时,必须有个起点,这个起点称为尺寸基准。平面图形有长和高两个方向,每个方向至少应有一个尺寸基准。定位尺寸通常以图形的对称中心线、较长的底线或边

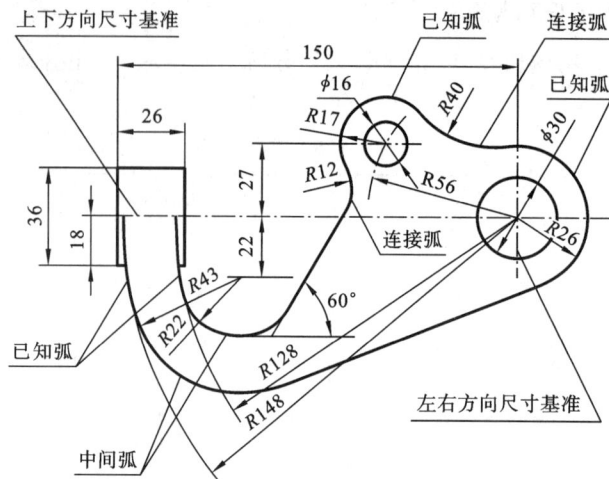

图 1-1-43 平面图形分析

线作为尺寸基准。图 1-1-43 中,水平方向的细点画线为上下方向的尺寸基准;右侧竖直方向的细点画线为左右方向的尺寸基准。

2. 线段分析

在平面图形中,有些线段具有完整的定形和定位尺寸,绘图时,可根据标注的尺寸直接绘出;而有些线段的定位尺寸并未完全注出,要根据已注出的尺寸及该线段与相邻线段的连接关系,通过几何作图才能画出。因此,按线段的尺寸是否标注齐全,线段可分为已知线段、中间线段和连接线段三类。

提示:绘制平面图形时,遇到的大多数直线和圆都是已知线段。因此,这里只介绍圆弧连接的作图问题。

1) 已知弧

给出半径大小及圆心两个方向定位尺寸的圆弧,称为已知弧。图 1-1-43 中的 $R17$、$R26$、$R128$、$R148$ 圆弧及 $\phi16$、$\phi30$ 圆即为已知弧,此类圆弧(圆)可直接画出(见图 1-1-44(c))。

2) 中间弧

给出半径大小及圆心一个方向定位尺寸的圆弧,称为中间弧。

图 1-1-43 中的 $R22$、$R43$ 两圆弧,圆心的上下位置由定位尺寸 22 确定,但缺少确定圆心左右位置的定位尺寸,是中间弧。画图时,必须根据 $R128$ 与 $R22$ 圆弧内切、$R148$ 与 $R43$ 圆弧内切的几何条件($R=128-22$、$R=148-43$),分别求出其圆心位置,才能画出 $R22$、$R43$ 圆弧(见图 1-1-44(d))。

3) 连接弧

已知圆弧半径,而缺少两个方向定位尺寸的圆弧,称为连接弧。

图 1-1-43 中的 $R40$ 圆弧,其圆心没有定位尺寸,是连接弧。画图时,必须根据 $R40$ 圆弧与 $R17$、$R26$ 两圆弧同时外切的几何条件($R=40+17$、$R=40+26$)分别画弧,求出其圆心位

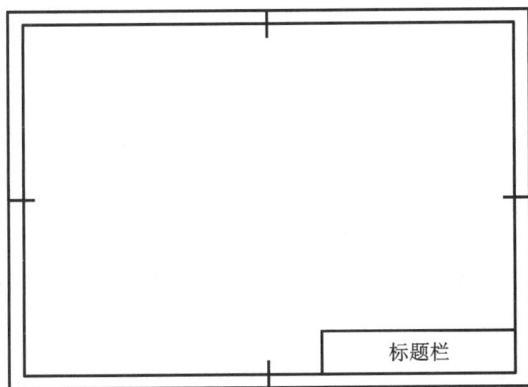

（a）第一步：画田框、对中符号和标题栏

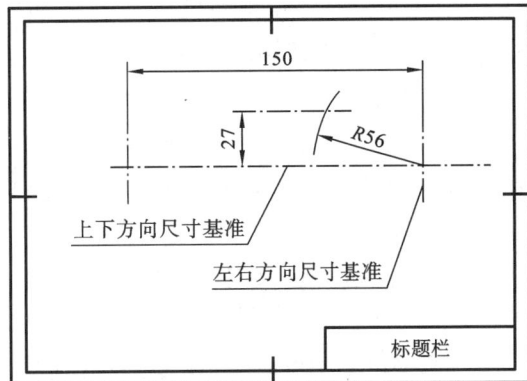

（b）第二步：画出作图基准线

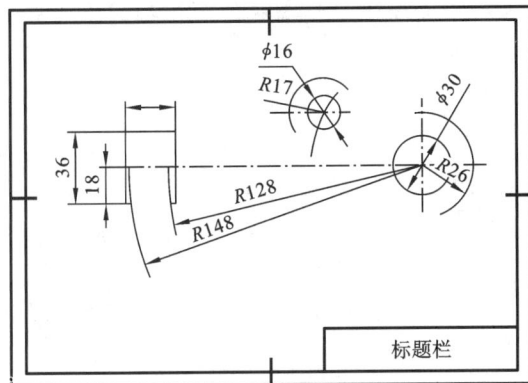

（c）第三步：画已知弧和直线

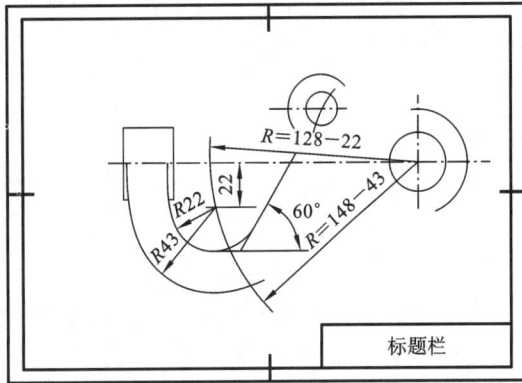

（d）第四步：画中间弧

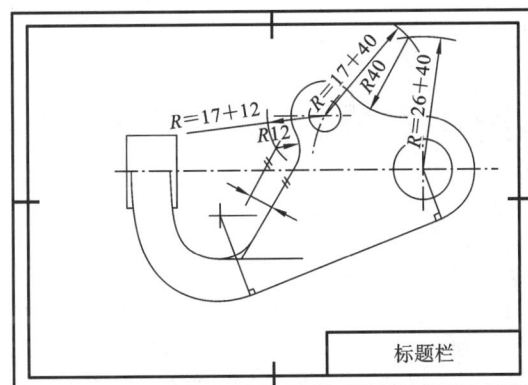

（e）第五步：画连接弧和公切线

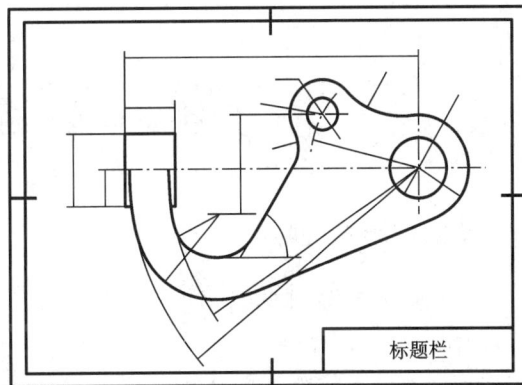

（f）第六步：加深描粗，画尺寸界线、尺寸线

图 1-1-44 平面图形的画图步骤

置，才能画出 $R40$ 圆弧。$R12$ 圆弧的圆心也没有定位尺寸。画图时，必须根据 $R12$ 圆弧与 $R17$ 圆弧外切且与 $60°$ 直线相切的几何条件（$R=12+17$、作 $60°$ 直线的平行线）求出其圆心位置，才能画出 $R12$ 圆弧（见图 1-1-44(e)）。

提示:画图时,应先画已知弧,再画中间弧,最后画连接弧。

3. 平面图形的绘图方法和步骤

1)准备工作

分析平面图形的尺寸及线段,拟订作图步骤→确定比例→选择图幅→固定图纸→画出图框、对中符号和标题栏,如图 1-1-44(a)所示。

2)绘制底稿

合理、匀称地布图,(用 2H 或 H 铅笔)画出基准线→画已知弧和直线→画中间弧→画连接弧,如图 1-1-44(b)~(e)所示。

绘制底稿时,图线要尽量清淡、准确,并保持图面整洁。

3)加深描粗

加深描粗前,要全面检查底稿,修正错误,擦去画错的线条及作图辅助线。加深描粗后,画出尺寸界线和尺寸线,如图 1-1-44(f)所示。加深描粗时要注意以下几点。

(1)先粗后细:先(用 B 或 2B 铅笔)加深全部粗实线,再(用 HB 铅笔)加深全部细虚线、细点画线及细实线等。

(2)先曲后直:在加深同一种线(特别是粗实线)时,应先画圆弧或圆,后画直线。

(3)先水平,后垂斜:先用丁字尺自上而下画出水平线,再用三角板自左向右画出垂直线,最后画倾斜的直线。

加深描粗时,应尽量做到同类图线粗细、浓淡一致,圆弧连接光滑,图面整洁。

4)画箭头、标注尺寸、填写标题栏

加深描粗后,可将图纸从图板上取下来,(用 HB 铅笔)先画箭头,再标注尺寸数字,最后填写标题栏。

第二节　投影基础

一、投影法的概念

在日常生活中,常见到物体被阳光或灯光照射后,会在地面或墙壁上留下一个灰黑的影子,如图 1-2-1(a)所示。这个影子只能反映物体的轮廓,却无法表达物体的形状和大小。人们将这种现象进行科学的抽象,总结出了影子与物体之间的几何关系,进而形成投影法,使在图纸上表达物体形状和大小的要求得以实现。

投影法中,得到投影的面称为投影面。所有投射线的起源点,称为投射中心。发自投射中心且通过被表示物体上各点的直线,称为投射线。如图 1-2-1(b)所示,平面 P 为投影面,S 为投射中心。将物体放在投影面 P 和投射中心 S 之间,自 S 分别引投射线并延长,使之与投影面 P 相交,即得到物体的投影。

投射线通过物体,向选定的面投射,并在该面上得到图形的方法称为投影法。根据投影

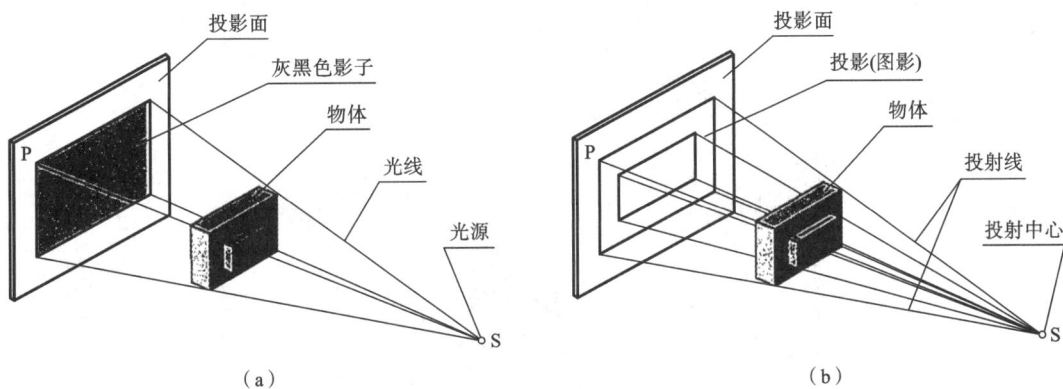

图 1-2-1　投影的形成

法所得到的图形,称为投影。由此可以看出,要获得投影,必须具备投射中心、物体、投影面这三个基本条件。根据投射线的类型(平行或汇交),投影法可分为两类,即中心投影法和平行投影法,平行投影法又分为正投影法和斜投影法。

1. 中心投影法

投射线汇交一点的投影法,称为中心投影法,如图 1-2-1(b)所示。

用中心投影法所得的投影大小,随着投影面、物体、投射中心三者之间距离的变化而变化。建筑工程上常用中心投影法绘制建筑物的透视图,如图 1-2-2 所示。用中心投影法绘制的图样具有较强的立体感,但不能反映物体的真实形状和大小,且度量性差,作图比较复杂,在机械图样中已很少采用。

图 1-2-2　建筑物的透视图

2. 平行投影法

假设将投射中心 S 移至无限远处,则投射线相互平行,如图 1-2-3 所示。这种投射线相互平行的投影法,称为平行投影法。

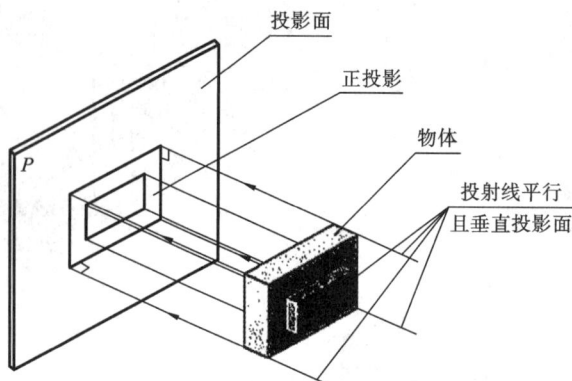

图 1-2-3　投射线垂直投影面的平行投影法

根据投射线与投影面是否垂直,平行投影法又可分为正投影法和斜投影法两种。

1) 正投影法

投射线与投影面相垂直的平行投影法,称为正投影法。根据正投影法所得到的图形,称为正投影(正投影图),如图 1-2-3、图 1-2-4(a)所示。

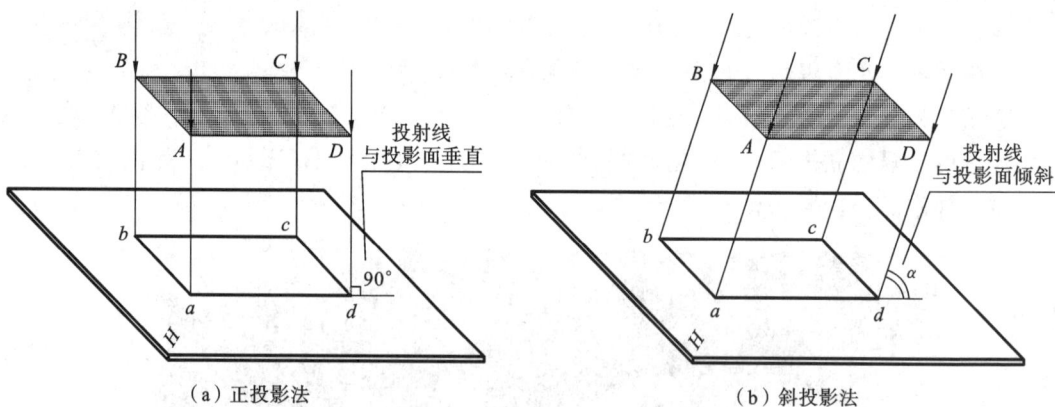

图 1-2-4　平行投影法

2) 斜投影法

投射线与投影面相倾斜的平行投影法,称为斜投影法。根据斜投影法所得到的图形,称为斜投影(斜投影图),如图 1-2-4(b)所示。

由于正投影法能反映物体的真实形状和大小,度量性好,作图简便,所以在工程上的应用十分广泛。机械图样都是采用正投影法绘制的,正投影法是机械制图的理论基础。

二、正投影法的特性

1. 真实性

平面(直线)平行于投影面,投影反映实形(实长),这种性质称为真实性,如图 1-2-5(a)

所示。

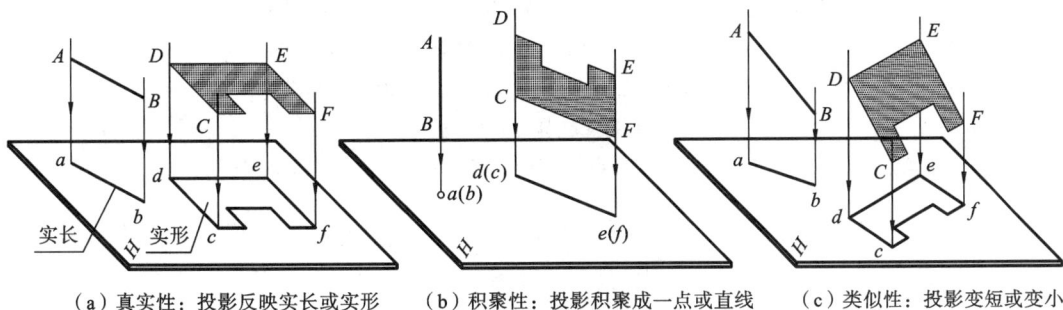

（a）真实性：投影反映实长或实形　（b）积聚性：投影积聚成一点或直线　（c）类似性：投影变短或变小

图 1-2-5　正投影的基本性质

2. 积聚性

平面（直线）垂直于投影面，投影积聚成直线（一点），这种性质称为积聚性，如图 1-2-5（b）所示。

3. 类似性

平面（直线）倾斜于投影面，投影变小（短），这种性质称为类似性，如图 1-2-5（c）所示。

三、三视图的形成以及三视图之间的投影关系

1. 投影面体系的建立

在多面正投影中，相互垂直的三个投影面构成三投影面体系，分别称为正立投影面（简称正面或 V 面）、水平投影面（简称水平面或 H 面）和侧立投影面（简称侧面或 W 面），如图 1-2-6 所示。

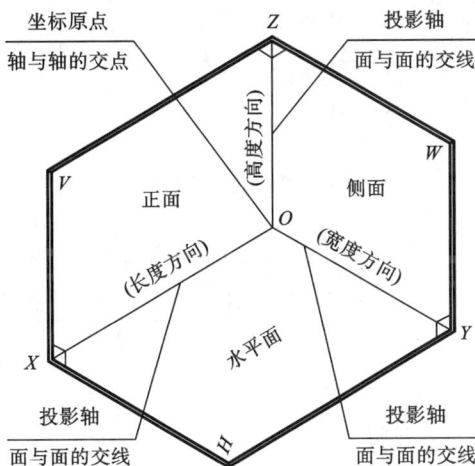

图 1-2-6　三投影面体系

三投影面体系中,相互垂直的投影面之间的交线,称为投影轴,它们分别是:

OX 轴(简称 X 轴),是 V 面与 H 面的交线,代表左右即长度方向。

OY 轴(简称 Y 轴),是 H 面与 W 面的交线,代表前后即宽度方向。

OZ 轴(简称 Z 轴),是 V 面与 W 面的交线,代表上下即高度方向。

三条投影轴相互垂直,其交点称为原点,用 O 表示。

2. 三视图的形成

将物体置于三投影面体系内,然后从物体的三个方向进行观察,就可以在三个投影面上得到三个视图,如图 1-2-7 所示。规定的三个视图名称是:

主视图——由前向后投射所得的视图。

左视图——由左向右投射所得的视图。

俯视图——由上向下投射所得的视图。

这三个视图统称为三视图。

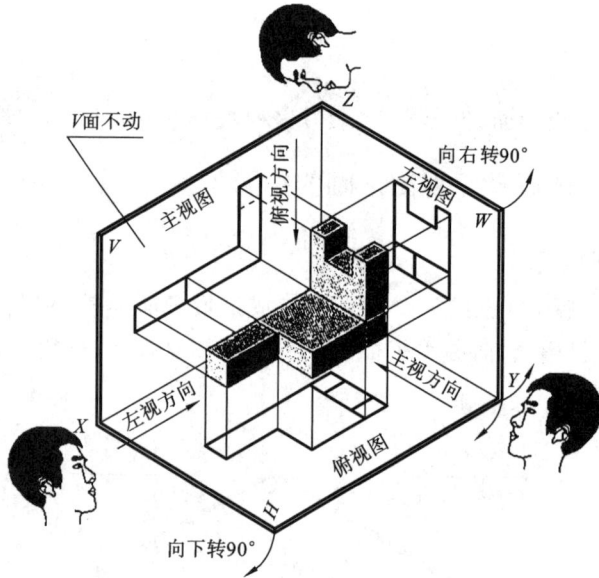

图 1-2-7　三视图的形成

为把三个视图画在同一张图纸上,必须将相互垂直的三个投影面展开在同一个平面上。展开方法如图 1-2-7 所示,规定:V 面保持不动,将 H 面绕 X 轴向下旋转 90°,将 W 面绕 Z 轴向右旋转 90°,就得到展开后的三视图,如图 1-2-8(a)所示。实际绘图时,应去掉投影面边框和投影轴,如图 1-2-8(b)所示。

3. 三视图之间的对应关系及投影规律

由三视图的形成过程可以总结出三视图之间的位置关系、投影规律及方位关系。

1) 位置关系

由三视图的展开过程可知,三视图之间的相对位置是固定的,即主视图定位后,左视图在主视图的右方,俯视图在主视图的下方。各视图的名称不需标注。

2) 投影规律

规定:物体左右之间的距离(X 轴方向)为长度;物体前后之间的距离(Y 轴方向)为宽度;物体上下之间的距离(Z 轴方向)为高度。从图 1-2-8(a)可以看出,每一个视图只能反映物体两个方向的尺度,即

主视图——反映物体的长度(X 轴方向尺寸)和高度(Z 方向尺寸)。

左视图——反映物体的高度(Z 轴方向尺寸)和宽度(Y 方向尺寸)。

俯视图——反映物体的长度(X 轴方向尺寸)和宽度(Y 方向尺寸)。

由此可得出三视图之间的投影规律,即主俯"长对正",主左"高平齐",左俯"宽相等",简称"三等"规律。

三视图之间的三等规律,不仅反映在物体的整体上,也反映在物体的任意一个局部结构,如图 1-2-8(b)所示。这一规律是画图和看图的依据,必须深刻理解和熟练运用。

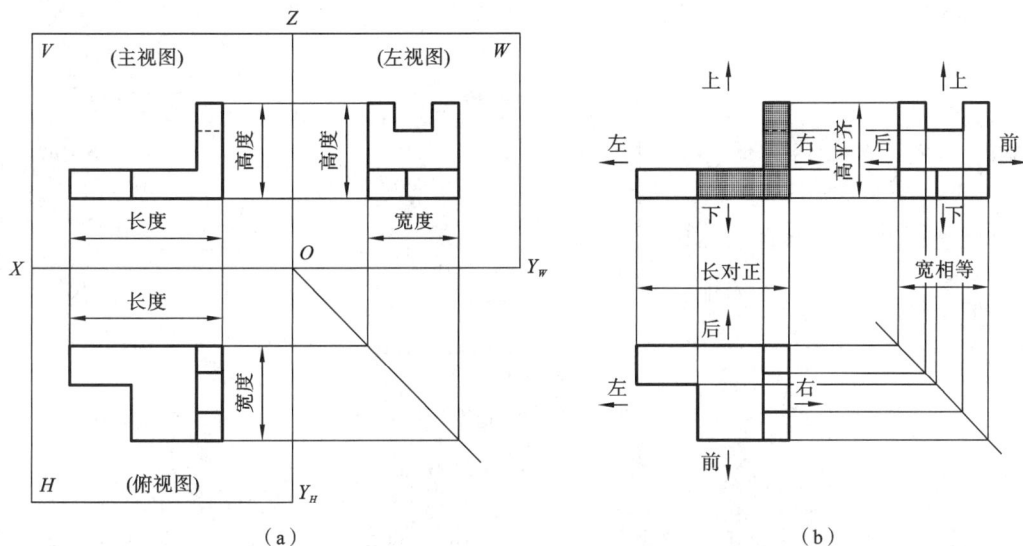

图 1-2-8 展开后的三视图

3) 方位关系

物体有左右、前后、上下六个方位,搞清楚三视图的六个方位关系,对画图、看图是十分重要的。从图 1-2-8(b)可以看出,每一个视图只能反映物体两个方向的位置关系,即

主视图反映物体的左、右和上、下位置关系(前、后重叠)。

左视图反映物体的上、下和前、后位置关系(左、右重叠)。

俯视图反映物体的左、右和前、后位置关系(上、下重叠)。

提示:画图与看图时,要特别注意俯视图和左视图的前、后对应关系。在三个投影面的展开过程中,由于水平面向下旋转,俯视图的下方表示物体的前面,俯视图的上方表示物体的后面;当侧面向右旋转后,左视图的右方表示物体的前面,左视图的左方表示物体的后面。即俯、左视图远离主视图的一边,表示物体的前面;靠近主视图的一边,表示物体的后面。物

体的俯、左视图不仅宽相等,还应保持前、后位置的对应关系。

四、点、直线、平面的三面投影特征

点、直线、平面是构成物体表面的最基本的几何元素。如图 1-2-9 所示的三棱锥,就是由四个平面、六条棱线、四个顶点构成的。画出三棱锥的三视图,实际上就是画出构成三棱锥表面的这些点、直线和平面的投影。为了迅速、正确地画出物体的三视图,必须首先掌握这些几何元素的投影规律和作图方法。

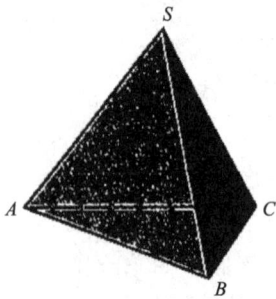

图 1-2-9　三棱锥

提示:为了叙述方便,以后将正投影简称为投影。

1. 点的投影规律

如图 1-2-10(a)所示,将空间点 A 置于三个相互垂直的投影面体系中,分别作垂直于 V 面、H 面、W 面的投射线,得到点 A 的正面投影 a'、水平投影 a 和侧面投影 a''。

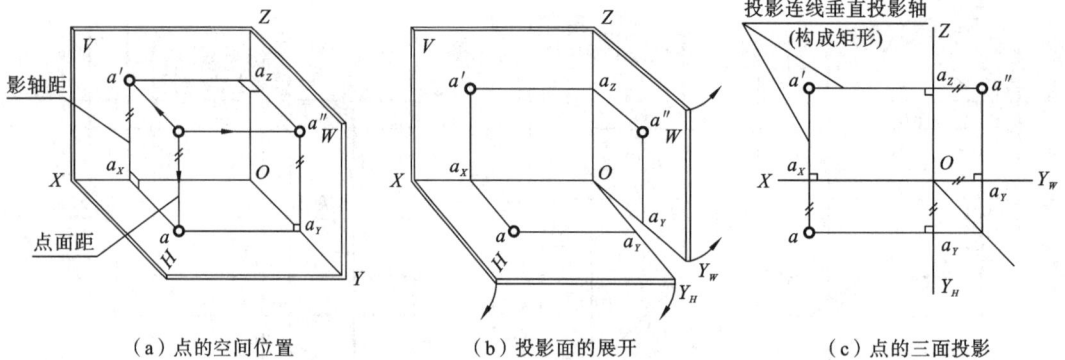

（a）点的空间位置　　（b）投影面的展开　　（c）点的三面投影

图 1-2-10　点的投影规律

提示:空间点用大写拉丁字母表示,如 $A,B,C,\cdots$;点的水平投影用相应的小写字母表示,如 $a,b,c,\cdots$;点的正面投影用相应的小写字母加一撇表示,如 $a',b',c',\cdots$;点的侧面投影用相应的小写字母加两撇表示,如 $a'',b'',c''\cdots$。

将投影面按箭头所指的方向摊平在一个平面上(见图 1-2-10(b)),去掉投影面边框,便得到点 A 的三面投影,如图 1-2-10(c)所示。图中 a_X、a_Y、a_Z 分别为点的投影连线与投影轴 X、Y、Z 的交点。点的三面投影具有以下两条投影规律:

(1)点的两面投影连线,必定垂直于相应的投影轴,即

$$aa' \perp X\ \text{轴},\ a'a'' \perp Z\ \text{轴},\ aa_Y \perp Y_H\ \text{轴},\ a''a_Y \perp Y_W\ \text{轴}$$

(2)点的投影到投影轴的距离,等于空间点到相应的投影面的距离,即

$$a'a_X = a''a_Y = A\ \text{点到}\ H\ \text{面的距离}\ Aa$$
$$aa_X = a''a_Z = A\ \text{点到}\ V\ \text{面的距离}\ Aa'$$
$$aa_Y = a'a_Z = A\ \text{点到}\ W\ \text{面的距离}\ Aa''$$

影轴距=点面距

根据点的投影规律,在点的三面投影中,只要知道其中任意两个面的投影,即可求出第三面投影。

【例 1-2-1】 已知点 A 的两面投影(见图 1-2-11(a)),求作第三面投影。

分析 根据点的投影规律可知,$a'a'' \perp Z$ 轴,a'' 必在 $a'a_Z$ 的延长线上;由 $a''a_Z = aa_X$,可确定 a'' 的位置。

作图步骤:

(1) 过 a' 作 $a'a_Z \perp Z$ 轴并延长,如图 1-2-11(b)所示。

(2) 过 a 作 $aa_Y \perp Y$ 轴并与 45°(等宽)线相交,向上作垂线得到 a'',如图 1-2-11(c)所示。

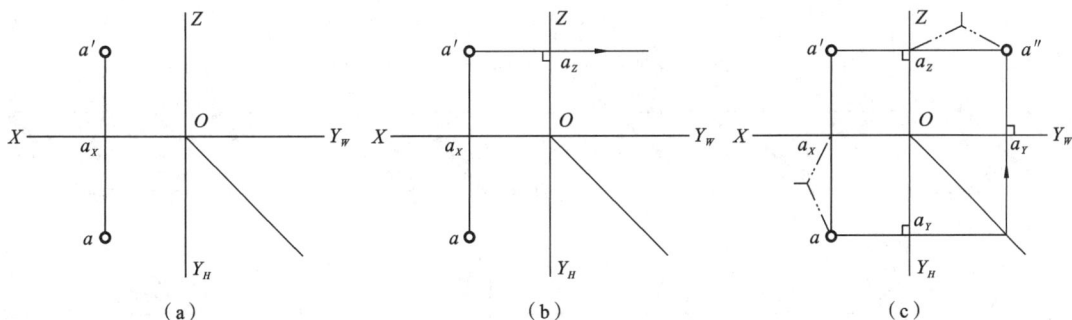

图 1-2-11 已知点的两面投影求作第三面投影

2. 直线的三面投影特征

1) 直线的三面投影

一般情况下,直线的投影仍是直线。特殊情况下,直线的投影积聚成一点。如图 1-2-12(a)所示,直线 AB 在 H 面上的投影为 ab。直线 CD 垂直于 H 面,它在 H 面上的投影积聚成一点 $c(d)$。

求作直线的三面投影时,可分别作出直线两端点的三面投影,如图 1-2-12(b)所示,然后将同一投影面上的投影(简称同面投影)连接起来,即得到直线的三面投影,如图 1-2-12(c)所示。

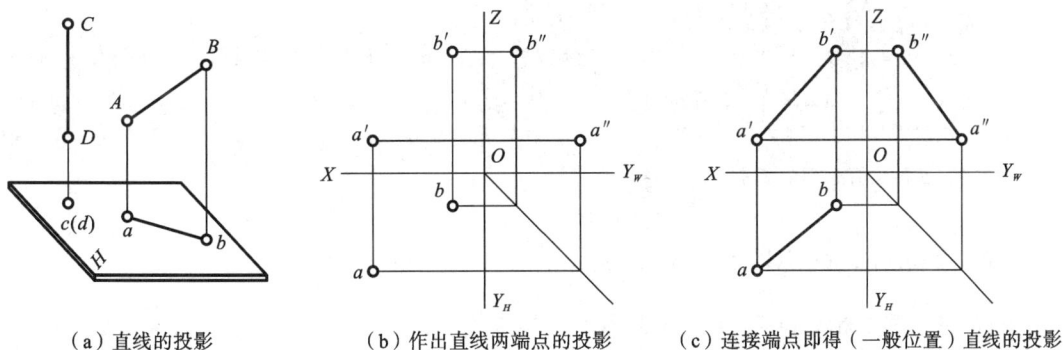

(a)直线的投影　　(b)作出直线两端点的投影　　(c)连接端点即得(一般位置)直线的投影

图 1-2-12 直线的投影

2）各种位置直线的投影特性

在三投影面体系中，按与投影面的相对位置，直线可分为以下三种。

（1）投影面平行线（特殊位置直线）：与一个基本投影面平行，与另外两个基本投影面成倾斜位置的直线。

（2）投影面垂直线（特殊位置直线）：垂直于一个基本投影面的直线。

（3）一般位置直线：与三个基本投影面均成倾斜位置的直线。

3. 平面的三面投影特征

1）平面的表示法

不属于同一直线的三点可确定一平面。因此，平面可以用图 1-2-13 中任何一组几何要素的投影来表示。在投影图中，常用平面图形来表示空间的平面。

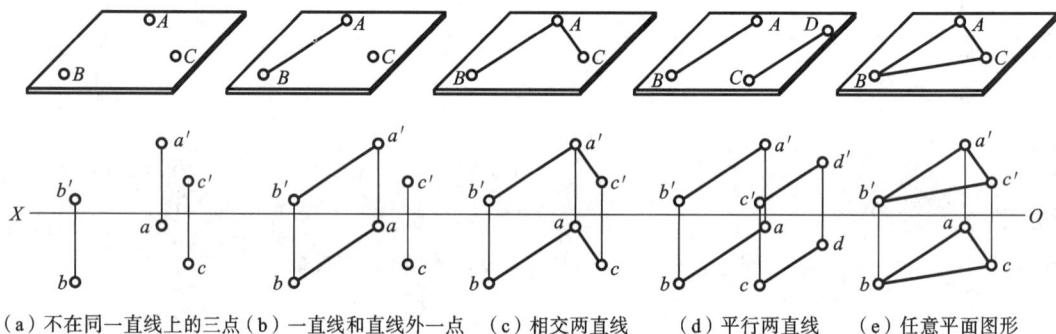

（a）不在同一直线上的三点（b）一直线和直线外一点　（c）相交两直线　（d）平行两直线　（e）任意平面图形

图 1-2-13　平面的表示法

2）各种位置平面的投影

在三投影面体系中，按与投影面的相对位置，平面可分为以下三种。

（1）投影面平行面（特殊位置平面）：平行于一个基本投影面的平面，如图 1-2-14 中的 A 面、B 面和 C 面。

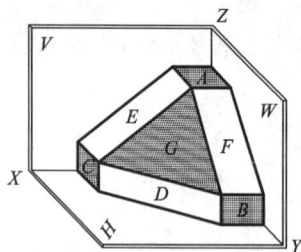

图 1-2-14　各种位置平面的投影

（2）投影面垂直面（特殊位置平面）：与一个基本投影面垂直，与另两个基本投影面成倾斜位置的平面，如图 1-2-14 中的 D 面、E 面和 F 面。

（3）一般位置平面：与三个基本投影面均成倾斜位置的平面，如图 1-2-14 中的 G 面。

由于一般位置平面与三个基本投影面都倾斜，其三面投影均不反映实形，都是小于原平面的类似形。

五、空间任意两点的相对位置关系

两点在空间的相对位置，可以由两点的坐标来确定：

两点的左、右相对位置由 x 坐标确定，x 坐标值大者在左。

两点的前、后相对位置由 y 坐标确定，y 坐标值大者在前。

两点的上、下相对位置由 z 坐标确定，z 坐标值大者在上。

由此可知，若已知两点的三面投影，判断它们的相对位置时，可根据正面投影或水平面投影判断左、右关系；根据水平面投影或侧面投影判断前、后关系；根据正面投影或侧面投影判断上、下关系。

如图 1-2-15 所示，由于 $x_A > x_B$，故点 A 在点 B 的左方；由于 $y_A < y_B$，故点 A 在点 B 的后方；由于 $z_A < z_B$，故点 A 在点 B 的下方，即点 A 在点 B 的左、后、下方。

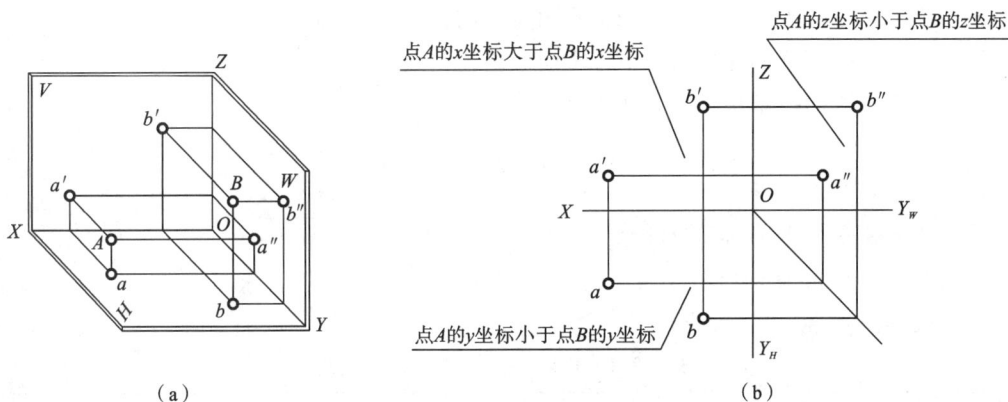

（a） （b）

图 1-2-15 两点的相对位置

在图 1-2-16 所示 E、F 两点的投影中，$x_E = x_F$，$z_E = z_F$，说明 E、F 两点的 x、z 坐标相同，即 E、F 两点处于对正面的同一条投射线上，其正面投影 e' 和 f' 重合，称为正面的重影点。虽然 e'、f' 重合，但水平投影和侧面投影不重合，且 e 在前、f 在后，即 $y_E > y_F$。所以对正面来说，E 可见，F 不可见。对不可见的点，需加圆括号表示，F 点的正面投影表示为 (f')。

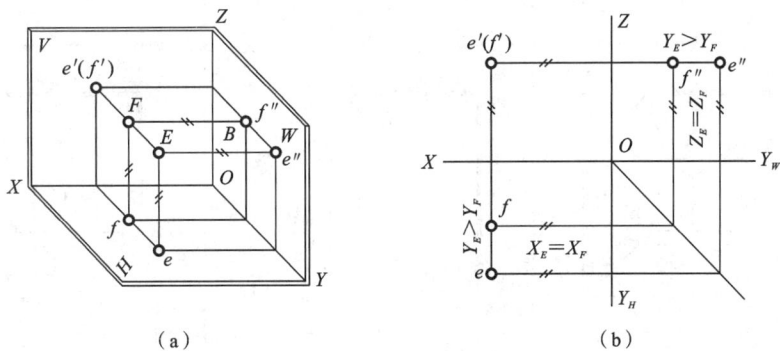

（a） （b）

图 1-2-16 重影点和可见性

重影点的可见性，需根据这两点不重影的投影的坐标大小来判别，即：

当两点在 V 面的投影重合时，需判别其 H 面或 W 面投影，其 y 坐标大者在前（可见）。

当两点在 H 面的投影重合时，需判别其 V 面或 W 面投影，其 z 坐标大者在上（可见）。

若两点在 W 面的投影重合时，需判别其 H 面或 V 面投影，其 x 坐标大者在左（可见）。

六、直线、平面的投影特性

1. 各种位置直线的投影特性

1) 投影面平行线

投影面平行线共有三种：

水平线——平行于 H 面，与 V 面、W 面倾斜的直线。

正平线——平行于 V 面，与 H 面、W 面倾斜的直线。

侧平线——平行于 W 面，与 V 面、H 面倾斜的直线。

投影面平行线的投影特性如表 1-2-1 所示。

2) 投影面垂直线

投影面垂直线也有三种：

铅垂线——垂直于 H 面的直线。

正垂线——垂直于 V 面的直线。

侧垂线——垂直于 W 面的直线。

表 1-2-1　投影面平行线的投影特性

名称	水平线(平行于 H 面)	正平线(平行于 V 面)	侧平线(平行于 W 面)
实例	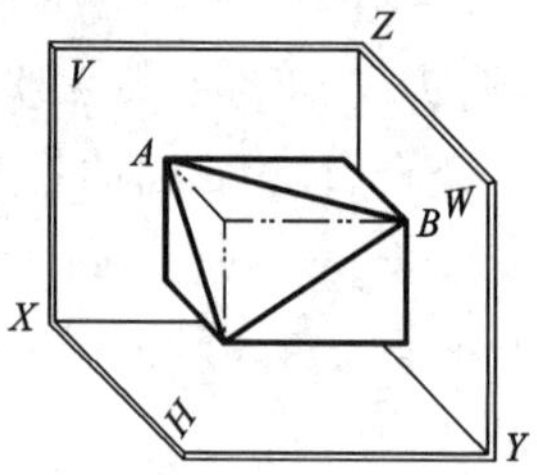	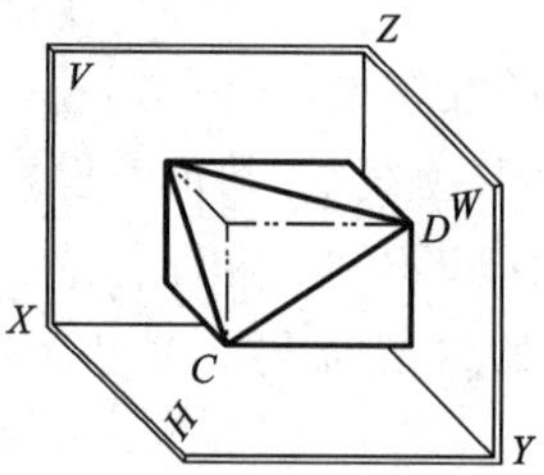	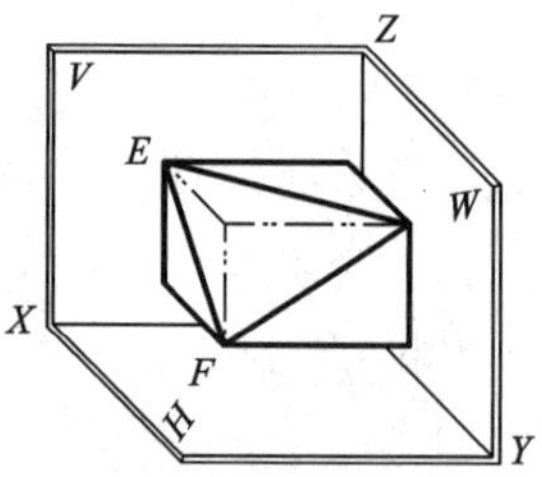
轴测图	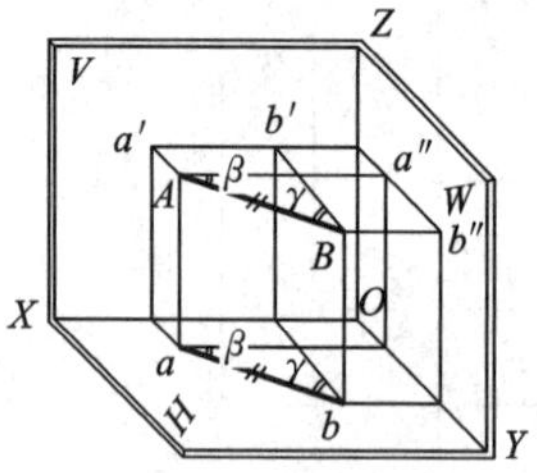	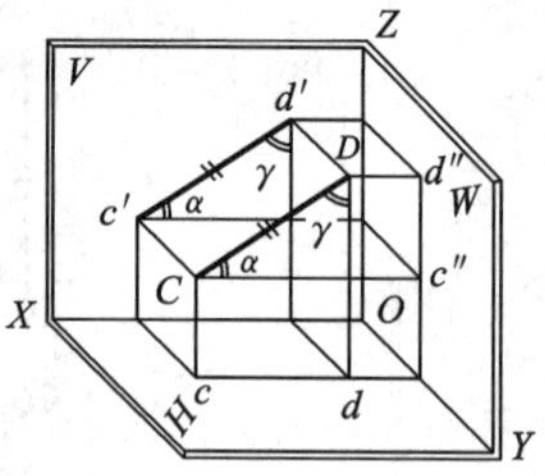	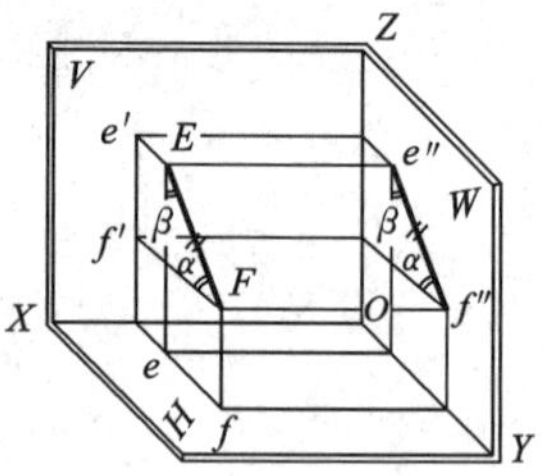
投影	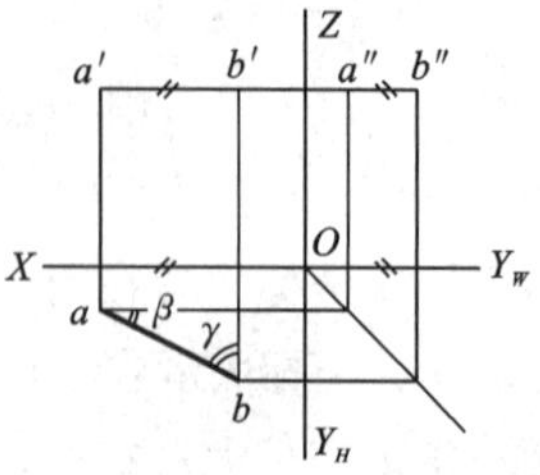	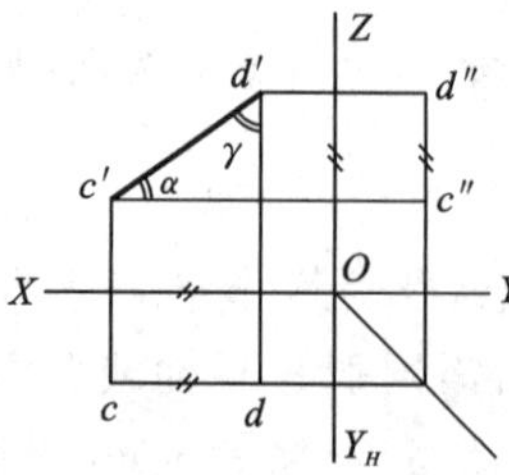	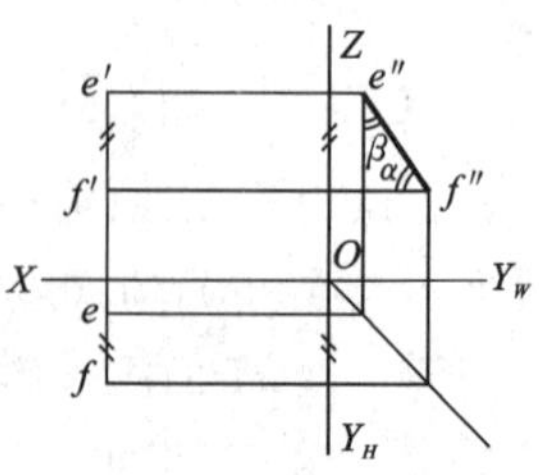

续表

名称	水平线（平行于 H 面）	正平线（平行于 V 面）	侧平线（平行于 W 面）
投影特性	（1）水平投影 $ab=AB$（实长） （2）正面投影 $a'b'$ ∥ X 轴，侧面投影 $a''b''$ ∥ Y_W 轴，且均不反映实长 （3）ab 与 X 和 Y_H 轴的夹角 β、γ 等于 AB 对 V、W 面的倾角	（1）正面投影 $c'd'=CD$（实长） （2）水平投影 cd ∥ X 轴，侧面投影 $c''d''$ ∥ Z 轴，且均不反映实长 （3）$c'd'$ 与 X 和 Z 轴的夹角 α、γ 等于 CD 对 H、W 面的倾角	（1）侧面投影 $e''f''=EF$（实长） （2）水平投影 ef ∥ Y_H 轴，正面投影 $e'f'$ ∥ Z 轴，且均不反映实长 （3）$e''f''$ 与 Y_W 和 Z 轴的夹角 α、β 等于 EF 对 H、V 面的倾角
	（1）直线在所平行的投影面上的投影，均反映实长 （2）其他两面投影平行于相应的投影轴 （3）反映实长的投影与投影轴所夹的角度，等于空间直线对相应投影面的倾角		

注：在三投影面体系中，直线与 H、V、W 面的倾角分别用 α、β、γ 表示。

投影面垂直线的投影特性如表 1-2-2 所示。

表 1-2-2　投影面垂直线的投影特性

名称	铅垂线（垂直于 H 面）	正垂线（垂直于 V 面）	侧垂线（垂直于 W 面）
实例			
轴测图			
投影			

名称	铅垂线(垂直于 H 面)	正垂线(垂直于 V 面)	侧垂线(垂直于 W 面)
投影特性	(1) 水平投影积聚成一点 $a(b)$ (2) $a'b'=a''b''=AB$(实长),且 $a'b'\perp X$ 轴，$a''b''\perp Y_W$ 轴	(1) 正面投影积聚成一点 $c'(d')$ (2) $cd=c''d''=CD$(实长),且 $cd\perp X$ 轴，$c''d''\perp Z$ 轴	(1) 侧面投影积聚成一点 $e''(f'')$ (2) $ef=e'f'=EF$(实长),且 $ef\perp Y_H$ 轴，$e'f'\perp Z$ 轴
	(1) 直线在所垂直的投影面上的投影，积聚成一点 (2) 其他两面投影反映该直线的实长，且分别垂直于相应的投影轴		

3) 一般位置直线

一般位置直线是指与三个基本投影面均成倾斜位置的直线。如图 1-2-17 中的直线 AB,在空间与三个基本投影面都倾斜，与三个基本投影面的夹角 α、β、γ 都不等于零，所以直线的投影都小于实长。此时，它们与各投影轴的夹角也不反映直线 AB 与基本投影面的真实倾角。由此可知一般位置直线的投影特性如下：

(1) 直线的三个投影都倾斜于投影轴，且都小于直线的实长。

(2) 直线的各投影与投影轴的夹角，均不反映空间直线与各基本投影面的倾角。

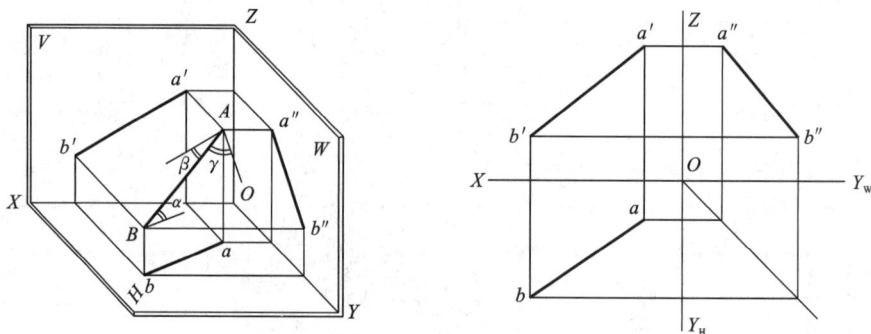

图 1-2-17 一般位置直线的投影

2. 各种位置平面的投影特性

1) 投影面平行面

投影面平行面共有三种：

水平面——平行于 H 面的平面(见图 1-2-14 中的 A 面)。

正平面——平行于 V 面的平面(见图 1-2-14 中的 B 面)。

侧平面——平行于 W 面的平面(见图 1-2-14 中的 C 面)。

投影面平行面的投影特性如表 1-2-3 所示。

表 1-2-3 投影面平行面的投影特性

名称	水平面(平行于 H 面)	正平面(平行于 V 面)	侧平面(平行于 W 面)
轴测图	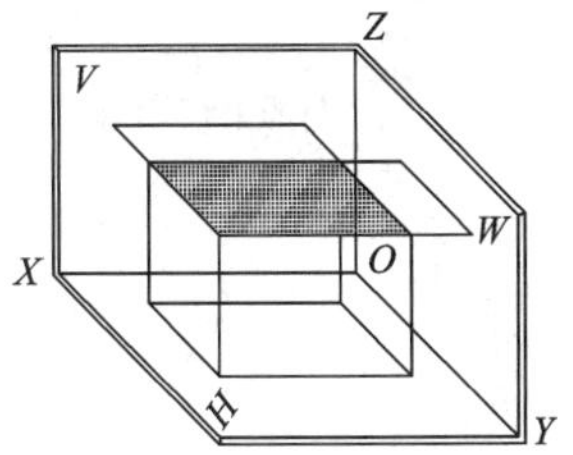	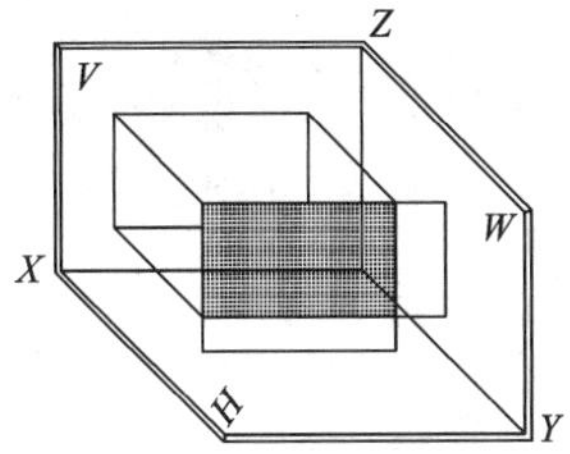	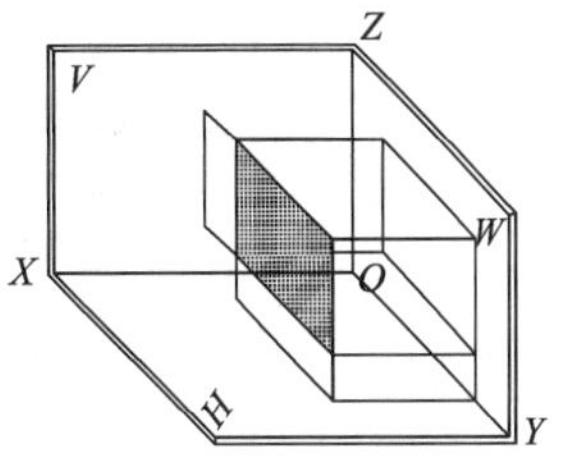
投影	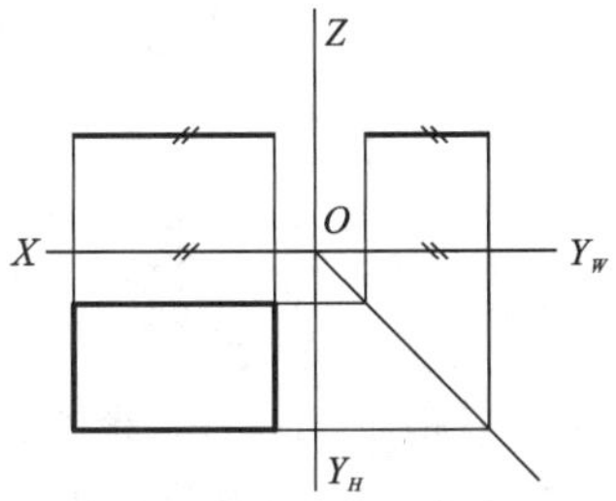	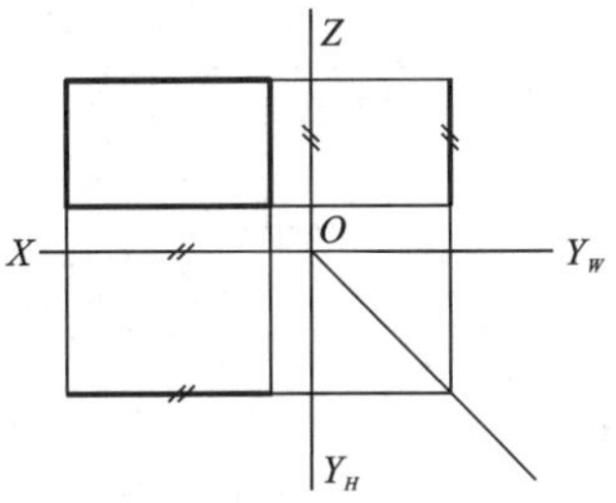	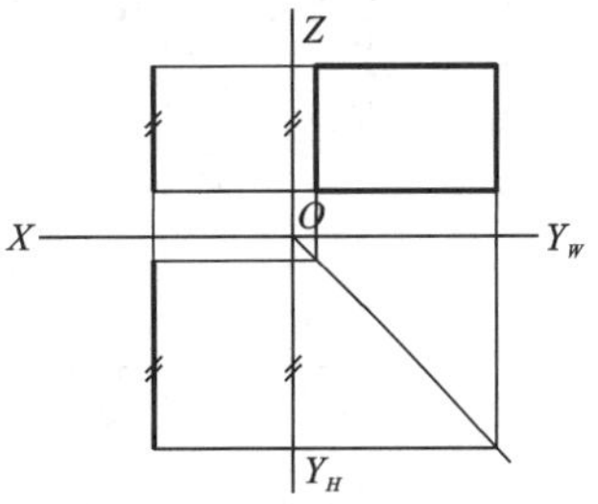
投影特性	(1) 水平投影反映实形 (2) 正面投影积聚成直线,且平行于 X 轴 (3) 侧面投影积聚成直线,且平行于 Y_W 轴	(1) 正面投影反映实形 (2) 水平投影积聚成直线,且平行于 X 轴 (3) 侧面投影积聚成直线,且平行于 Z 轴	(1) 侧面投影反映实形 (2) 正面投影积聚成直线,且平行于 Z 轴 (3) 水平投影积聚成直线,且平行于 Y_H 轴
	(1) 平面在所平行的投影面上的投影反映实形 (2) 其他两面投影积聚成直线,且平行于相应的投影轴		

2) 投影面垂直面

投影面垂直面也有三种:

铅垂面——垂直于 H 面,与 V 面、W 面倾斜的平面(见图 1-2-14 中的 D 面)。

正垂面——垂直于 V 面,与 H 面、W 面倾斜的平面(见图 1-2-14 中的 E 面)。

侧垂面——垂直于 W 面,与 V 面、H 面倾斜的平面(见图 1-2-14 中的 F 面)。

投影面垂直面的投影特性如表 1-2-4 所示。

3) 一般位置平面

如图 1-2-18(a)所示,图中的 G 面对三个投影面都倾斜,其水平投影、正面投影和侧面投影都没有积聚性,均为小于实形的三角形,如图 1-2-18(b)所示。

表 1-2-4 投影面垂直面的投影特性

名称	铅垂面(垂直于 H 面)	正垂面(垂直于 V 面)	侧垂面(垂直于 W 面)
轴测图			
投影			
投影特性	(1) 水平投影积聚成直线,该直线与 X、Y_H 轴的夹角 β、γ,等于平面对 V、W 面的倾角 (2) 正面投影和侧面投影为原形的类似形	(1) 正面投影积聚成直线,该直线与 X、Z 轴的夹角 α、γ,等于平面对 H、W 面的倾角 (2) 水平面投影和侧面投影为原形的类似形	(1) 侧面投影积聚成直线,该直线与 Y_W、Z 轴的夹角 α、β,等于平面对 H、W 面的倾角 (2) 正面投影和水平面投影为原形的类似形

(1) 平面在所垂直的投影面上的投影,积聚成与投影轴倾斜的直线,该直线与投影轴的夹角等于平面对相应投影面的倾角

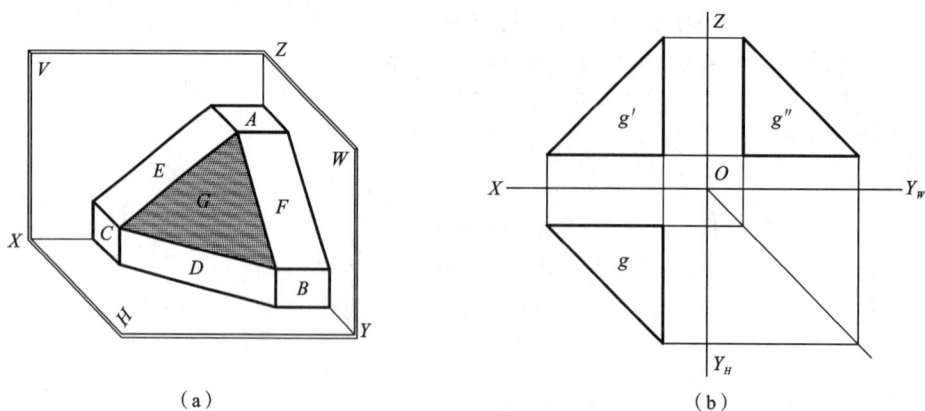

(2) 其他两面投影均为原形的类似形

(a)   (b)

图 1-2-18 一般位置平面的投影特性

七、点、直线、平面的三视图的绘制

1. 点的投影

点、线、平面是构成空间物体最基本的几何元素,要正确、迅速地画出物体的三视图,首先必须掌握组成物体的几何元素的投影规律和作图方法。

1)点的三面投影

点是构成空间物体最基本的几何元素。要阐述空间物体的图示法,必须首先阐述空间点的图示法。

从图 1-2-19 可以看出,点的一个投影不能唯一确定点的空间位置。因此,下面介绍点在三投影面的投影。

如图 1-2-20(a)所示,在三投影面体系中,设有一空间点 A (用大写字母表示),由点 A 分别作垂直于三个投影面的投射线,它们与投影面的交点 a、a' 和 a''(用小写字母表示),即为点 A 的水平投影、正面投影和侧面投影。图中 a_X、a_Y、a_Z 分别为点的投影连线与投影轴 X、Y、Z 的交点。

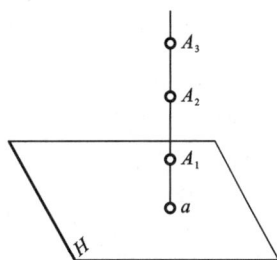

图 1-2-19　点的一个投影

将投影面展开(见图 1-2-20(b)),得到点 A 的三面投影图,如图 1-2-20(c)所示。展开后的投影图一般不画出投影面的边框线,而只用细实线画出投影轴。

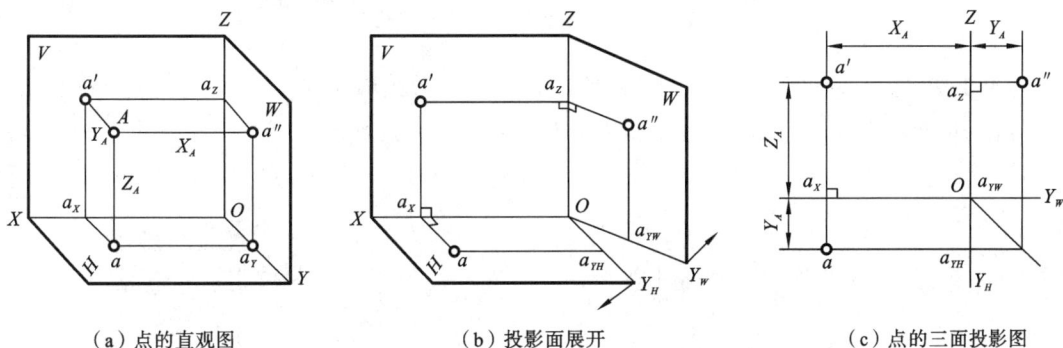

(a) 点的直观图	(b) 投影面展开	(c) 点的三面投影图

图 1-2-20　点的三面投影与空间坐标

通过点的三面投影图的形成过程,可总结出点的投影规律:

(1) 点的正面投影和水平投影的连线垂直于 OX 轴,即 $a'a \perp OX$(长对正)。

(2) 点的正面投影和侧面投影的连线垂直于 OZ 轴,即 $a'a'' \perp OZ$(高平齐)。

(3) 点的水平投影到 OX 轴距离等于点的侧面投影到 OZ 轴距离,即 $aa_X = a''a_Z$(宽相等)。

以上点的三面投影规律,其实就是物体三视图中"三等"关系的理论依据。

在作图时,为了便于保证点的水平投影到 OX 轴的距离等于点的侧面投影到 OZ 轴的距离,并使作图简便,常以 O 点作 45°辅助线来实现,如图 1-2-20(c)所示。

2)点的投影与直角坐标的关系

如果把三投影面体系看成是空间直角坐标系,则投影面就是坐标面,投影轴就是坐标轴,O 点就是坐标原点。从图 1-2-20(a)可以看出,空间点 A 到三个投影面的距离,就是空间点到坐标面的距离,也就是点 A 的三个坐标,即

(1) 点 A 到 W 面的距离 $Aa'' = X_A$;

(2) 点 A 到 V 面的距离 $Aa' = Y_A$;

(3) 点 A 到 H 面的距离 $Aa = Z_A$。

从图 1-2-20(a)还可以看出,点 A 的每一个投影到两投影轴的距离,反映点 A 到相应两投影面的距离,即 $a'a_Z = Aa'' = X_A$、$a'a_X = Aa = Z_A$ 等。因此,有了点的两个投影就可确定点的坐标,反之,有了点的坐标,也可作出点的投影。

【例 1-2-2】 已知空间点 A 的坐标(12,8,16),作该点的三面投影。

解 根据点的直角坐标和投影规律作图。作图方法和步骤如图 1-2-21 所示。

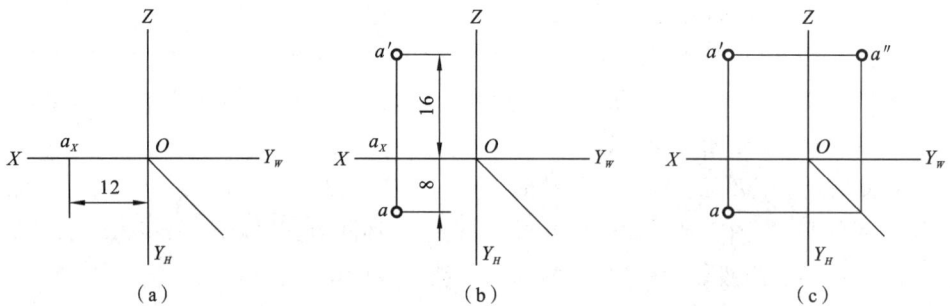

图 1-2-21 已知点的坐标作三面投影

【例 1-2-3】 已知空间点 B 的坐标(8,12,0),点 C 的坐标(0,0,10),作它们的三面投影。

解 在点 B 的三个坐标中 $Z_B = 0$,故点 B 在水平面内。在点 C 的三个坐标中 $X_C = 0$,$Y_C = 0$,所以点 C 在 OZ 轴上。B、C 两点的三面投影,如图 1-2-22(a)、(b)所示。

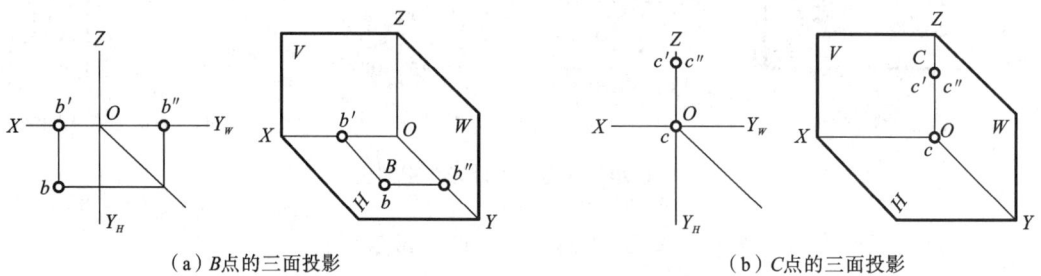

(a)B点的三面投影   (b)C点的三面投影

图 1-2-22 特殊位置点的投影图

由以上例题得出如下结论:

(1) 点的三个坐标值都不等于零时,该点属于一般空间点,点的三个投影在投影面内。

(2) 点的一个坐标值等于零时,该点位于某个投影面内,因而它的三个投影总有两个位于不同的投影轴上,另一个投影位于投影面内且与空间点重合。

(3) 点的两个坐标值等于零时,该点位于某个投影轴上,因而它的三个投影总有两个位于同一个投影轴上且与空间点重合,另一个投影与坐标原点重合。

3）两点的相对位置和重影点

（1）两点的相对位置：两点的相对位置是指以其中一点为基准点，确定另一点对基准点的相对位置。可以由两点的坐标差来确定，如图 1-2-23 所示。

① 两点的左、右相对位置由 X 坐标确定，X 坐标值大者在左，故点 A 在点 B 的左方。

② 两点的前、后相对位置由 Y 坐标确定，Y 坐标值大者在前，故点 A 在点 B 的前方。

③ 两点的上、下相对位置由 Z 坐标确定，Z 坐标值大者在上，故点 A 在点 B 的下方。

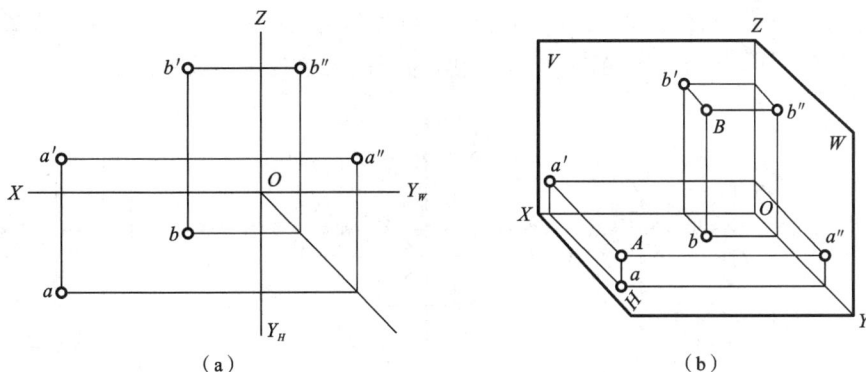

图 1-2-23 两点的相对位置

（2）重影点及其可见性：在图 1-2-24 中，A、B 两点的水平投影 a、b 重合，这说明 A、B 两点的 X、Y 坐标相同，即 $X_A = X_B$，$Y_A = Y_B$，因此 A、B 两点处于对水平面的同一条投射线上。

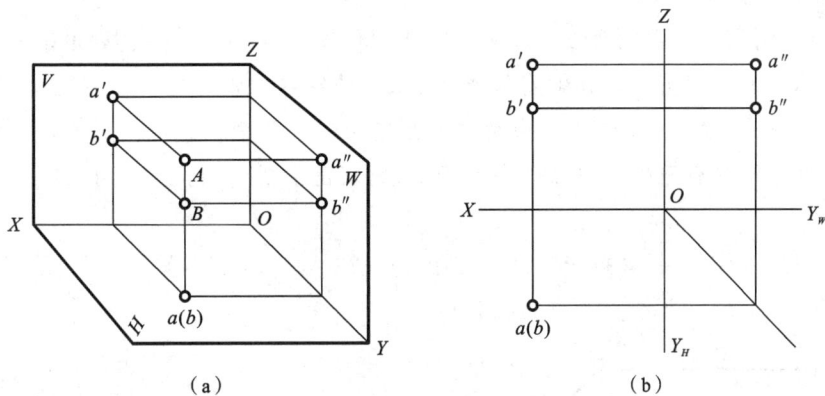

图 1-2-24 重影点及其可见性的判断

可见，处于同一条投射线上的两点，必在相应的投影面上具有重合的投影。这两个点称为对该投影面的一对重影点。

重影点的可见性，需要根据这两点不重合的投影的坐标大小来判断，即：

① V 面投影重合的两点，需要判断其 H 面或 W 面投影，即 Y 坐标大者（点在前）可见。

② H 面投影重合的两点，需要判断其 V 面或 W 面投影，即 Z 坐标大者（点在上）可见。

③ W 面投影重合的两点，需要判断其 H 面或 V 面投影，即 X 坐标大者（点在左）可见。

在图 1-2-24 中，水平投影 a、b 重合，但正面投影 a' 在上，b' 在下，即 $Z_A > Z_B$，所以对 H

面来说,*a* 可见,*b* 不可见。

为了区别可见与不可见点,规定对不可见的投影加括号表示,如图 1-2-24 俯视中 *B* 点的水平投影应标注成(*b*)。

2. 直线的投影

直线的投影一般仍为直线,特殊情况下,直线的投影积聚为一点。

1) 直线的三面投影

作图 1-2-25(a)中直线 *AB* 的三面投影时,可先作直线两端点 *A*、*B* 的三面投影,再分别连接 *ab*、*a′b′* 和 *a″b″*,即为直线 *AB* 的三面投影,如图 1-2-25(b)、(c)所示。

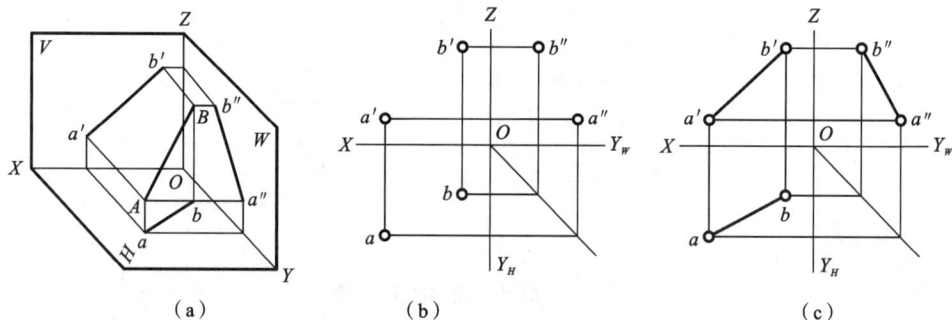

图 1-2-25　直线三面投影的画法

2) 各种位置直线的投影

在三投影面体系中,根据直线对投影面的相对位置,直线可分为三类:投影面平行线、投影面垂直线和一般位置直线。其中前两种直线又称为特殊位置直线。

(1) 投影面平行线:平行于一个投影面而倾斜于另外两个投影面的直线,称为投影面平行线。投影面平行线有三种:水平线(平行于 *H* 面)、正平线(平行于 *V* 面)、侧平线(平行于 *W* 面)。

现以正平线为例,分析其投影特性。如图 1-2-26(a)所示,*AB* 平行于 *V* 面,必然倾斜于 *H* 面和 *W* 面。因此,正平线具有下列投影特性:

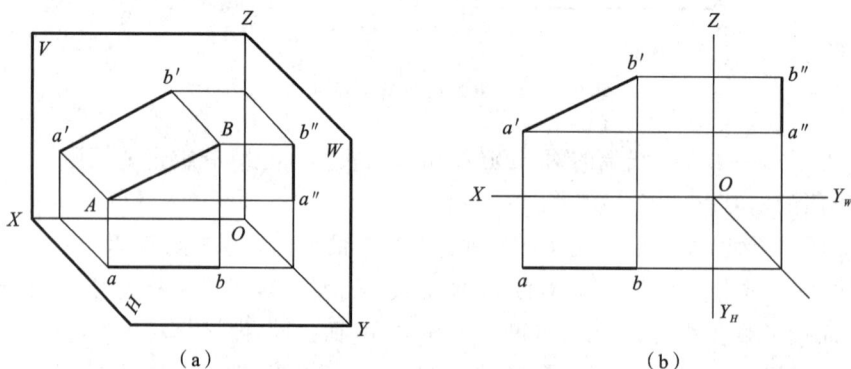

图 1-2-26　正平线的三面投影

① 正面投影 $a'b'$ 为倾斜线段且反映实长,即 $a'b'=AB$。

② 水平投影 $ab//OX$ 轴,侧面投影 $a''b''//OZ$ 轴,但都小于实长。

同理,水平线、侧平线也有类似的投影特性,如表 1-2-5 所示。

表 1-2-5 投影面平行线的投影特性

名称	水平线(平行于 H 面)	正平线(平行于 V 面)	侧平线(平行于 W 面)
立体图	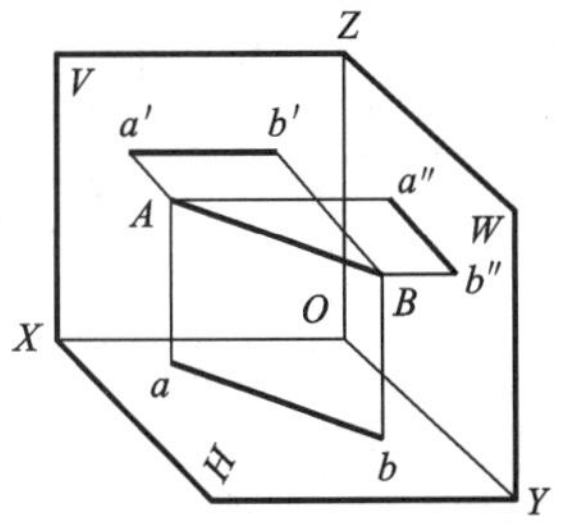	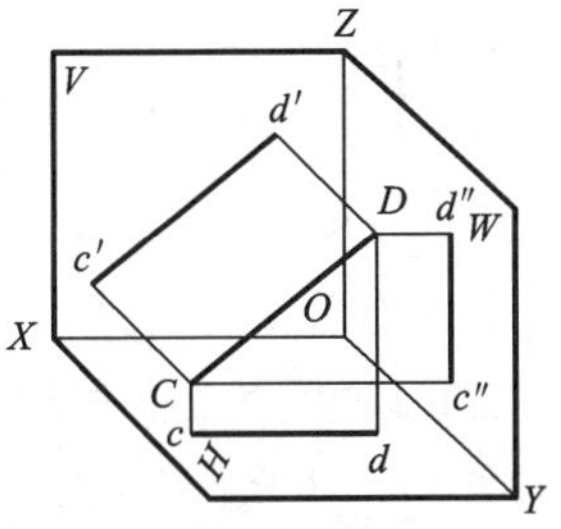	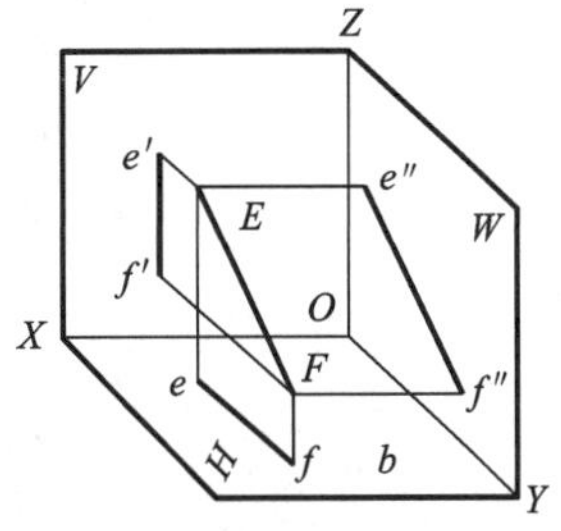
投影图	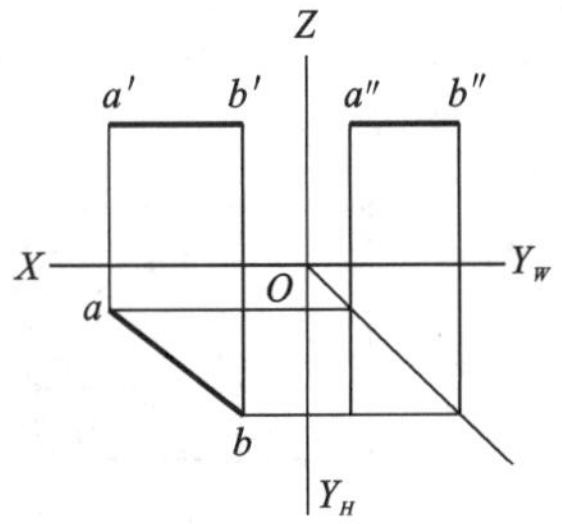	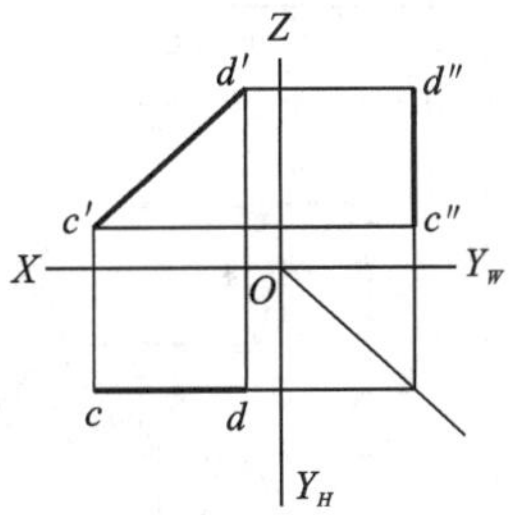	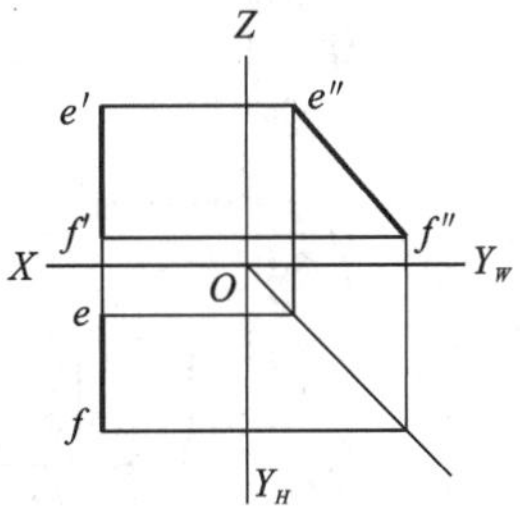
投影特性	(1) 水平投影反映实长,即 $ab=AB$ (2) 正面投影 $a'b'//OX$ 轴,侧面投影 $a''b''//OY_W$ 轴,且长度缩短	(1) 正面投影反映实长,即 $c'd'=CD$ (2) 水平投影 $cd//OX$ 轴,侧面投影 $c''d''//OZ$ 轴,且长度缩短	(1) 侧面投影反映实长,即 $e''f''=EF$ (2) 水平投影 $ef//OY_H$ 轴,正面投影 $e'f'//OZ$ 轴,且长度缩短
小结	(1) 直线在所平行的投影面上的投影反映实长 (2) 直线在另外两个投影面上的投影平行于相应的投影轴,且长度缩短		

当从投影图上判断直线的空间位置时,若直线的投影为"一斜两直",则该直线必定为投影面平行线,且平行于斜直线所在的那个投影面。

(2) 投影面垂直线:垂直于一个投影面而平行于另外两个投影面的直线,称为投影面垂直线。投影面垂直线也有三种,即铅垂线(垂直于 H 面)、正垂线(垂直于 V 面)、侧垂线(垂直于 W 面)。

现以铅垂线为例,分析其投影特性。如图 1-2-27(a)所示,铅垂线 AB 直于 H 面平行于 V 面、W 面,因此,铅垂线具有下列投影特性:

① 水平投影 ab 积聚成一点。

② 正面投影 $a'b' \perp OX$ 轴,侧面投影 $a''b'' \perp OY_W$ 轴,且都反映实长。

同理,正垂线、侧垂线也有类似的投影特性,如表 1-2-6 所示。

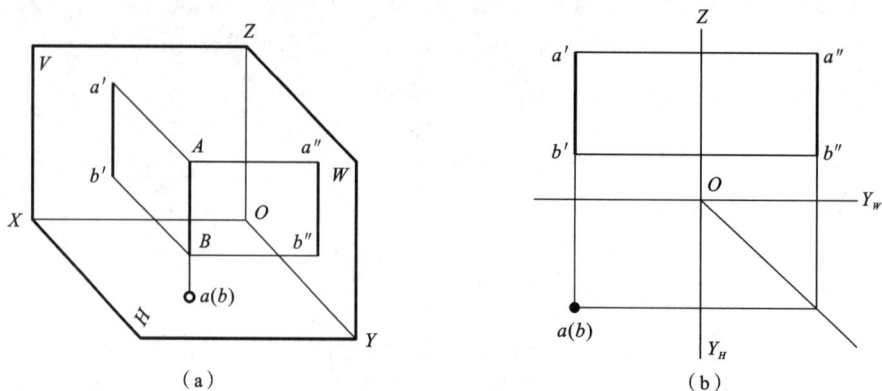

图 1-2-27　铅线的三面投影

表 1-2-6　投影面垂直线的投影特性

名称	铅垂线（垂直于 H 面）	正垂线（垂直于 V 面）	侧垂线（垂直于 W 面）
立体图			
投影图			
投影特性	(1) 水平投影 ab 积聚成一点 (2) 正面投影 $a'b'\perp OX$ 轴，侧面投影 $a''b''\perp OY_W$ 轴，且都反映实长	(1) 正面投影 $c'd'$ 积聚成一点 (2) 水平投影 $cd\perp OX$ 轴，侧面投影 $c''d''\perp OZ$ 轴，且都反映实长	(1) 侧面投影 $e''f''$ 积聚成一点 (2) 水平投影 $ef\perp OY_H$ 轴，正面投影 $e'f'\perp OZ$ 轴，且都反映实长
小结	(1) 直线在所垂直的投影面上的投影积聚成一点 (2) 直线在另外两个投影面上的投影垂直于相应的投影轴，且反映实长		

当从投影图上判断直线的空间位置时，若直线的投影为"一点两线"，则该直线必定为投影面垂直线，且垂直于点所在的那个投影面。

（3）一般位置直线：与三个投影面都倾斜的直线，称为一般位置直线，如图 1-2-28(a) 中的 *AB* 直线。从图 1-2-28 可以看出，一般位置直线的投影特性：三个投影均为倾斜投影轴的直线，且都小于实长。

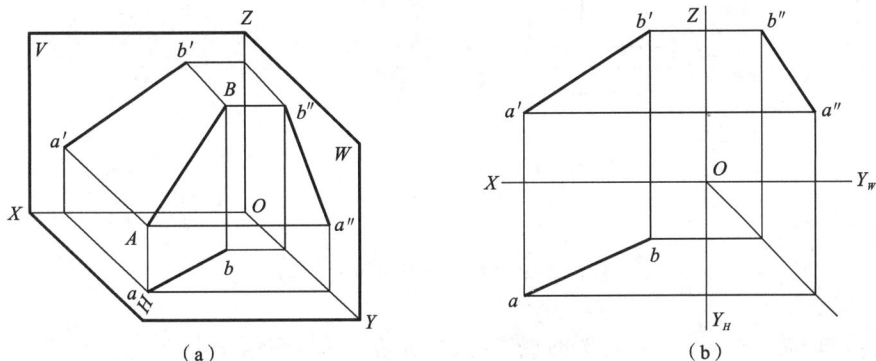

图 1-2-28　一般位置直线的三面投影

3. 平面的投影

1）平面的表示法

由初等几何可知，空间平面可用下列任意一组几何元素来表示，如图 1-2-29 所示。在投影图中，通常用平面图形来表示空间的平面。

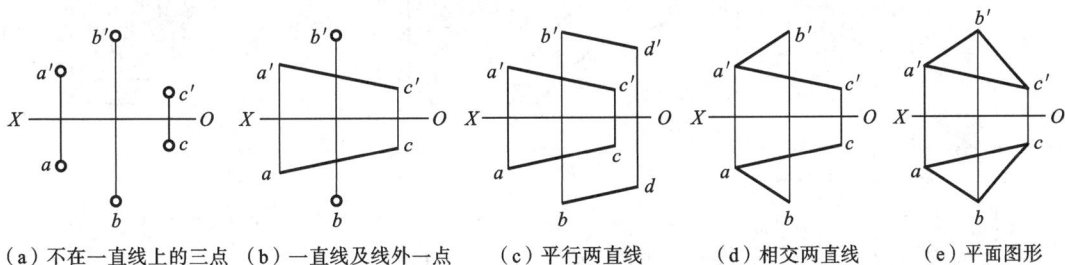

（a）不在一直线上的三点　（b）一直线及线外一点　（c）平行两直线　（d）相交两直线　（e）平面图形

图 1-2-29　用几何元素的投影表示平面

2）各种位置平面的投影

在三投影面体系中，根据平面对投影面的相对位置，平面可分为三类：投影面垂直面、投影面平行面和一般位置平面。其中前两种平面又称为特殊位置平面。

（1）投影面垂直面：垂直于一个投影面而倾斜于另外两个投影面的平面，称为投影面垂直面。

垂直于 *H* 面的平面称为铅垂面；垂直于 *V* 面的平面称为正垂面；垂直于 *W* 面的平面称为侧垂面。

现以图 1-2-30 所示的铅垂面为例，分析其投影特性。

由于铅垂面 *P* 垂直于 *H* 面，倾斜于 *V* 面、*W* 面，因此具有下列投影特性：

① 水平投影 *p* 积聚成一倾斜投影轴的直线。

② 正面投影 *p*′、侧面投影 *p*″均不反映实形，是小于实形的类似图形。

（a） （b）

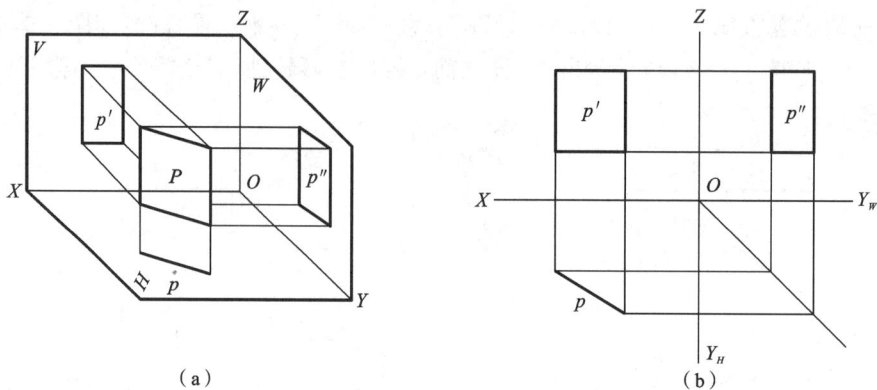

图 1-2-30　投影面垂直面的投影

同理,正垂面、侧垂面也有类似的投影特性,如表 1-2-7 所示。

表 1-2-7　投影面垂直面的投影特性

名称	铅垂面(垂直于 H 面)	正垂面(垂直于 V 面)	侧垂面(垂直于 W 面)
立体图			
投影图			
投影特性	(1) 水平投影积聚成一直线 (2) 正面投影、侧面投影分别为小于实形的类似图形	(1) 正面投影积聚成一直线 (2) 水平投影、侧面投影分别为小于实形的类似图形	(1) 侧面投影积聚成一直线 (2) 水平投影、正面投影分别为小于实形的类似图形
小结	(1) 平面在所垂直的投影面上的投影积聚成一直线 (2) 平面在另外两个投影面上的投影均为小于实形的类似图形		

当从投影图上判断平面的空间位置时,若平面的投影为"两框一斜线"的情形,则该平面必定为投影面垂直面,且垂直于斜直线所在的那个投影面。

(2) 投影面平行面:平行于一个投影面而垂直于另外两个投影面的平面,称为投影面平行面。

平行于 H 面的平面称为水平面;平行于 V 面的平面称为正平面;平行于 W 面的平面称为侧平面。

现以图 1-2-31 所示的正平面为例,分析其投影特性。

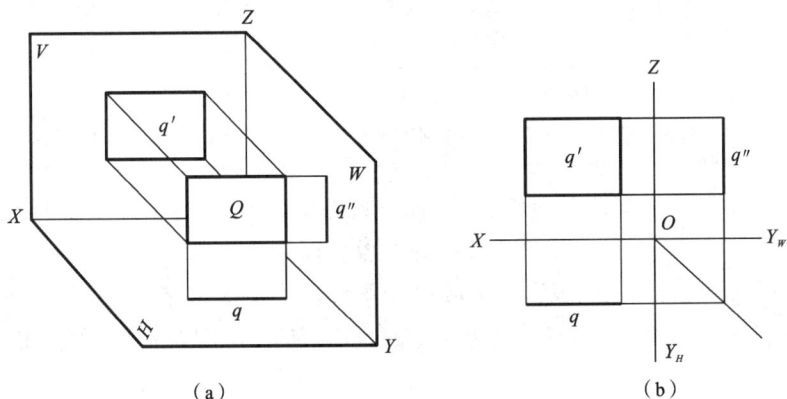

图 1-2-31 投影面正平面的投影

由于正平面 Q 平行于 V 面,垂直于 H 面、W 面,因此具有下列投影特性:

① 正面投影 q' 反映实形

② 水平投影 q、侧面投影 q'' 均积聚成一直线,且分别平行于 OX、OZ 轴。

同理,水平面、侧平面也有类似的投影特性,如表 1-2-8 所示。

表 1-2-8 投影面平行面的投影特性

名称	水平面(平行于 H 面)	正平面(平行于 V 面)	侧平面(平行于 W 面)
立体图			
投影图			

名称	水平面（平行于 H 面）	正平面（平行于 V 面）	侧平面（平行于 W 面）
投影特性	（1）水平投影反映实形 （2）正面投影、侧面投影分别积聚成一直线，且平行于 OX 轴和 OY_W 轴	（1）正面投影反映实形 （2）水平投影、侧面投影分别积聚成一直线，且平行于 OX 轴和 OZ 轴	（1）侧面投影反映实形 （2）水平投影、正面投影分别积聚成一直线，且平行于 OY_H 轴和 OZ 轴
小结	（1）平面在所平行的投影面上的投影反映实形 （2）平面在另外两个投影面上的投影分别积聚成一直线，且平行于相应的投影轴		

当从投影图上判断平面的空间位置时，若平面的投影为"一框两直线"的情形，则该平面必定为投影面平行面，且平行于线框所在的那个投影面。

（3）一般位置平面：与三个投影面都倾斜的平面，称为一般位置平面，如图 1-2-32 所示。一般位置平面的投影特性是：在三个投影面上的投影，都是小于实形的类似图形。

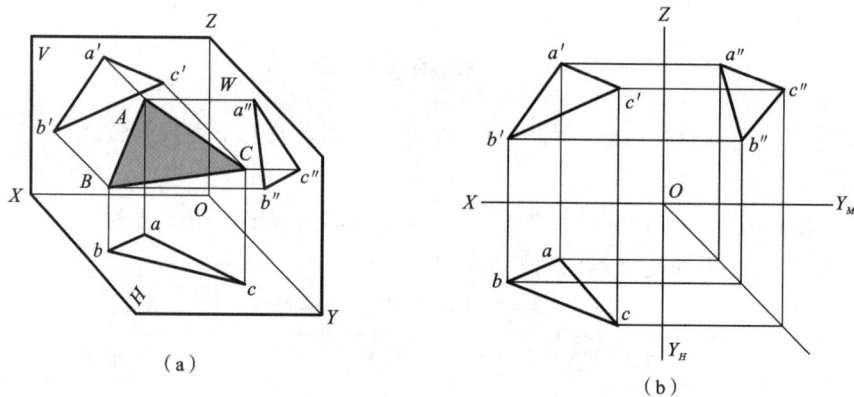

（a）　　　　　　　　　　　　（b）

图 1-2-32　直线的三面投影画法

八、平面体（棱柱、棱锥、棱台）和曲面体（圆柱、圆锥、球体）视图的画法

几何体分为平面立体和曲面立体两大类。表面均为平面的立体，称为平面立体；表面由曲面或曲面与平面组成的立体，称为曲面立体。

1. 平面立体

1）棱柱

（1）棱柱的三视图：图 1-2-33（a）所示的为一个正三棱柱的投影。它的顶面和底面为水平面；三个矩形侧面中，后面是正平面，左右两面为铅垂面；三条侧棱为铅线。

画三视图时，先画顶面和底面的投影，在水平投影中，它们均反映实形（等边三角形）且重叠；其正面和侧面投影都有积聚性，分别为平行于 X 轴和 Y 轴的直线。三条侧棱的水平投影都有积聚性，为等边三角形的三个顶点，它们的正面和侧面投影，均平行于 Z 轴且反映了棱柱的高。画出这些面和棱线的投影，即得到三棱柱的三视图，如图 1-2-33（b）所示。

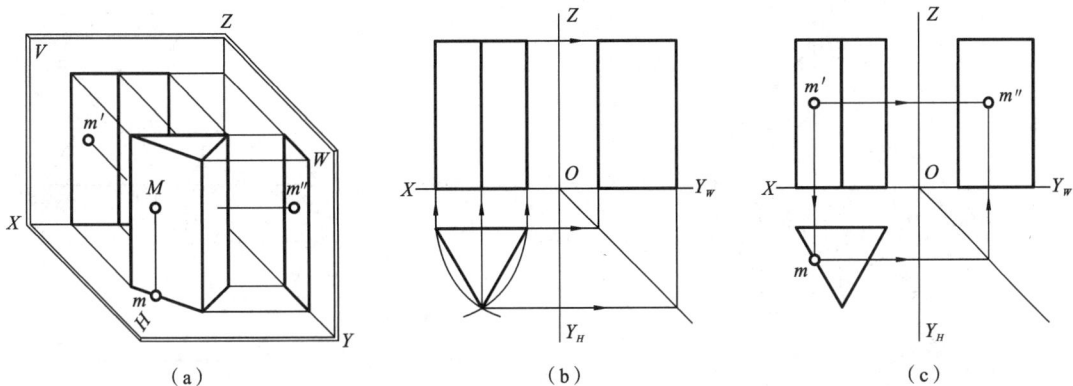

图 1-2-33　正三棱柱的三视图及其表面上点的求法

（2）棱柱表面上的点：棱柱表面上点的投影，应依据在平面上取点的方法作图。但需判别点的投影的可见性：若点所在表面的投影可见，则点的同面投影也可见；反之为不可见。对不可见的点的投影，需加圆括号表示。

如图 1-2-33（c）所示，已知三棱柱上一点 M 的正面投影 m'，求 m 和 m'' 的方法是：按 m' 的位置和可见性，可判定点 M 在三棱柱的左侧面上。因点 M 所在平面为铅垂面，因此，其水平投影 m 必落在该平面有积聚性的水平投影上。于是，根据 m' 和 m 即可求出侧面投影 m''。由于点 M 在三棱柱的左侧面上，该棱面的侧面投影可见，故 m'' 可见（不加圆括号）。

2）棱锥

（1）棱锥的三视图：图 1-2-34（a）所示的是一个正三棱锥的投影。它由底面和三个棱面所组成。底面为水平面，其水平投影反映实形，正面和侧面投影积聚成一直线；棱面 $\triangle SAC$ 为侧垂面，侧面投影积聚成一直线，水平投影和正面投影都是类似形；棱面 $\triangle SAB$ 和 $\triangle SBC$ 为一般位置平面，其三面投影均为类似形；棱线 SB 为侧平线，线 SA、SC 为一般位置直线，线 AC 为侧垂线，棱线 AB、BC 为水平线。

画正三棱锥的三视图时，应先画出底面 $\triangle ABC$ 的各面投影，如图 1-2-34（b）所示；再画出锥顶 S 的各面投影，连接各顶点的同面投影，即为正三棱锥的三视图，如图 1-2-34（c）所示。

提示：正三棱锥的侧面投影不是等腰三角形，如图 1-2-34（c）所示。

（2）棱锥表面上的点：正三棱锥的表面有特殊位置平面，也有一般位置平面。特殊位置平面上的点的投影，可利用该平面投影的积聚性直接作图；一般位置平面上点的投影，可通过在平面上作辅助线的方法求得。

如图 1-2-34（d）所示，已知棱面 $\triangle SAB$ 上点 M 的正面投影 m'，求点 M 的其他两面投影。棱面 $\triangle SAB$ 是一般位置平面，先过锥顶 S 及点 M 作一辅助线，求出辅助线的其他两面投影 $s1$ 和 $s''1''$，如图 1-2-34（e）所示，然后根据点在直线上的投影特性，由 m' 求出其水平投影 m 和侧面投影 m''，如图 1-2-34（f）所示。

2．曲面立体

1）圆柱

（1）圆柱面的形成：如图 1-2-35（a）所示，圆柱面可看作一条直线 AB 围绕与它平行的轴

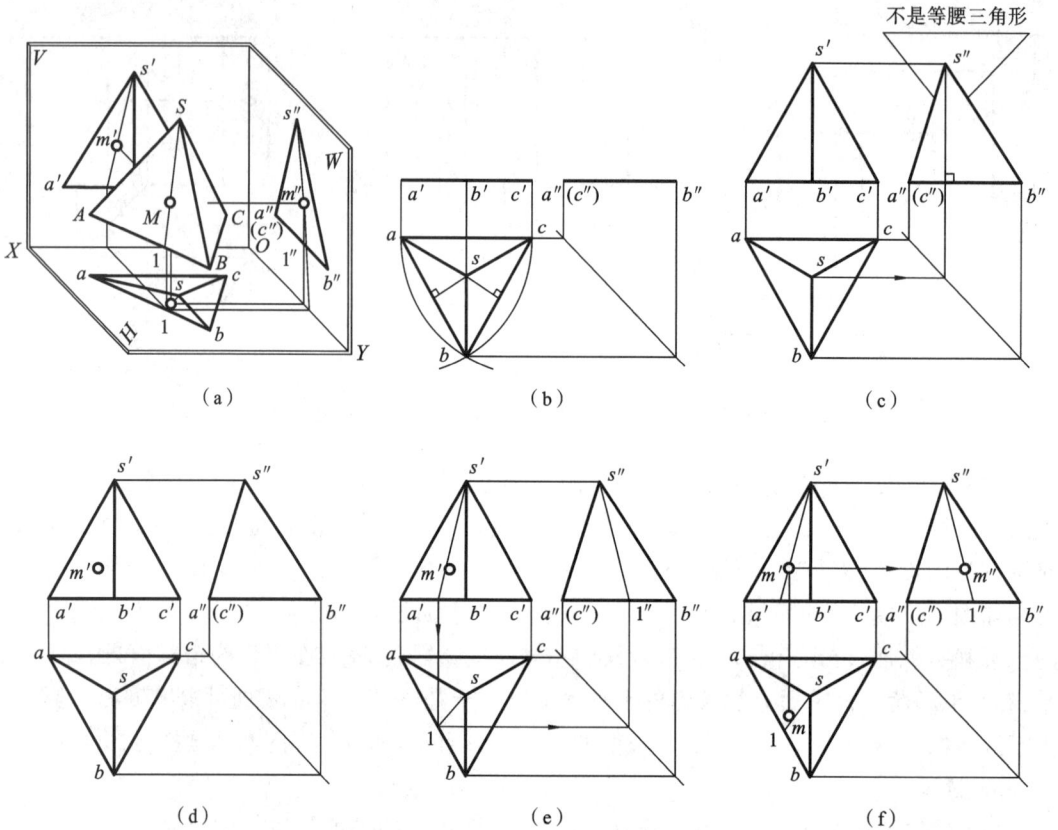

（a）　　　　　　（b）　　　　　　（c）

（d）　　　　　　（e）　　　　　　（f）

图 1-2-34　正三棱锥的三视图及其表面上点的求法

线 OO 回转而成。OO 称为回转轴,直线 AB 称为母线,母线转至任一位置时称为素线。这种由一条母线绕轴回转而形成的表面称为回转面;由回转面构成的立体称为回转体。

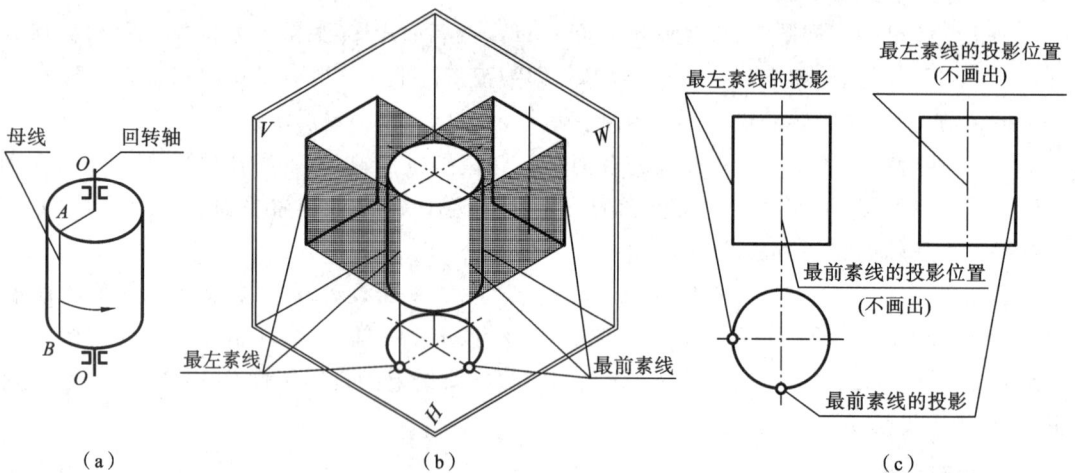

（a）　　　　　　（b）　　　　　　（c）

图 1-2-35　圆柱的形成及三视图

（2）圆柱的三视图：由图 1-2-35(b)可以看出，圆柱的主视图为一个矩形线框，其中左、右两轮廓线是两个由投射线组成（和圆柱面相切）的平面与 V 面的交线。这两条交线也正是圆柱面上最左、最右素线的投影，最左、最右素线把圆柱面分为前后两部分，圆柱面投影前半部分可见，后半部分不可见，而这两条素线是可见与不可见的分界线。最左、最右素线的侧面投影和轴的侧面投影重合（不需画出其投影），水平投影在横向中心线与圆周的交点处。矩形线框的上、下两边分别为圆柱顶面、底面的积聚性投影。

图 1-2-35(c)为圆柱的三视图。俯视图为一圆线框。由于圆柱轴线是铅垂线，圆表面所有素线都是铅垂线，因此，圆柱面的水平投影积聚成一个圆。同时，圆顶面、底面的投影（反映实形），也与该圆相重合。画圆柱的三视图时，一般先画投影具有积聚性的圆，再根据投影规律和圆柱的高度完成其他两视图。

（3）圆柱表面上的点：如图 1-2-36(a)所示，已知圆柱面上点 M 的正面投影 m' 和点 N 的侧面投影 n''，求它们的另两面投影。根据给定的 m' 的位置，可判定点 M 在前半圆柱面的左半部分；因圆柱面的水平投影有积聚性，故 m 必在前半圆周的左部，m'' 可根据 m' 和 m 直接求得，如图 1-2-36(b) 所示。n'' 在圆柱面的最后素线上，其正面投影 n' 在轴线上（不可见），水平投影 n 在圆的最上方，如图 1-2-36(c) 所示。

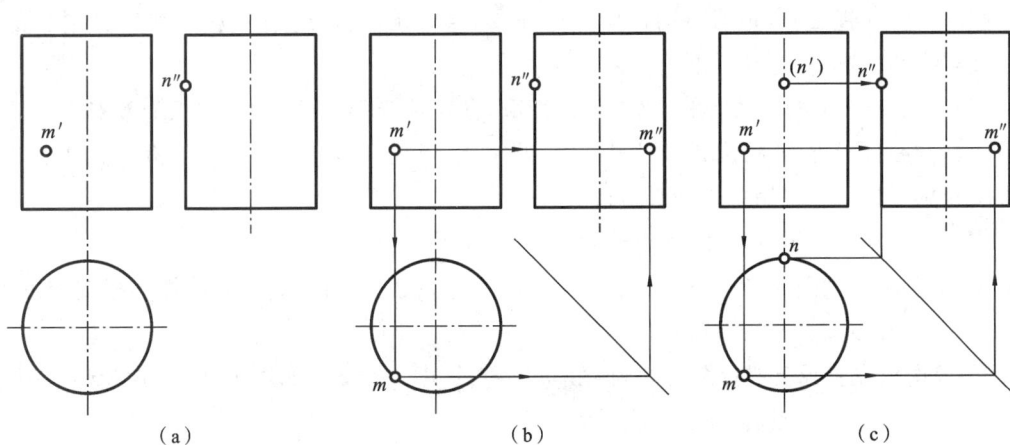

图 1-2-36 圆柱表面上点的求法

2）圆锥

（1）圆锥面的形成：圆锥面可看作由一条直母线 SE 围绕与它相交的轴线回转而成，如图 1-2-37(a)所示。

（2）圆锥的三视图：图 1-2-37(b)为圆锥的三视图。俯视图的圆形，反映圆锥底面的实形，同时也表示圆锥面的投影。主、左视图的等腰三角形线框，其底边为圆锥底面的积聚性投影。主视图中三角形的左、右两边，分别表示圆锥面最左、最右素线 SA、SB（反映实长）的投影，它们是圆锥面正面投影可见与不可见部分的分界线。左视图中三角形的两边，分别表示圆锥面最前、最后素线 SC、SD 的投影（反映实长），它们是圆锥面侧面投影可见与不可见部分的分界线。上述四条线的其他两面投影不画出。

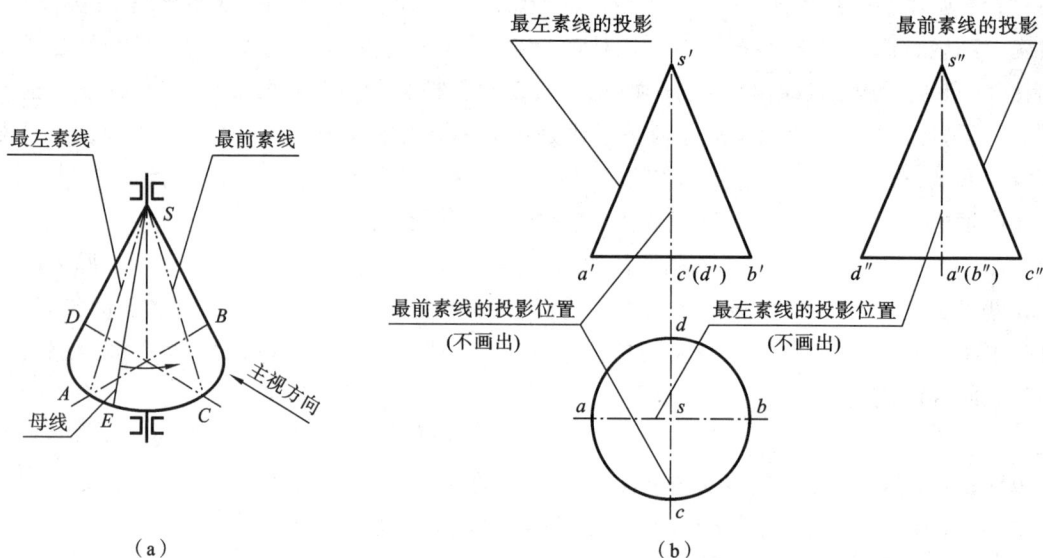

图 1-2-37　圆锥的形成及三视图

画圆锥的三视图时，先画出圆锥底面的投影，再画出圆锥顶点的投影，然后分别画出特殊位置素线的投影，即完成圆锥的三视图。

（3）圆锥表面上的点：如图 1-2-38(a) 所示，已知圆锥面上的点 M 的正面投影 m'，求它的另两面投影。根据 M 的位置和可见性，可判定点 M 在前、左圆锥面上，因此，点 M 的三面投影均可见。作图可采用如下两种方法。

第一种方法——辅助线法，作图步骤如下：

① 过锥顶 S 和点 M 作一辅助线 $S1$。连接 $s'm'$ 并延长，与底面的正面投影相交于 $1'$，求得 $s1$ 和 $s''1''$，如图 1-2-38(b) 所示。

② 根据点在直线上的投影规律，再由 m' 直接作出 m 和 m''，如图 1-2-38(c) 所示。

第二种方法——辅助圆法，作图步骤如下：

① 如图 1-2-38(d) 所示，过点 M 在圆锥面上作垂直于圆锥轴线的水平辅助圆。该圆的正面投影积聚成一直线，即过 m' 所作的 $2'3'$。它的水平投影为一直径等于 $2'3'$ 的圆，圆心为 s，如图 1-2-38(e) 所示。

② 过 m' 作 X 轴的垂线，与辅助圆交点即为 m，再根据 m' 和 m 求出 m''，如图 1-2-38(f) 所示。

3）圆球

（1）圆球面的形成：如图 1-2-39(a) 所示，圆球面可看作一个圆（母线），围绕它的直径回转而成。

（2）圆球的三视图：图 1-2-39(b) 为圆球的三视图。它们都是与圆球直径相等的圆，均表示圆球面的投影。球的各个投影虽然都是圆形，但各个圆的意义不同。

正面投影：是平行于 V 面的圆素线的投影（前、后半球的分界线，是圆球面在正面投影中

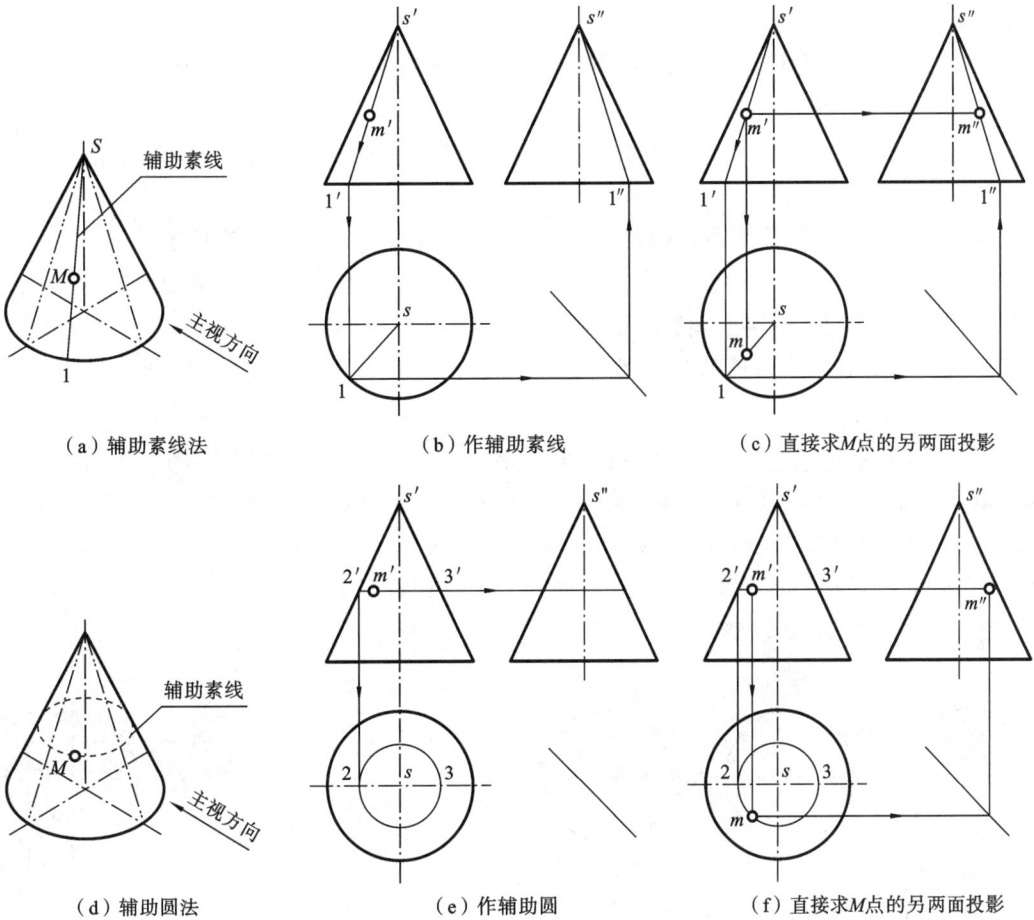

（a）辅助素线法　　（b）作辅助素线　　（c）直接求M点的另两面投影

（d）辅助圆法　　（e）作辅助圆　　（f）直接求M点的另两面投影

图 1-2-38　圆锥表面上点的求法

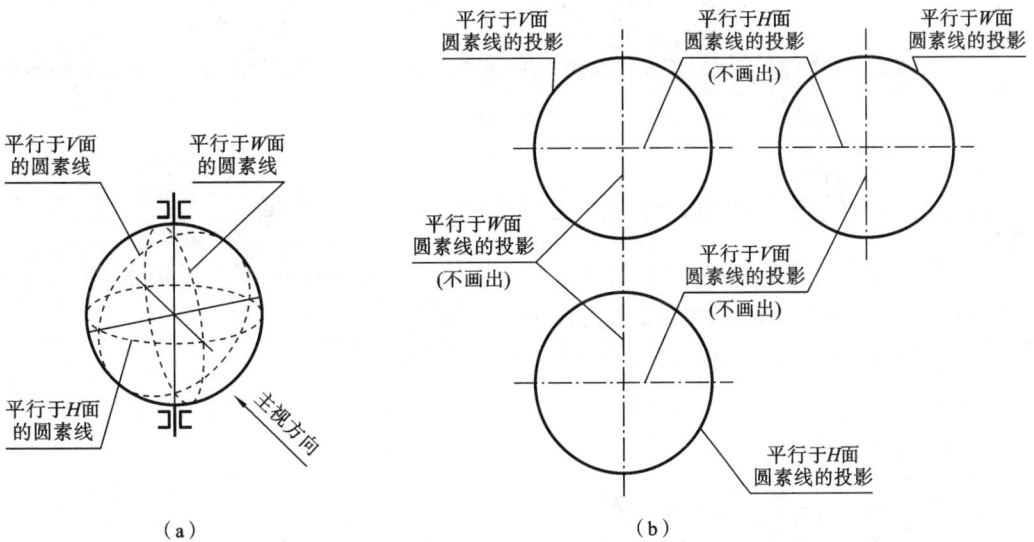

（a）　　　　　　　　　　　（b）

图 1-2-39　圆球面的形成及三视图

可见与不可见的分界线）。

水平投影：是平行于 H 面的圆素线的投影（上、下半球的分界线，是圆球面在水平投影中可见与不可见的分界线）。

侧面投影：是平行于 W 面的圆素线的投影（左、右半球的分界线，是圆球面在侧面投影中可见与不可见的分界线）。

这三条圆素线的其他两面投影，都与圆的相应对称中心线重合，不需画出。

（3）圆球表面上的点：如图 1-2-40（a）所示，已知圆球面上点 M 的水平投影 m 和点 N 的正面投影 n'，求它们的另两面投影。根据点的位置和可见性，可判定：

① 点 N 在前、后两半球的分界圆上，n 和 n'' 可直接求出。因为点 N 在右半球，其侧面投影 n'' 不可见，需加圆括号，如图 1-2-40（b）所示。

② 点 M 在前、左、上半球（点 M 的三面投影均为可见），需采用辅助圆法求 m' 和 m''。过点 m 在球面上作一平行于正面的辅助圆（也可作平行于水平面或侧面的圆）。因点在辅助圆上，故点的投影必在辅助圆的同面投影上。作图时，先在水平投影中过 m 作 X 轴的平行线 ef（ef 为辅助圆在水平投影面上的积聚性投影），其正面投影为直径等于 ef 的圆，由 m 作 X 轴的垂线，与辅助圆正面投影的交点即为 m'，再由 m' 求得 m''，如图 1-2-40（c）所示。

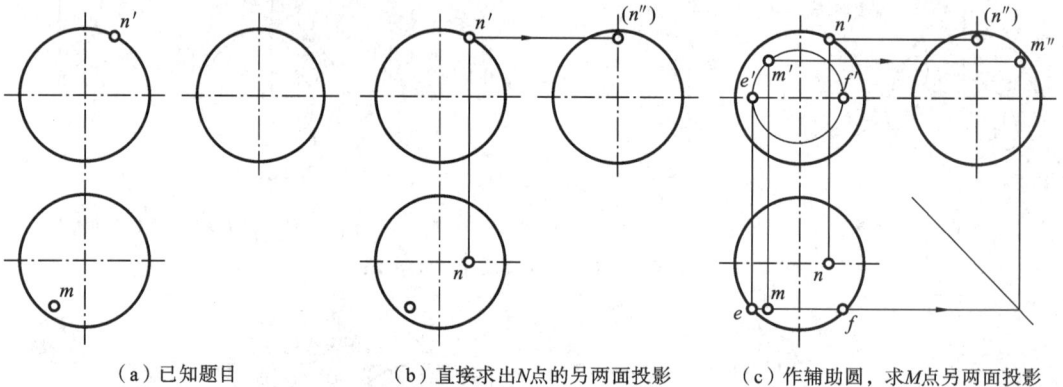

（a）已知题目　　　　（b）直接求出N点的另两面投影　　　（c）作辅助圆，求M点另两面投影

图 1-2-40　圆球表面上点的求法

九、用特殊位置平面截切平面体和圆柱体的截交线绘制

当立体被平面截断成两部分时，其中任何一部分均称为截断体，用来截切立体的平面称为截平面，截平面与立体表面的交线称为截交线。截交线有以下两个基本性质：

（1）共有性。截交线是截平面与立体表面共有的线。

（2）封闭性。由于任何立体都有一定的范围，所以截交线一定是闭合的平面图形。

1. 平面截切平面立体

截切平面立体时，其截交线为一平面多边形。

如图 1-2-41 所示，正六棱锥被正垂面 P 截切，求截切后正六棱锥截交线的投影。

分析：由图 1-2-41（a）中可见，正六棱锥被正垂面 P 截切，截交线是六边形，六个顶点分

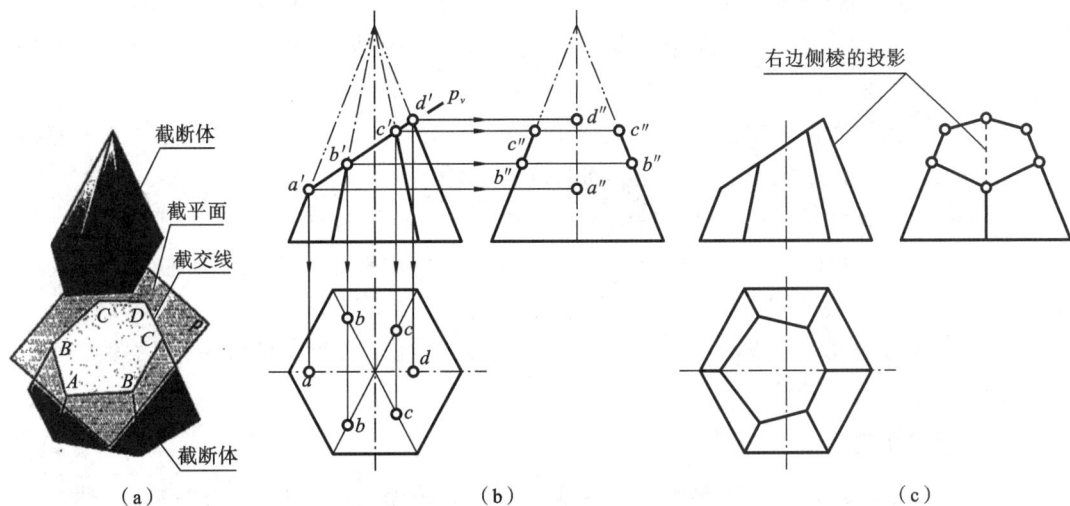

图 1-2-41 正六棱锥交线的画法

别是截平面与六条侧棱的交点。由此可见,平面立体的截交线是一个平面多边形;多边形的每一条边,是截平面与平面立体各棱面的交线;多边形的各个顶点就是截平面与平面立体棱线的交点。求平面立体的截交线,实质上就是求截平面与各条棱线交点的投影。

作图:(1) 利用截平面的积聚性投影,先找出截交线各顶点的正面投影 a'、b'、c'、d'(B、C 各为前后对称的两个点);再依据直线上点的投影特性,求出各顶点的水平投影 a、b、c、d 及侧面投影 a''、b''、c''、d'',如图 1-2-41(b)所示。

(2) 擦去作图辅助线,依次连接各顶点的同面投影,即为截交线的投影,如图 1-2-41(c) 所示。

提示:正六棱锥右边棱线的侧面投影中有一段不可见,应画成细虚线。

又如图 1-2-42(a)所示,在四棱柱上方截切一个矩形通槽,试完成四棱柱矩形通槽的水平投影和侧面投影。

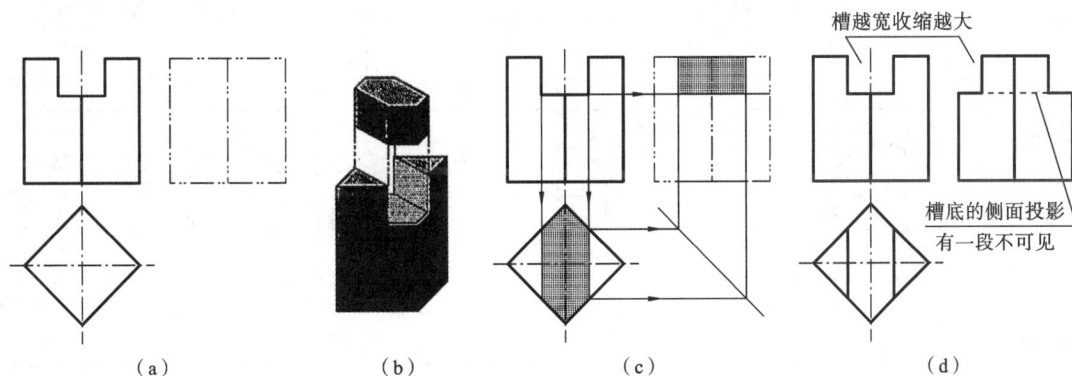

图 1-2-42 四棱柱开槽的画法

分析:如图 1-2-42(b)所示,四棱柱上方的矩形通槽是由三个特殊位置平面截切而成的。

底是水平面,其正面投影和侧面投影均积聚成水平方向的直线,水平投影反映实形。两侧壁是侧平面,其正面投影和水平投影均积聚成竖直方向的直线,侧面投影反映实形且重合在一起。可利用积聚性求出通槽的水平投影和侧面投影。

作图:(1)根据通槽的主视图,先在俯视图中作出两侧壁的积聚性投影;再按"高平齐、宽相等"的投影规律,作出通槽的侧面投影,如图1-2-42(c)所示。

(2)擦去作图辅助线,校核截切后的图形轮廓,加深描粗,如图1-2-42(d)所示。

提示:① 因四棱柱最前、最后两条侧棱在开槽部位被切掉,故左视图中的左右轮廓线,在开槽部位向内"收缩"。其收缩程度与槽宽有关,槽越宽收缩越大。

② 注意区分槽底侧面投影的可见性,即槽底的侧面投影积聚成直线,中间一段不可见,应画成细虚线。

2. 平面截切圆柱体

平面截切曲面立体时,截交线的形状取决于曲面立体的表面形状,以及截平面与曲面立体的相对位置。

圆柱截交线的形状,因截平面相对于圆柱轴线的位置不同而有三种情况,如表1-2-9所示。

表1-2-9　圆柱的三种截交线

截平面的位置	与轴线平行	与轴线垂直	与轴线倾斜
轴侧图	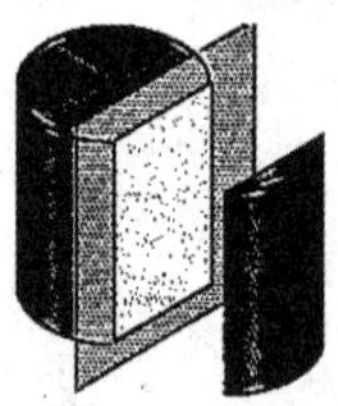	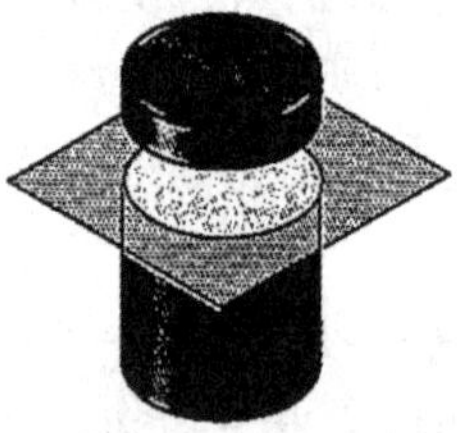	
投影	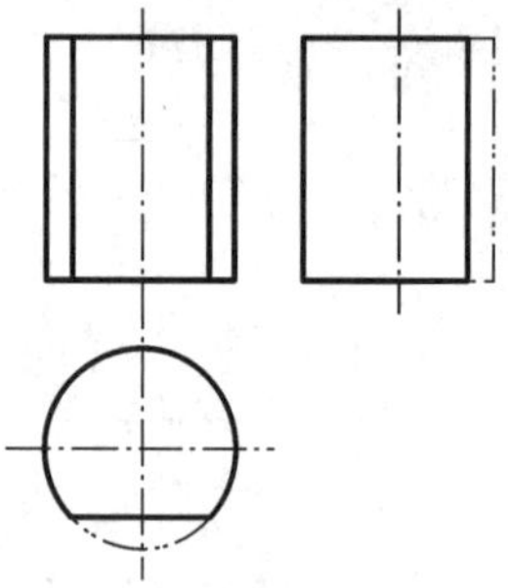	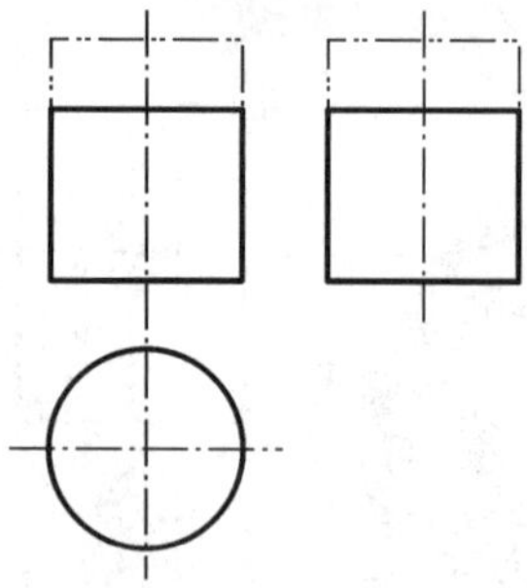	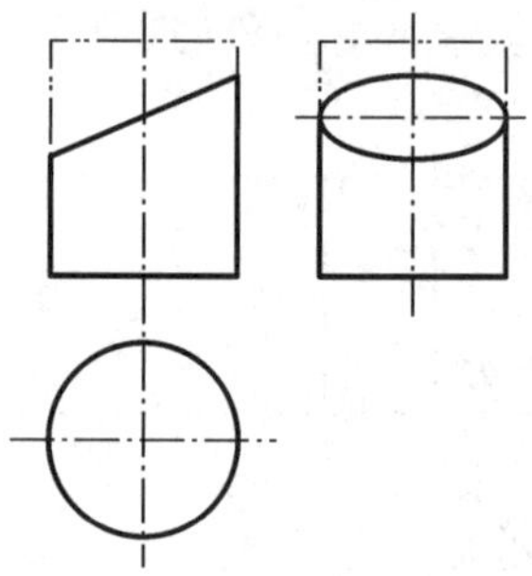
截交线的形状	矩形	圆	椭圆

【例1-2-4】　如图1-2-43所示,求作圆柱被正垂面截切时截交线的投影。

分析　由图1-2-43(a)可见,圆柱被平面斜截,其截交线为椭圆。椭圆的正面投影积聚为一斜线,水平投影与圆柱面投影重合,仅需求出侧面投影。已知截交线的正面投影和水平

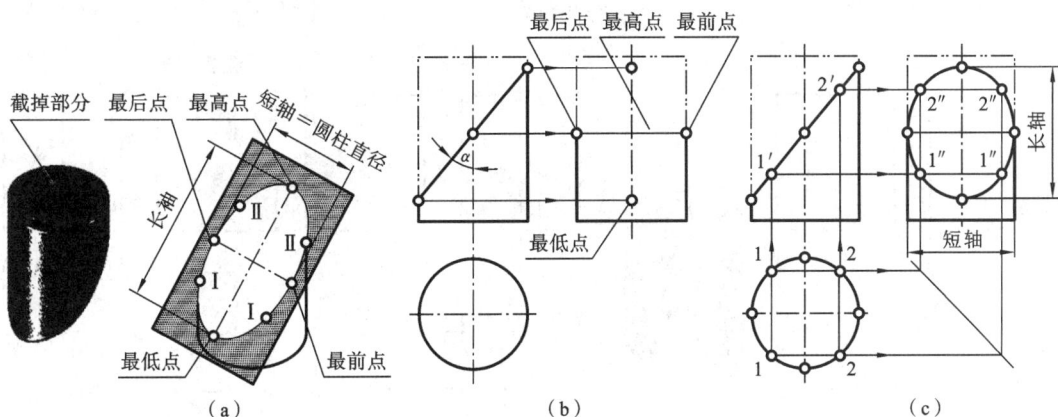

图 1-2-43　平面斜截圆柱时截交线的画法

投影,根据"高平齐、宽相等"的投影规律,便可直接求出截交线的侧面投影。

作图　(1)求特殊点。由截交线的正面投影,直接作出截交线上的特殊点(即最高、最前、最后、最低点)的侧面投影,如图 1-2-43(b)所示。

(2)求中间点。作图时,在投影为圆的视图上任意取两点(或取等分点)及其对称点。根据水平投影 1、2,利用投影关系求出正面投影 1′、2′和侧面投影 1″、2″,如图 1-2-43(c)所示。

(3)连点成线。将各点光滑地连接起来,即为截交线的侧面投影。

在图 1-2-43(c)中,截交线-椭圆的长轴是正平线,它的两个端点在最左和最右素线上;短轴与长轴相互垂直平分,是一条正垂线,两个端点在最前和最后素线上。这两条轴的侧面投影仍然相互垂直平分,它们是截交线侧面投影椭圆的长轴和短轴。确定了长、短轴,就可以用近似画法作出椭圆。

随着截平面与圆柱轴线夹角 α 的变化(见图 1-2-43(b)),椭圆的侧面投影也会发生如下变化:

当 $\alpha < 45°$ 时,椭圆长轴与圆柱轴线方向相同,如图 1-2-43(c)所示。

当 $\alpha = 45°$ 时,椭圆长轴的侧面投影等于短轴(椭圆的侧面投影为圆),如图 1-2-44(a)所示。

当 $\alpha > 45°$ 时,椭圆长轴垂直于圆柱轴线,如图 1-2-44(b)所示。

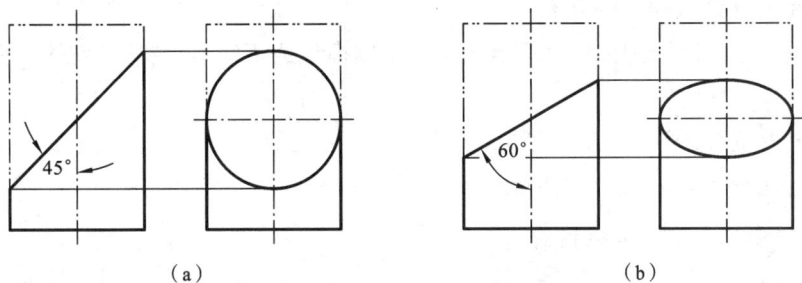

图 1-2-44　平面斜截圆柱时椭圆的变化

【例1-2-5】 如图1-2-45所示,试完成开槽圆柱的水平投影和侧面投影(见图1-2-45(a))。

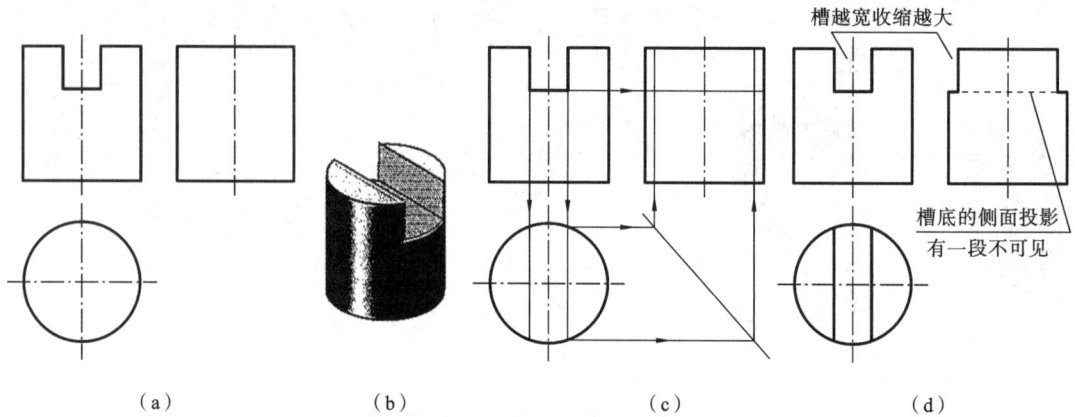

图 1-2-45　圆柱开槽的画法

分析 如图1-2-45(b)所示,开槽部分的侧壁是由两个侧平面、槽底是由一个水平面截切而成的,圆柱面上的截交线分别位于被切出槽的各个平面上。由于这些面均为投影面平行面,其投影具有积聚性或真实性,因此,截交线的投影应依附于这些面的投影,不需另行求出。

作图 (1)根据开槽圆柱的主视图,先在俯视图中作出两侧壁的积聚性投影;再按"高平齐、宽相等"的投影规律,作出通槽的侧面投影,如图1-2-45(c)所示。

(2)擦去作图辅助线,校核截切后的图形轮廓,加深描粗,如图1-2-45(d)所示。

提示:① 因圆柱的最前、最后两条素线均在开槽部位被切掉,故左视图中的轮廓线,在开槽部位向内"收缩"。其收缩程度与槽宽有关,槽越宽收缩越大。

② 注意区分槽底侧面投影的可见性,即槽底的侧面投影积聚成直线,中间一段不可见,应画成细虚线。

十、正交两圆柱体的相贯线绘制

两立体表面相交时产生的交线,称为相贯线。相贯线具有下列基本性质。

(1)共有性:相贯线是两立体表面上的共有线,也是两立体表面的分界线,所以相贯线上的所有点都是两立体表面上的共有点。

(2)封闭性:一般情况下,相贯线是闭合的空间曲线或折线,在特殊情况下是平面曲线或直线。

由于两相交立体的形状、大小和相对位置不同,相贯线的形状也比较复杂。现仅以常见的圆柱与圆柱正交为例,介绍求两回转体相贯线的一般方法及简化画法。

1. 利用投影的积聚性求相贯线

【例1-2-6】 如图1-2-46所示,圆柱与圆柱异径正交,补画相贯线的正面投影。

分析 如图1-2-46(a)所示,小圆柱的轴线垂直于水平面,相贯线的水平投影为圆(与小

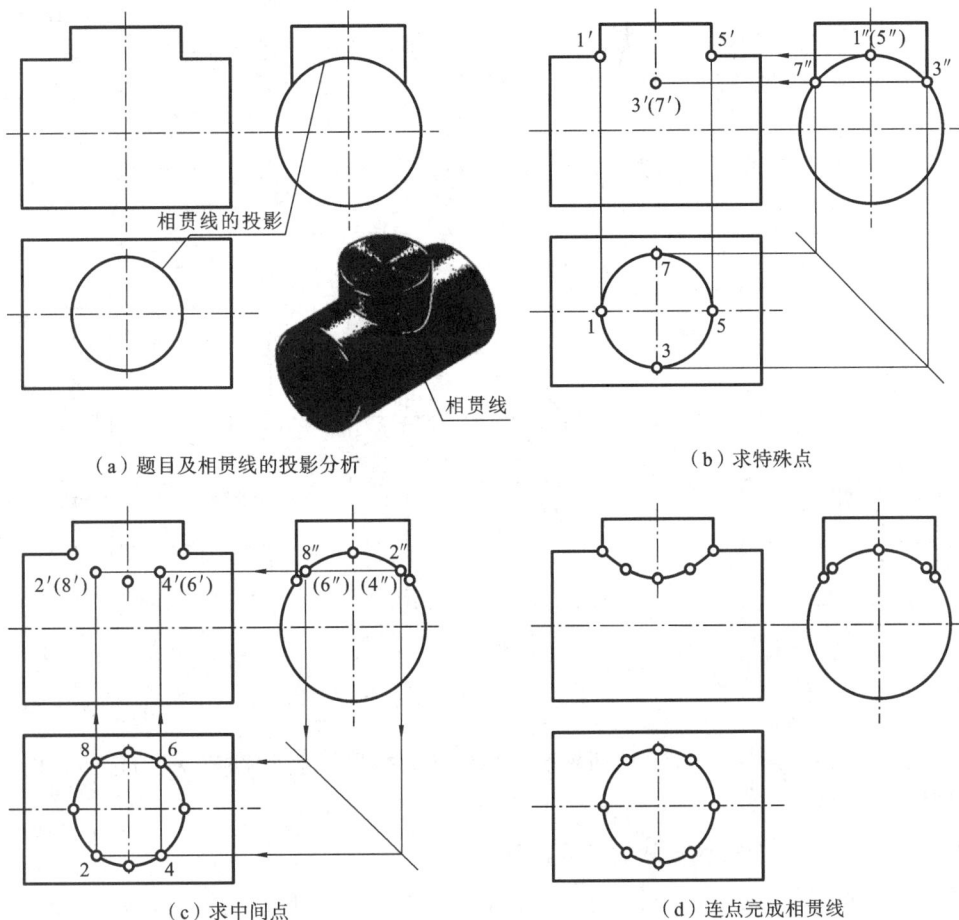

（a）题目及相贯线的投影分析 相贯线的投影 相贯线

（b）求特殊点

（c）求中间点

（d）连点完成相贯线

图 1-2-46 两圆柱异径正交相贯线投影的画法

圆柱面的积聚性投影重合），大圆柱的轴线垂直于侧面，相贯线的侧面投影为一段圆弧（与大圆柱面的部分积聚性投影重合），只需补画相贯线的正面投影。

作图 （1）求特殊点。由水平投影看出，1、5 两点既是最左、最右点的投影，也是最高点，同时也是两圆柱正面投影外形轮廓线的交点，可由 1、5 对应求出 1″（5″）及 1′、5′；由侧面投影看出，小圆柱与大圆柱的交点 3″、7″，既是相贯线最低点的投影，也是最前、最后点的投影，由 3″、7″可直接对应求出 3、7 及 3′（7′），如图 1-2-46(b)所示。

（2）求中间点。中间点决定曲线的趋势。在侧面投影中，任取对称点 2″（4″）及 8″（6″），然后按点的投影规律，求出其水平投影 2、4、6、8 和正面投影 2′（8′）及 4′（6′），如图 1-2-46(c)所示。

（3）连点成线。按顺序光滑地连接 1′、2′、3′、4′、5′各点，即得到相贯线的正面投影，如图 1-2-46(d)所示。

2. 两圆柱正交时相贯线的变化

当两圆柱的相对位置不变，而两圆柱的直径发生变化时，相贯线的形状和位置也将随之变化。

当 $\phi_1 > \phi$ 时,相贯线的正面投影为上、下对称的曲线,如图 1-2-47(a)所示。

当 $\phi_1 = \phi$ 时,相贯线在空间为两个相交的椭圆,其正面投影为两条相交的直线,如图 1-2-47(b)所示。

当 $\phi_1 < \phi$ 时,相贯线的正面投影为左、右对称的曲线,如图 1-2-47(c)所示。

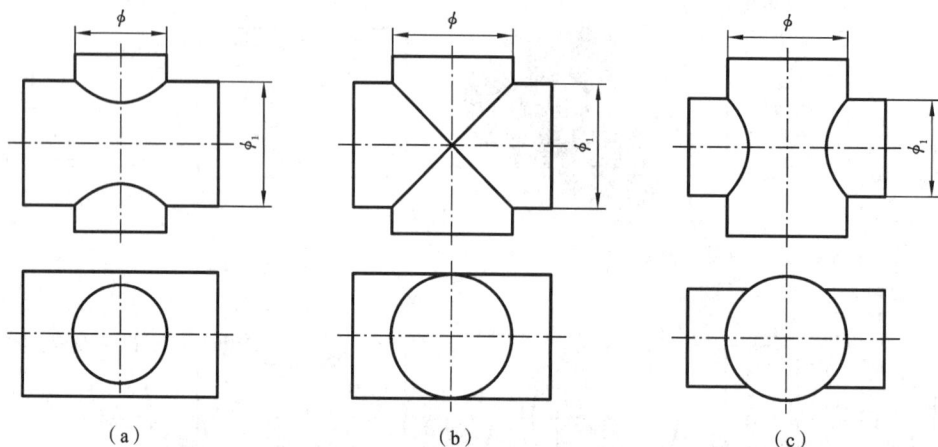

| (a) | (b) | (c) |

图 1-2-47　两圆柱正交时相贯线的变化

提示:从图 1-2-47(a)、(c)的正面投影可以看出,两圆柱正交时相贯线的弯曲方向,朝向较大圆柱的轴线。

3. 两圆柱正交时相贯线投影的简化画法

为了简化作图,国家标准规定,允许采用简化画法作出相贯线的投影,即用圆弧代替非圆曲线。当两圆柱异径正交,且不需要准确地求出相贯线时,可采用简化画法作出相贯线的投影,作图方法如图 1-2-48 所示。

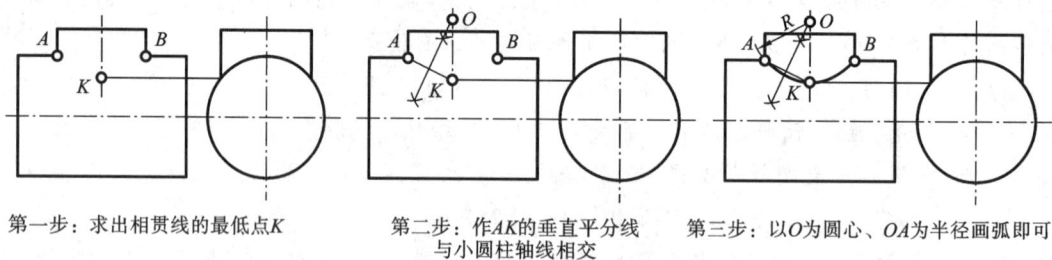

第一步:求出相贯线的最低点 K　　第二步:作 AK 的垂直平分线　　第三步:以 O 为圆心、OA 为半径画弧即可
　　　　　　　　　　　　　　　　　与小圆柱轴线相交

图 1-2-48　两圆柱正交时相贯线投影的简化画法

十一、组合体三视图的绘制

形体分析法是将复杂形体简单化的一种思维方法。画组合体视图,一般采用形体分析法,将组合体分解为若干基本形体,分析它们的相对位置和组合形式,逐个画出各基本形体的三视图。

1. 形体分析

看到组合体实物(或轴测图)后,首先应对它进行形体分析。要搞清楚它的前后、左右和上下六个面的形状,并根据其结构特点,想一想大致可以分成几个组成部分,它们之间的相对位置关系如何,是什么样的组合形式,等等。

如图 1-2-49(a)所示,支座按它的结构特点可分为直立圆筒、水平圆筒、底板和肋板四个部分,如图 1-2-49(b)所示。水平圆筒和直立圆筒垂直相贯,且两孔贯通;底板的前后两侧面和直立圆筒外表面相切;肋板与底板叠加,与直立圆筒相贯。

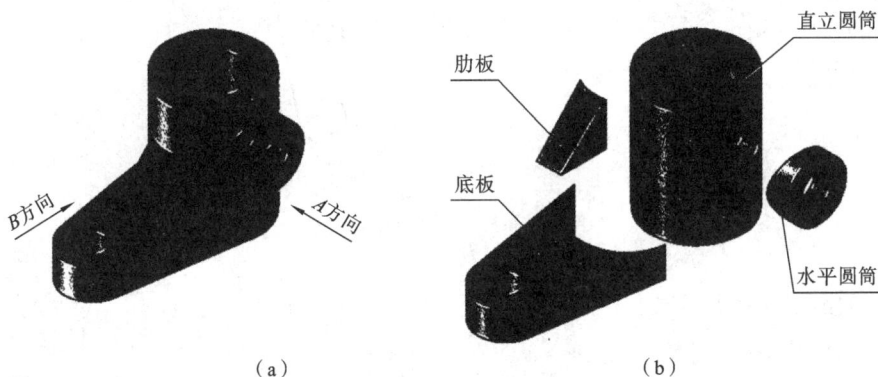

（a） （b）

图 1-2-49 支座的形体分析

2. 视图选择

视图选择的内容包含主视图的选择和视图数量的确定。

1) 主视图的选择

主视图是表达组合体的一组视图中最主要的视图。当主视图的投射方向确定之后,俯、左视图投射方向随之确定。选择主视图应符合以下三个条件:

(1) 反映组合体的结构特征。一般应把反映组合体各部分形状和相对位置较多的一面作为主视图的投射方向。

(2) 符合组合体的自然安放位置,主要面应平行于基本投影面。

(3) 尽量避免其他视图产生细虚线。

如图 1-2-49(a)所示,将支座按自然位置安放后,按箭头所示的 A、B 两个主视图投射方向,可得到两组不同的三视图,如图 1-2-50 所示。

从两组不同的三视图可以看出,A 方向作为主视图的投射方向,显然比 B 方向的好。因为组成支座的基本形体以及它们之间的相对位置关系等,在 A 方向主视图的表达比较清晰,能反映支座的整体结构以及形状特征,且细虚线相对较少。

2) 视图数量的确定

在组合体形状表达完整、清晰的前提下,其视图数量愈少愈好。支座的主视图按 A 方向确定后,还要画出俯视图,表达底板的形状和两孔的中心位置,并用左视图表达水平圆筒的形状和位置。因此,要完整表达出该支座的形状,需要画出主、俯、左三个视图。

*A*方向主视图

*B*方向主视图

（a） （b）

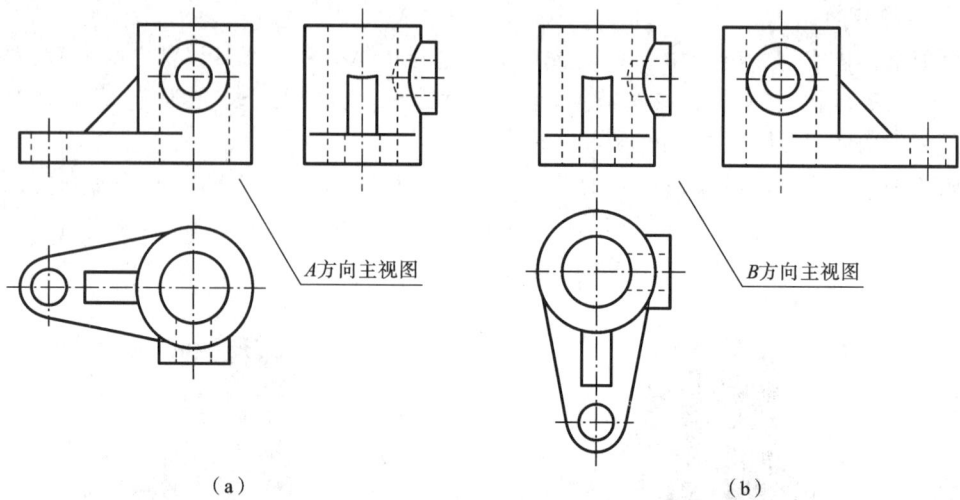

图 1-2-50 主视图的选择

3. 叠加型组合体的画法

1）选择比例，确定图幅

视图确定以后，便要根据组合体的大小和复杂程度，选定作图比例和图幅。应注意，所选的幅面要比绘制视图所需的面积大一些，以便标注尺寸和画标题栏。

2）布置视图

布图时，应将视图匀称地布置在幅面上，视图间的空白处应保证能注全所需的尺寸。

3）绘制底稿

支座三视图的画图步骤如图 1-2-51 所示。为了迅速而正确地画出组合体的三视图，画底稿时，应注意以下两点：

（1）画图的先后顺序，一般应从形状特征明显的视图入手。先画主要部分，后画次要部分；先画可见部分，后画不可见部分；先画圆或圆弧，后画直线。

（2）画图时，组合体的每一组成部分，最好是三个视图配合着画。就是说，不要先把一个视图画完再画另一个视图。这样，不但可以提高绘图速度，还能避免多线或漏线。

4）检查描深

底稿完成后，应在三视图中认真核对各组成部分的投影关系正确与否；分析清楚相邻两形体衔接处的画法有无错误，是否多线、漏线；再以实物（或轴测图）与三视图对照，确认无误后，描深图线，完成全图。

4. 切割型组合体的画法

对基本几何体进行切割而形成的组合体即为切割型组合体。绘制切割型组合体视图时，通常先画出未切割前完整的基本几何体的投影，然后画出切割后的形体。各切口部分应从反映其形状特征的视图开始画起，再画出其他视图。

图 1-2-52(a)所示的组合体可看作由长方体切去形体 *A*、形体 *B*、形体 *C* 而形成。画图时，首先画出（未切割前）长方体的三视图，如图 1-2-52(b)所示；然后，将 *A*、*B*、*C* 形体依次地

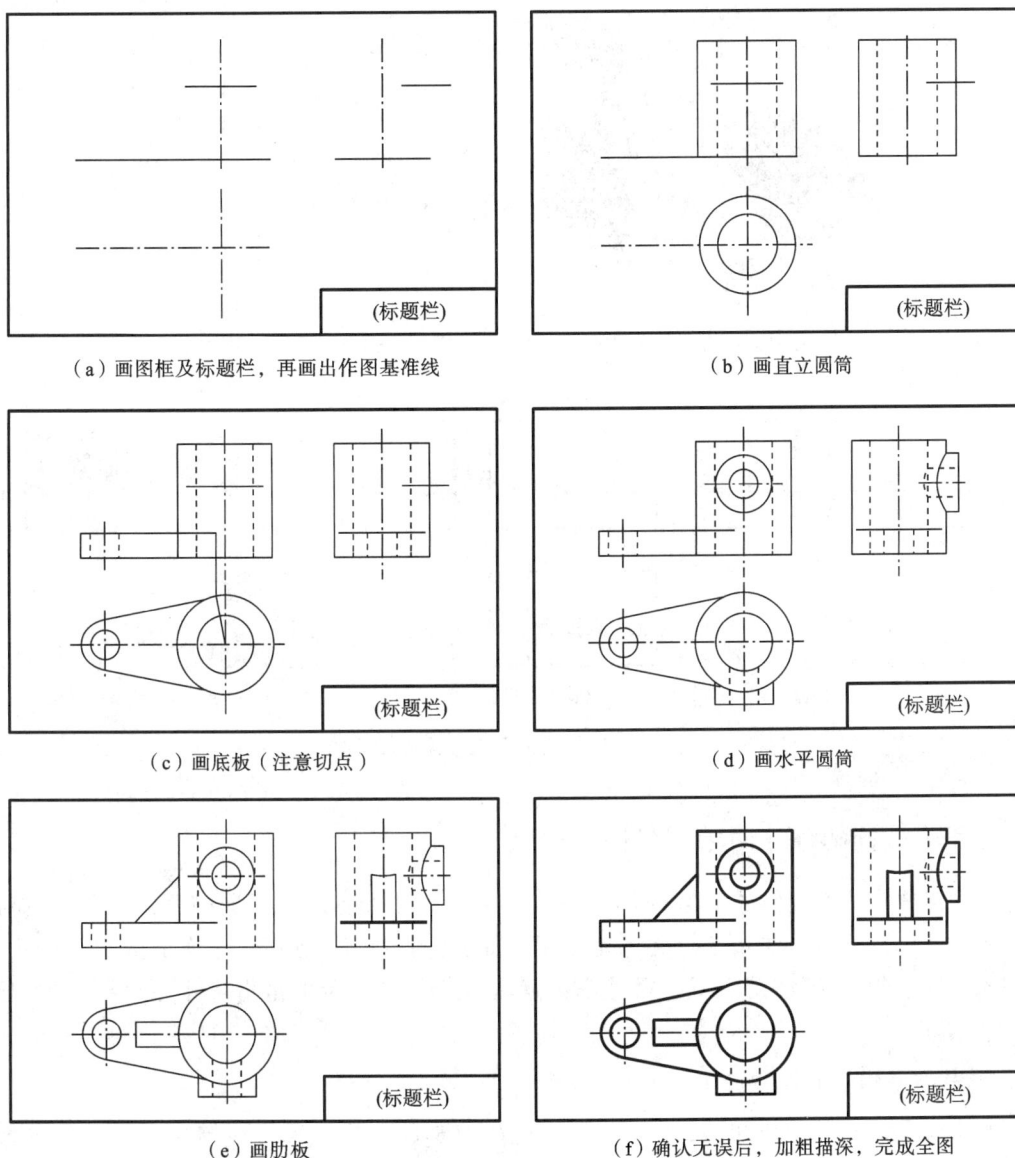

（a）画图框及标题栏，再画出作图基准线

（b）画直立圆筒

（c）画底板（注意切点）

（d）画水平圆筒

（e）画肋板

（f）确认无误后，加粗描深，完成全图

图 1-2-51　支座三视图的画图步骤

切割下来，其作图步骤如图 1-2-52(c)～(e)所示。

画切割体三视图时应注意以下两点：

（1）作每个切口的投影时，应先从反映形体特征轮廓且具有积聚性投影的视图开始，再按投影关系画出其他视图。例如，切割形体 A 时，先画出切口的主视图，再画出俯、左视图中的图线；切割形体 B 时，先画出圆形槽的俯视图，再画出主、左视图中的图线；切割形体 C 时，先画矩形槽的左视图，再画出主、俯视图中的图线。

（2）注意切口截面投影的类似性。如图 1-2-52(e)所示的矩形槽与斜面 P 相交而形成的截面，其水平投影与侧面投影应为类似形。

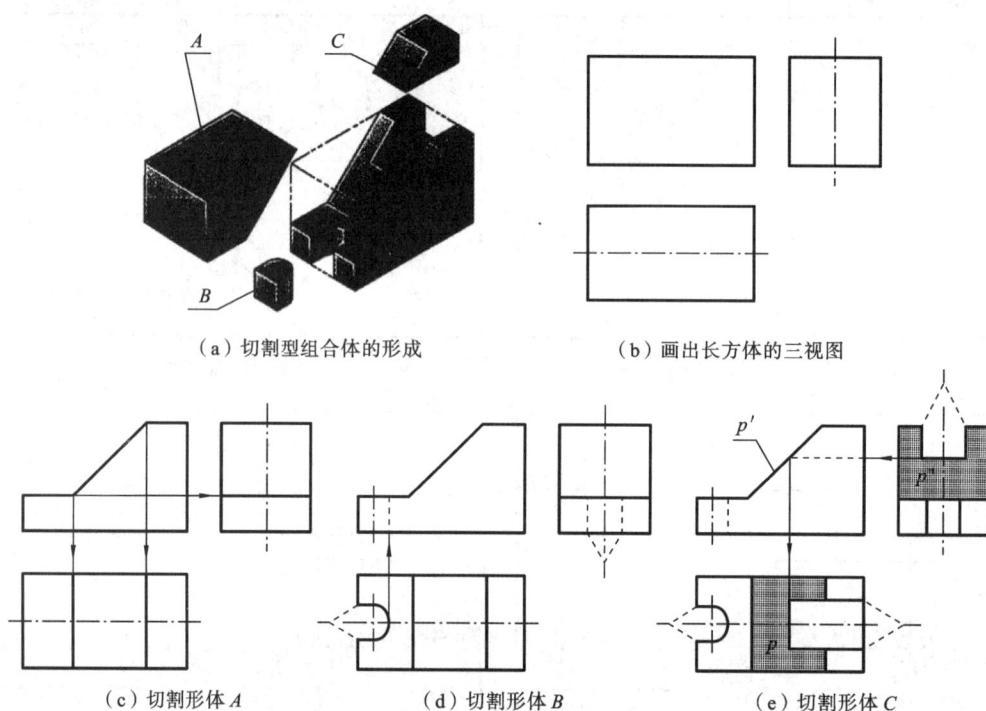

（a）切割型组合体的形成　　　　　（b）画出长方体的三视图

（c）切割形体 A　　　　　（d）切割形体 B　　　　　（e）切割形体 C

图 1-2-52　切割型组合体的画法

十二、识读和标注简单组合体的尺寸

视图只能表达组合体的结构和形状，要表示它的大小和各组成部分的相对位置，需要在视图中标注尺寸。组合体尺寸标注的基本要求是：正确、完整、清晰。正确是指所注尺寸符合国家标准的规定；完整是指所注尺寸既不遗漏，也不重复；清晰是指尺寸注写布局整齐清楚，便于看图。

1. 基本几何体的尺寸注法

基本几何体的尺寸注法，是组合体尺寸标注的基础。基本几何体的大小通常是由长、宽、高三个方向的尺寸来确定的。

1）平面立体的尺寸注法

棱柱、棱锥及棱台，除了标注确定其顶面和底面形状大小的尺寸外，还要标注高度尺寸。为了便于看图，确定顶面和底面形状大小的尺寸，宜标注在反映其实形的视图上，如图 1-2-53 所示。标注正方形尺寸时，在正方形边长尺寸数字前，加注正方形符号"□"，如图 1-2-53（b）所示的正四棱台。

2）曲面立体的尺寸注法

圆柱、圆锥、圆台和圆环，应标注圆的直径和高度尺寸，并在直径数字前加注直径符号 "ϕ"，如图 1-2-54（a）～（d）所示。标注圆球尺寸时，在直径数字前加注球直径符号"$S\phi$"或球半径符号"SR"，如图 1-2-54（e）、（f）所示。直径尺寸一般标注在非圆视图上。

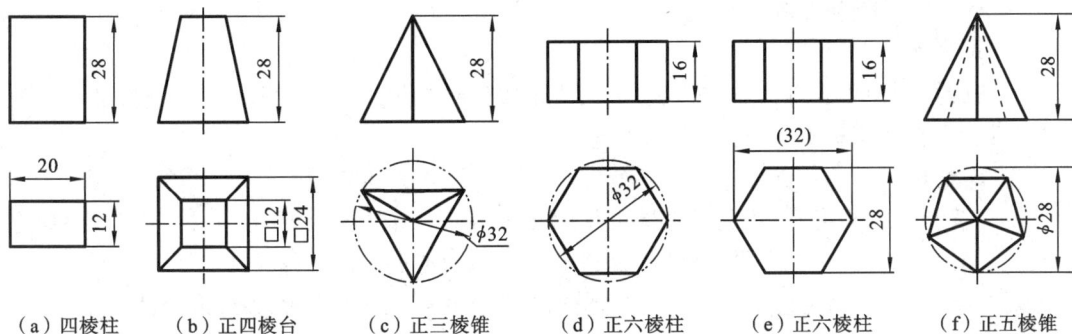

（a）四棱柱　（b）正四棱台　（c）正三棱锥　（d）正六棱柱　（e）正六棱柱　（f）正五棱锥

图 1-2-53　平面立体的尺寸注法

当尺寸集中标注在一个非圆视图上时，一个视图即可表达清楚它们的形状和大小。如图 1-2-54 所示，各基本几何体均用一个视图即可。

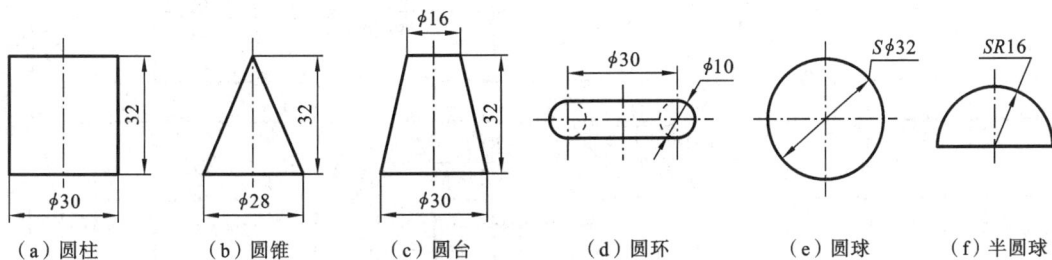

（a）圆柱　（b）圆锥　（c）圆台　（d）圆环　（e）圆球　（f）半圆球

图 1-2-54　曲面立体的尺寸注法

3）带切口几何体的尺寸注法

对带切口的几何体，除标注基本几何体的尺寸外，还要注出确定截平面位置的尺寸。但要注意，由于几何体与截平面的相对位置确定后，切口的交线即完全确定，因此，不应在切口的交线上标注尺寸。图 1-2-55 中画"×"的尺寸为多余尺寸。

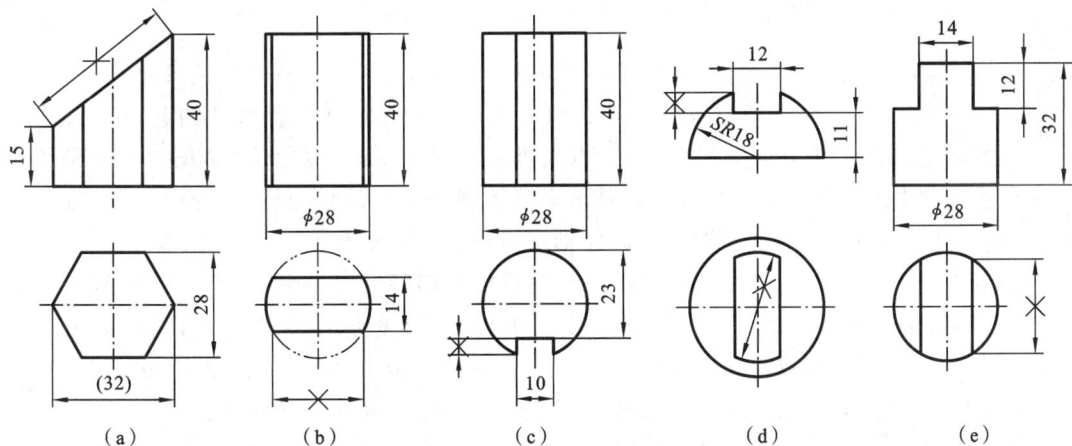

（a）　　（b）　　（c）　　（d）　　（e）

图 1-2-55　带切口几何体的尺寸注法

2. 尺寸标注的基本要求

1）正确性

应确保尺寸数值正确无误,所注的尺寸(包括尺寸数字、符号、箭头、尺寸线和尺寸界线等)要符合制图国家标准的有关规定。

2）完整性

为了将尺寸注得完整,应先按形体分析法注出确定各基本形体的定形尺寸,再标注确定它们之间相对位置的定位尺寸,最后根据组合体的结构特点注出总体尺寸。

（1）定形尺寸:确定组合体中各基本形体的形状和大小的尺寸,称为定形尺寸。

如图 1-2-56(a)所示,底板的定形尺寸有长 70、宽 40、高 12,圆孔直径 $2\times\phi10$,圆角半径 $R10$;立板的定形尺寸有长 32、宽 12、高 38,圆孔直径 $\phi16$。

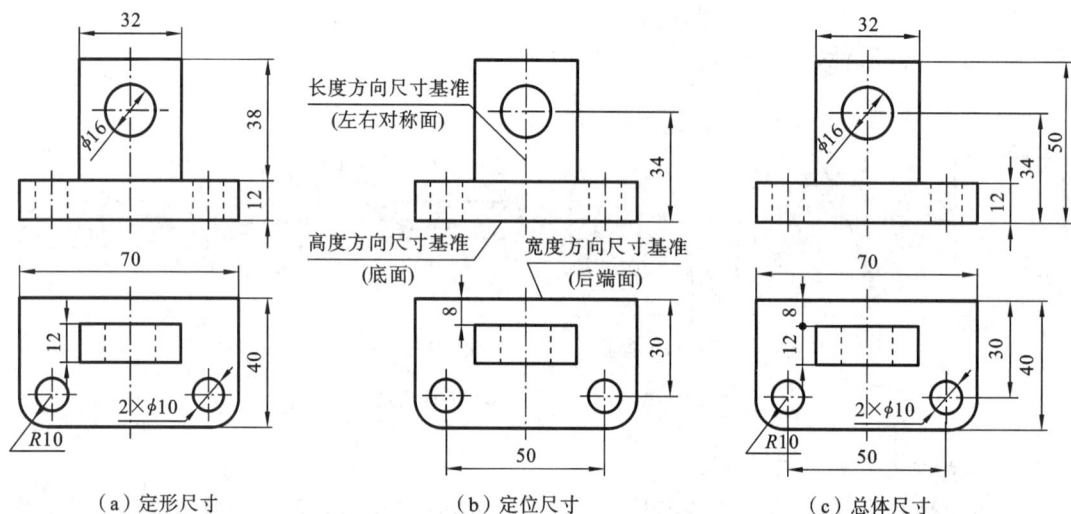

（a）定形尺寸　　　　　（b）定位尺寸　　　　　（c）总体尺寸

图 1-2-56　组合体的尺寸注法

提示:相同的圆孔要标注孔的数量(如 $2\times\phi10$),但相同的圆角不需标注数量。两者都不要重复标注。

（2）定位尺寸:确定组合体中各基本形体之间相对位置的尺寸,称为定位尺寸。

标注定位尺寸时,应先选择尺寸基准。尺寸基准是指标注或测量尺寸的起点。由于组合体具有长、宽、高三个方向的尺寸,每个方向都应有尺寸基准,以便从基准出发,确定基本形体在各方向上的相对位置。选择尺寸基准必须体现组合体的结构特点,并便于尺寸度量。通常以组合体的底面、端面、对称面、回转体轴线等作为尺寸基准。

如图 1-2-56(b)所示,组合体左右对称面为长度方向的尺寸基准,由此注出两圆孔的定位尺寸 50;后端面为宽度方向的尺寸基准,由此注出底板上圆孔的定位尺寸 30,立板与后端面的定位尺寸 8;底面为高度方向的尺寸基准,由此注出立板上圆孔与底面的定位尺寸 34。

（3）总体尺寸:确定组合体外形的总长、总宽、总高尺寸,称为总体尺寸。

如图 1-2-56(c)所示,该组合体总长和总宽尺寸即底板的长 70、宽 40,不再重复标注。总高尺寸 50 从高度方向的尺寸基准注出。总高尺寸标注之后,要去掉立板的高度尺寸 38,

否则会出现多余尺寸。

提示：当组合体的一端或两端为回转体时，总体尺寸是不能直接注出的，否则会出现重复尺寸。如图 1-2-57(a)所示组合体的总长尺寸($76=52+2 \times R12$)和总高尺寸($42=28+R14$)是间接确定的，因此，图 1-2-57(b)所示的总长 76、总高 42 的注法是错误的。

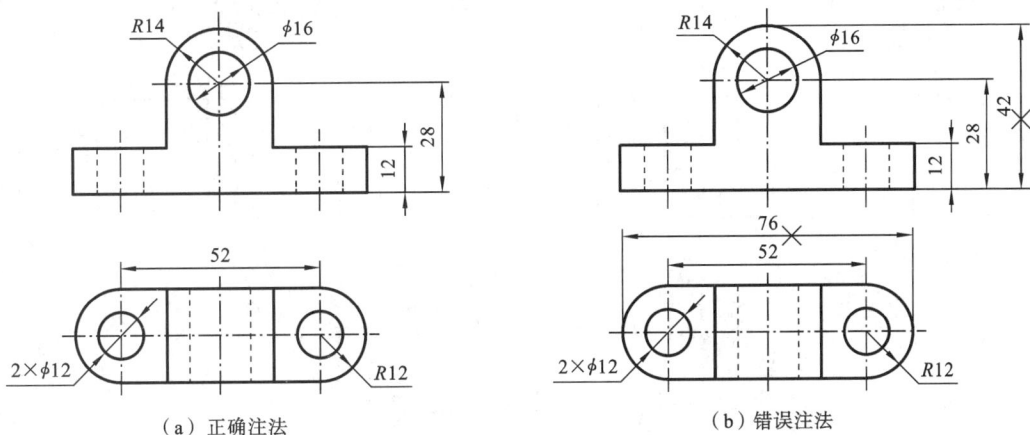

（a）正确注法　　　　　　　　　　　　　　　（b）错误注法

图 1-2-57　不注总体尺寸的情况

综上所述，定形尺寸、定位尺寸、总体尺寸可以相互转化。实际标注尺寸时，应认真分析，避免多注或漏注尺寸。

3）清晰性

尺寸标注除要求正确、完整外，还要求标得清晰、明显，以方便看图。为此，标注尺寸时应注意以下几个问题：

(1) 定形尺寸尽可能标注在表示形体特征明显的视图上，定位尺寸尽可能标注在位置特征清楚的视图上。如图 1-2-58(a)所示，将五棱柱的五边形尺寸标注在主视图上，比分开标注(见图 1-2-58(b))要好。如图 1-2-58(c)所示，腰形板的俯视图形体特征明显，半径 R4、R7 等尺寸标注在俯视图上是正确的，而图 1-2-58(d)所示的标注是错误的。如图 1-2-56(b)所示，底板上两圆孔的定位尺寸 50、30 标注在俯视图上，则两圆孔的相对位置比较明显。

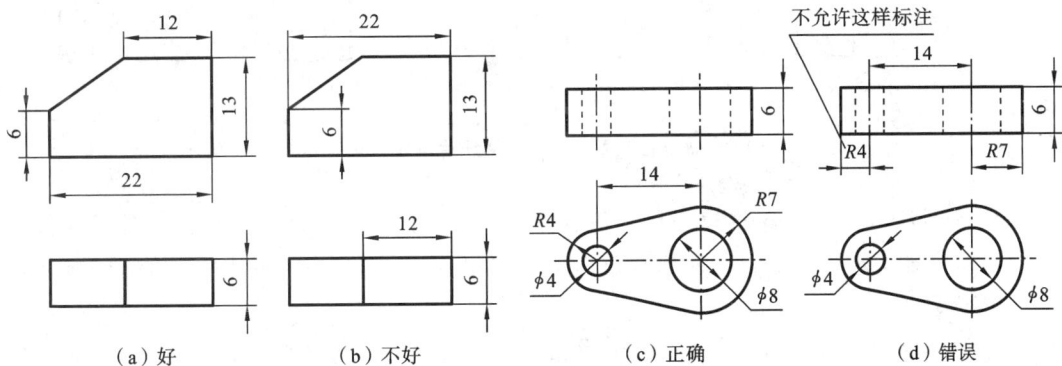

（a）好　　　　　（b）不好　　　　　（c）正确　　　　　（d）错误

图 1-2-58　定形尺寸标注在形体特征明显的视图上

(2) 同一形体的尺寸应尽量集中标注。如图1-2-56(c)所示,底板的长度70、宽度40、两圆孔直径 2×ϕ10、圆角半径 R10、两圆孔定位尺寸 50 及 30 都集中标注在俯视图上,便于看图时查找。圆柱开槽后表面产生截交线,其尺寸集中标注在主视图上比较好,如图1-2-59(a)所示。两圆柱相交表面产生相贯线,其尺寸的正确注法如图1-2-59(c)所示。相贯线本身不需标注尺寸,图1-2-59(d)所示的注法是错误的。

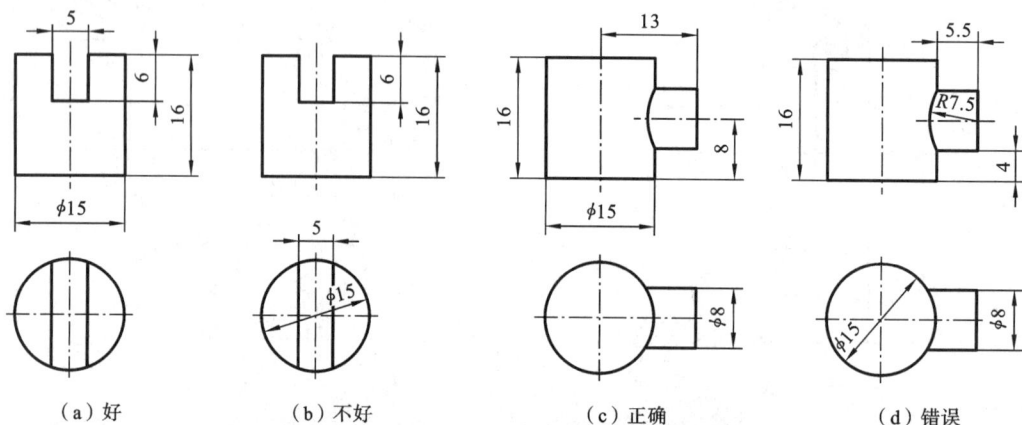

(a) 好　　　　(b) 不好　　　　(c) 正确　　　　(d) 错误

图 1-2-59　截断体和相贯体的尺寸注法

(3) 直径尺寸尽量标注在投影为非圆的视图上,圆弧的半径应标注在投影为圆的视图上。尺寸尽量不标注在细虚线上。如图1-2-60(a)所示,圆的直径 ϕ20、ϕ30 标注在主视图上是正确的,标注在左视图上是错误的;而 ϕ14 标注在左视图上是为了避免在细虚线上标注尺寸;R20 只能标注在投影为圆的左视图上,而不允许标注在主视图上。

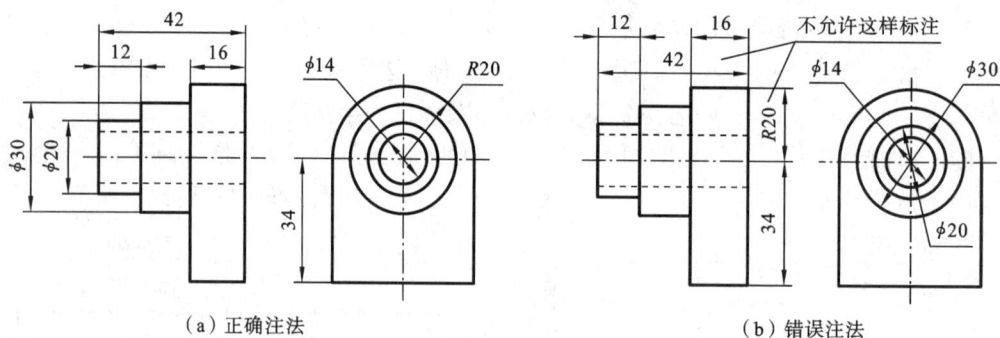

(a) 正确注法　　　　　　　　　　(b) 错误注法

图 1-2-60　直径与半径、大尺寸与小尺寸的注法

(4) 平行排列的尺寸应将较小尺寸注在里面(靠近视图),将较大尺寸注在外面。如图1-2-60(a)所示,12、16 两个尺寸应标注在 42 的里面;标注在 42 的外面是错误的,如图1-2-60(b)所示。

(5) 尺寸应尽量标注在视图外边,相邻视图的相关尺寸最好标注在两个视图之间,避免尺寸线、尺寸界线与轮廓线相交,如图1-2-61(a)所示。图1-2-61(b)所示尺寸的注法不够清晰。

（a）　　　　　　　　　　　　　　（b）

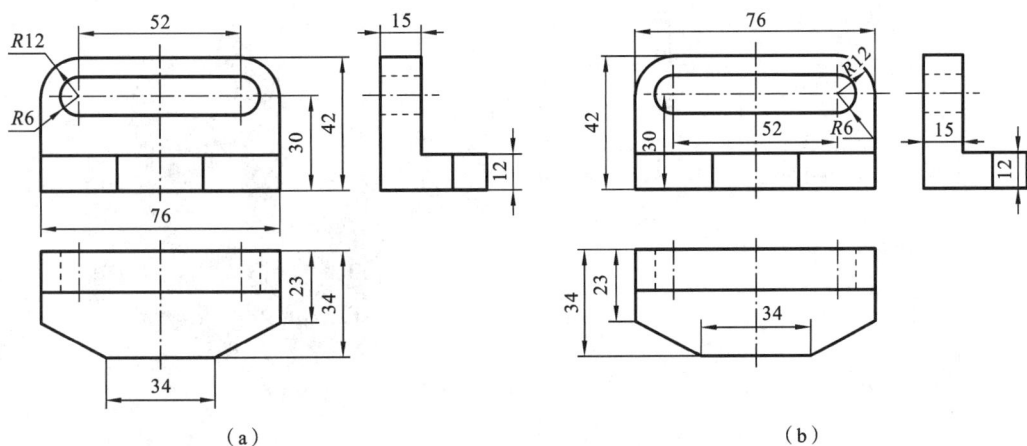

图 1-2-61　尺寸注法的清晰性

3. 常见结构的尺寸注法

组合体常见结构的尺寸注法如图 1-2-62 所示。

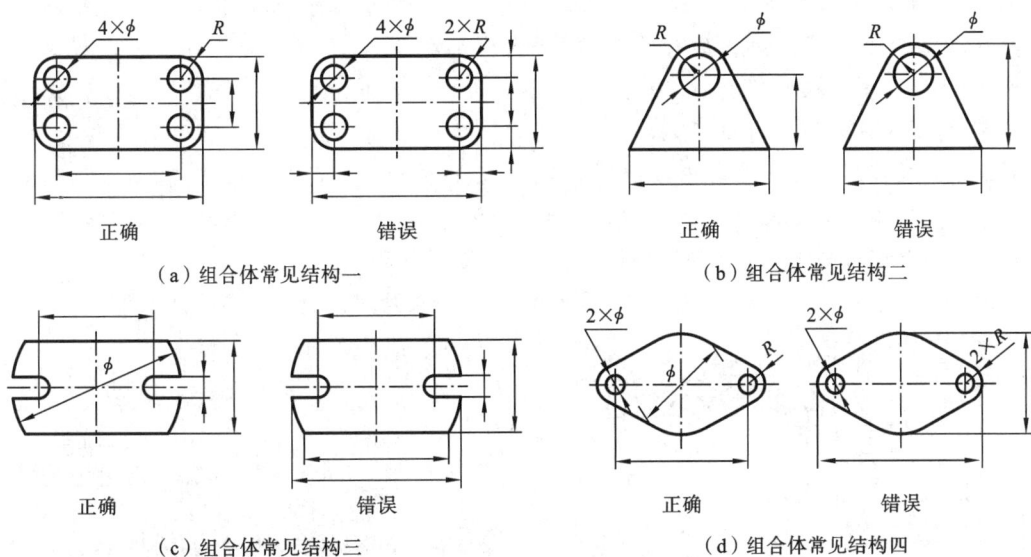

正确　　　　　　错误　　　　　　　　　正确　　　　　　错误

（a）组合体常见结构一　　　　　　　　（b）组合体常见结构二

正确　　　　　　错误　　　　　　　　　正确　　　　　　错误

（c）组合体常见结构三　　　　　　　　（d）组合体常见结构四

图 1-2-62　组合体常见结构的尺寸注法

4. 组合体的标注示例

组合体是由一些基本形体按一定的连接关系组合而成的。因此,在标注组合体的尺寸时,首先应按形体分析法将组合体分解为若干部分,再标注出各部分的尺寸和各部分之间的定位尺寸,以及组合体长、宽、高三个方向的总体尺寸。

【例 1-2-7】 标注图 1-2-63(a)所示轴承座的尺寸。

分析 根据轴承座的结构特点,将轴承座分解成底板、圆筒、支承板和肋板四部分,如图 1-2-63(b)所示。

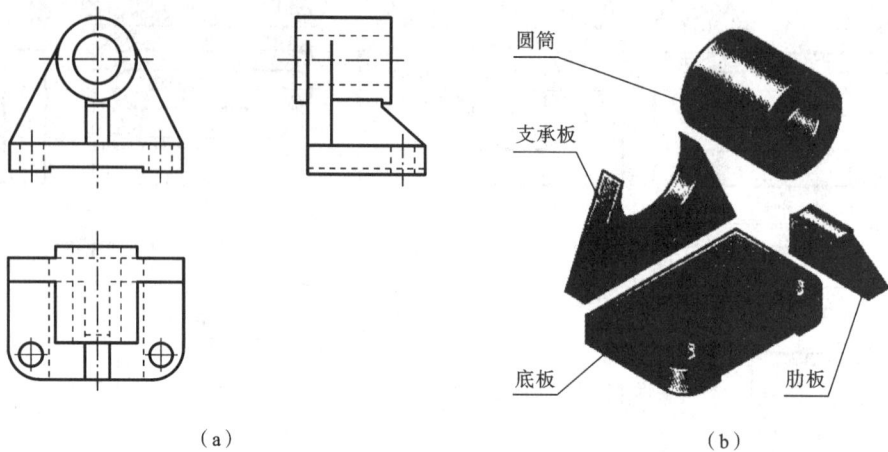

（a）　　　　　　　　　　（b）

图 1-2-63　轴承座及形体分析

标注:(1) 逐个标注各组成部分的尺寸。标注尺寸时,应先进行形体分析,将轴承座分解成底板、圆筒、支承板、肋板四部分,分别标注各部分定形尺寸,如图 1-2-64(a)所示。

(2) 选定尺寸基准,标注定位尺寸。由轴承座的结构特点可知,底板的底面是轴承座的安装面,底面可作为高度方向的尺寸基准;轴承座左右对称,其对称面可作为长度方向的尺寸基准;底板和支承板的后端面可作为宽度方向的尺寸基准,如图 1-2-64(b)所示。尺寸基准选定后,按各部分的相对位置,标注它们的定位尺寸。圆筒与底板上下方向的相对位置,需标注圆筒轴线到底板底面的中心距56;圆筒与底板前后方向的相对位置,需标注圆筒后端面与支承板后端面定位尺寸 6;由于轴承座左右对称,长度方向的定位尺寸可以省略不注;标注底板上两个圆孔的定位尺寸66、48,如图 1-2-64(c)所示。

(3) 标注总体尺寸。如图 1-2-64(d)所示,底板的长度 90 是轴承座的总长(与定形尺寸

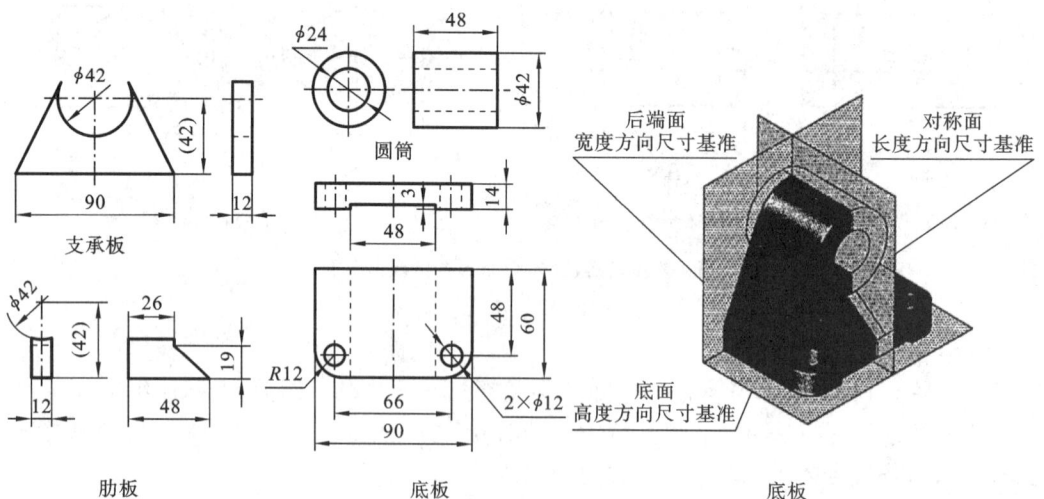

（a）标注各组成部分的尺寸　　　　　　　（b）选定尺寸基准

图 1-2-64　轴承座的尺寸标注

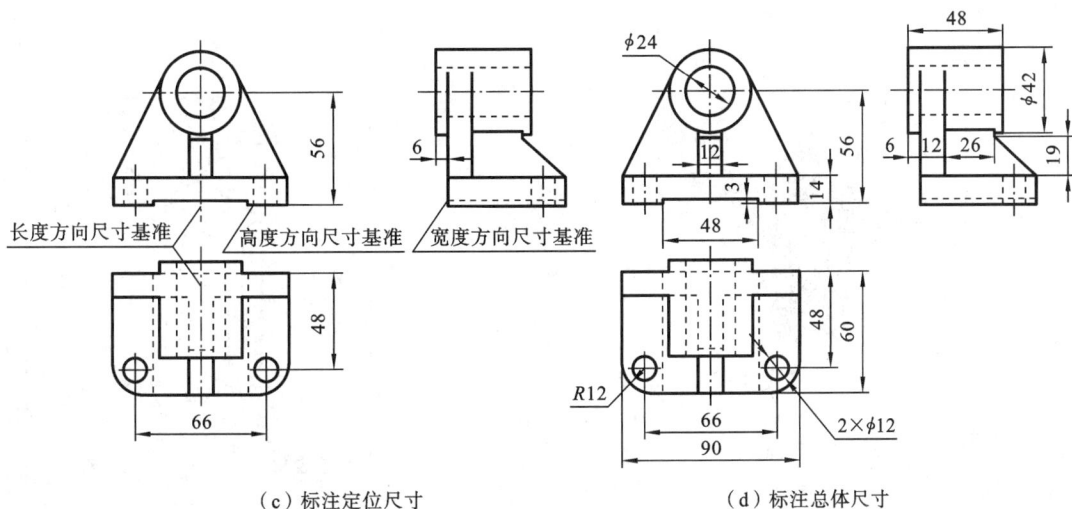

（c）标注定位尺寸 　　　　　（d）标注总体尺寸

续图 1-2-64

重合，不另行注出）；总宽由底板宽度 60 和圆筒在支承板后面伸出的长度 6 所确定；总高由圆筒的定位尺寸 56 加上圆筒外径 $\phi42$ 的 1/2 所确定。

　　按上述步骤标注尺寸后，还要按形体逐个检查有无重复或遗漏，进行修正和调整。

十三、简单平面形体正等轴测图的绘制

　　在机械图样中，主要是通过视图和尺寸来表达物体的形状和大小的。由于视图是按正投影法绘制的，每个视图只能反映其二维空间大小，缺乏立体感。轴测图是用平行投影法绘制的单面投影图，由于轴测图能同时反映出物体长、宽、高三个方向的形状，所以具有立体感。但轴测图的度量性差，作图复杂，因此在机械图样中只能用作辅助图样。

　　1. 轴测图的形成

　　将物体连同其参考直角坐标系，沿不平行于任一坐标平面的方向，用平行投影法将其投射在单一投影面上所得到的图形，称为轴测图，如图 1-2-65 所示。

　　2. 术语和定义（GB/T 4458.3—2013）

　　1）轴测轴

　　空间直角坐标轴在轴测投影面上的投影，称为轴测轴，如图 1-2-65(b)所示的 X、Y 两轴。

　　2）轴间角

　　轴测图中两轴测轴之间的夹角，称为轴间角，如图 1-2-65 (b) 所示的 $\angle XOY$、$\angle YOZ$、$\angle XOZ$。

　　3）轴向伸缩系数

　　轴测轴上的单位长度与相应投影轴上的单位长度的比值，称为轴向伸缩系数。不同的轴测图，其轴向伸缩系数不同，如图 1-2-66 所示。

　　3. 一般规定（GB/T 4458.3—2013）

　　理论上轴测图可以有无数种，但从作图简便等因素考虑，一般采用正等轴测投影（正等

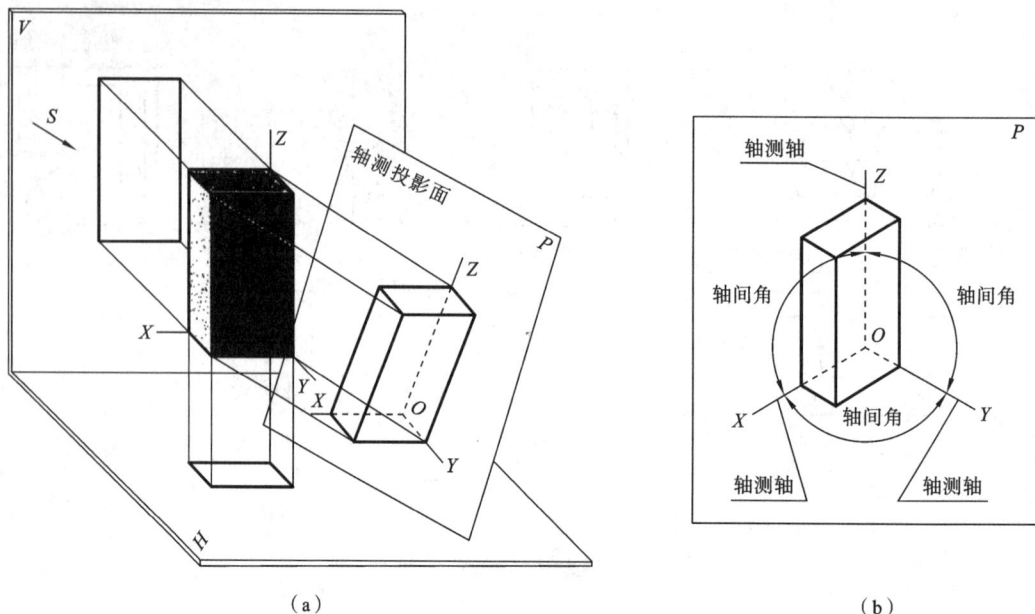

（a）　　　　　　　　　　　　　　　　　　　　　　（b）

图 1-2-65　轴测图的获得

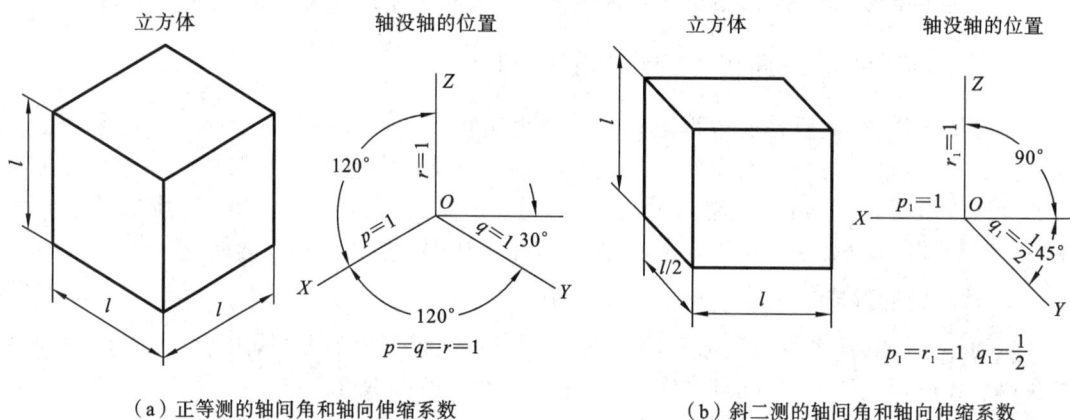

（a）正等测的轴间角和轴向伸缩系数　　　　　　　（b）斜二测的轴间角和轴向伸缩系数

图 1-2-66　轴间角和轴向伸缩系数的规定

轴测图）和斜二等轴测投影（斜二等轴测图）两种。

1）正等轴测投影（正等轴测图）

用正投影法得到的轴测投影，称为正轴测投影。三个轴向伸缩系数均相等的正轴测投影，称为正等轴测投影，简称正等测。此时三个轴间角相等。绘制正等测轴测图时，其轴间角和轴向伸缩系数（p、q、r）按图 1-2-66（a）所示规定绘制。

2）斜二等轴测投影（斜二等轴测图）

轴测投影面平行于一个坐标平面，且平行于坐标平面的那两个轴的轴向伸缩系数相等的斜轴测投影，称为斜二等轴测投影，简称斜二测。绘制斜二等轴测图时，其轴间角和轴向伸缩系数（p_1、q_1、r_1）按图 1-2-66（b）所示规定绘制。

4. 轴测图的投影特性

由于轴测图是用平行投影法绘制的,所以具有平行投影的特性。

（1）物体上与坐标轴平行的线段,其投影在轴测图中平行于相应的轴测轴。

（2）物体上相互平行的线段,其投影在轴测图中相互平行。

5. 正等轴测轴的画法

在绘制正等轴测图时,先要准确地画出轴测轴,然后才能根据轴测图的投影特性,画出轴测图。如图 1-2-66(a)所示,正等测中的轴间角相等,均为 120°。绘图时,可利用丁字尺和 30°三角板配合,准确地画出轴测轴,如图 1-2-67 所示。

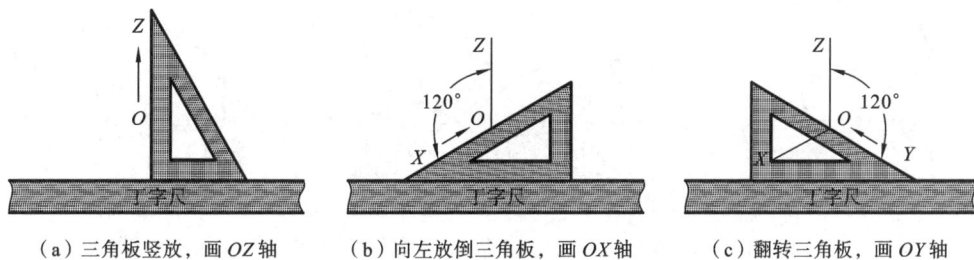

（a）三角板竖放,画 *OZ* 轴　　（b）向左放倒三角板,画 *OX* 轴　　（c）翻转三角板,画 *OY* 轴

图 1-2-67　正等轴测轴的画法

提示:由于三个空间直角坐标轴与轴测投影面的倾角相同,它们的轴测投影的缩短程度也相同,其实际缩短率为 0.82。即物体上的每个轴向长度,都要乘以 0.82 才能确定它的轴测投影长度。根据国家标准《机械制图　轴测图》(GB/T 4458.3—2013)规定的轴向伸缩系数($p=q=r=1$)绘制的正等测,作图虽简便,但其轴向尺寸均是原来图形的 $1/0.82≈1.22$ 倍,如图 1-2-68 所示。图形虽然大了一些,但形状和直观性都没有发生变化。

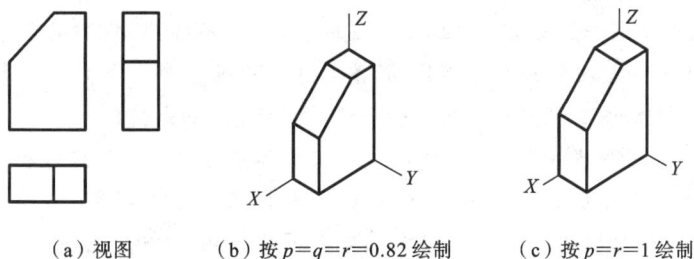

（a）视图　　　（b）按 $p=q=r=0.82$ 绘制　　　（c）按 $p=r=1$ 绘制

图 1-2-68　轴向伸缩系数不同的正等测的比较

6. 平面立体的正等测画法

绘制平面立体轴测图的基本方法是坐标法和切割法。用坐标法作图时,是沿坐标轴测量画出各顶点的轴测投影,连接各顶点形成物体的轴测图;对于不完整的物体,可先按完整物体画出,再用切割法画出其不完整的部分。

（1）棱柱的正等测画法。

【例 1-2-8】　根据图 1-2-69(a)所示正六棱柱的两视图,画出其正等测。

分析　由于正六棱柱前后、左右对称,故选择顶面的中点作为坐标原点,棱柱的轴线作

为 Z 轴，顶面的两条对称中心线作为 X、Y 轴，如图 1-2-69(a)所示。用坐标法从顶面开始作图，可直接作出顶面六边形各顶点的正等测。

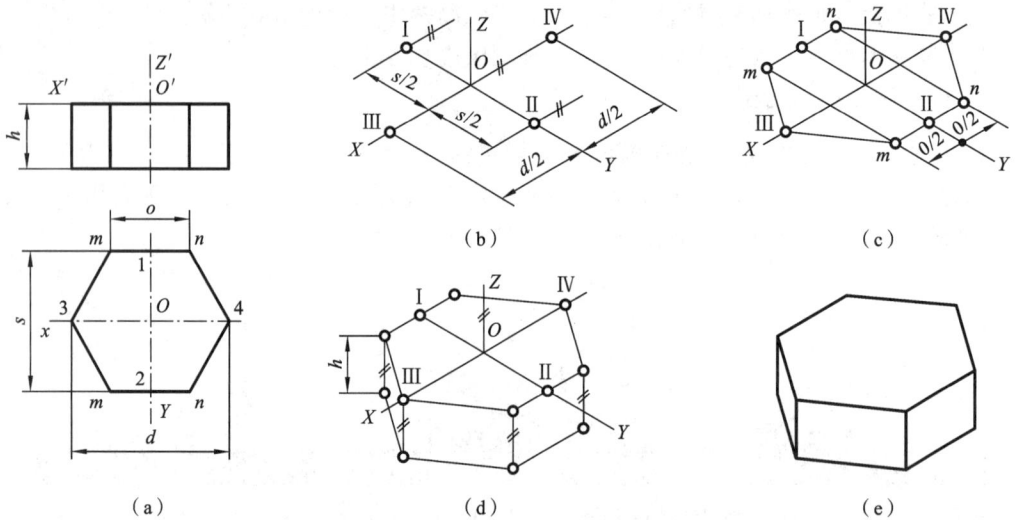

图 1-2-69   正六棱柱正等测的作图步骤

作图   ① 画出轴测轴，定出点Ⅰ、点Ⅱ、点Ⅲ、点Ⅳ；分别通过点Ⅰ、点Ⅱ，作 X 轴的平行线，如图 1-2-69(b)所示。

② 在过点Ⅰ、点Ⅱ的 X 轴平行线上，确定 m、n 点（均为前后对称的两个点），连接各顶点得到正六边形的正等测，如图 1-2-69(c)所示。

③ 过六边形的各顶点，向下作 Z 轴的平行线，并在其上截取高度 h，画出底面上可见的各条边，如图 1-2-69(d)所示。

④ 擦去作图辅助线并描深，完成正六棱柱的正等测，如图 1-2-69(e)所示。

提示：轴测图中一般只画出可见部分，必要时才画出其不可见部分。

【例 1-2-9】   根据图 1-2-70(a)所示楔形块的两视图，画出其正等测。

分析   楔形块的原始形状是一个长方体。长方体的左上方、左前方和左后方分别被切掉一个角而形成楔形块，因此，绘制楔形块的正等测时，可采用切割法。

作图   ① 因为楔形块前、后对称，所以在俯视图中将对称中心线确定为轴，如图 1-2-70(a)所示。

② 按给定的尺寸 L_1、K_1、H 画出长方体的正等测，如图 1-2-70(b)所示。

③ 按给定的尺寸 h、L_3 确定斜面上线段端点的位置，画出左上方斜面的正等测，如图 1-2-70(c)所示。

④ 按给定的尺寸 L_2、K_2 确定左前方和左后方斜面上线段端点的位置，画出左前方和左后方两个斜面的正等测，如图 1-2-70(d)所示。

⑤ 擦去作图辅助线并描深，完成楔形块的正等测，如图 1-2-70(e)所示。

（2）棱锥的正等测画法。

画棱锥的正等测时，先运用坐标法画出棱锥底面的正等测，根据棱锥高度定出锥顶，再

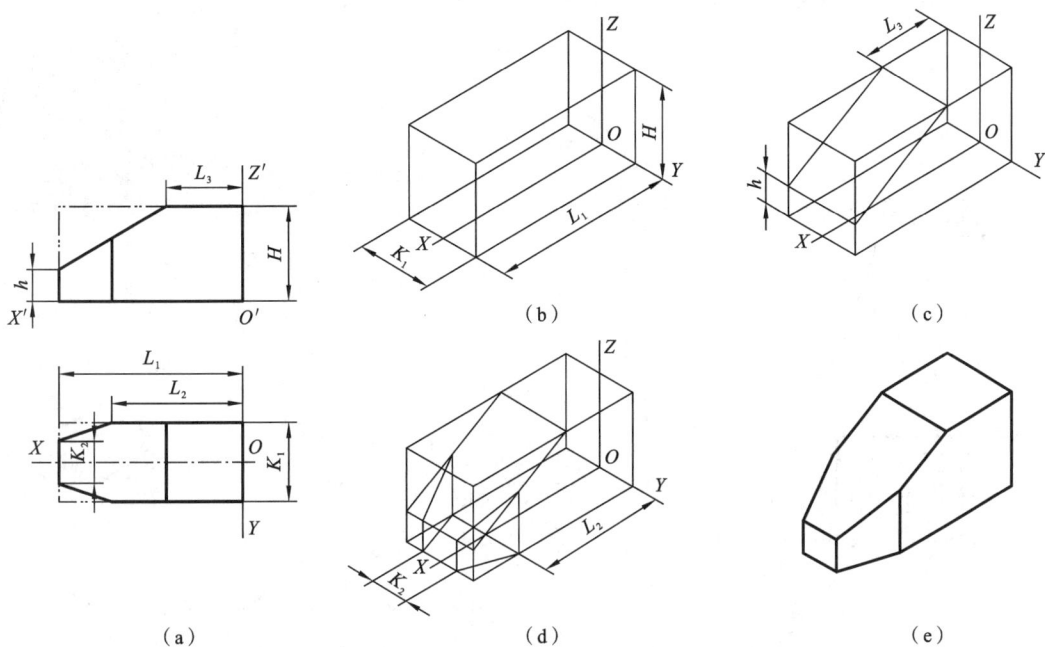

图 1-2-70　楔形块正等测的作图步骤

过锥顶与底面各顶点连线。

【例 1-2-10】　根据图 1-2-71(a)所示四棱锥的两视图，画出其正等测。

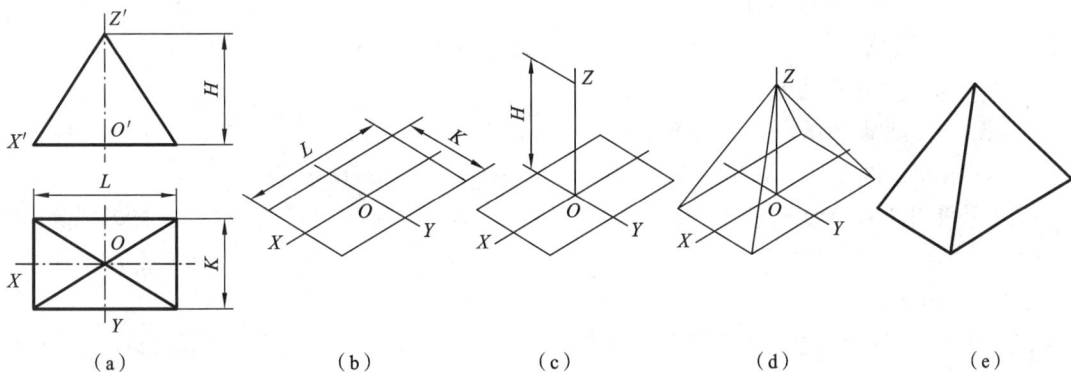

图 1-2-71　四棱锥正等测的作图步骤

　　分析　四棱锥前后、左右对称，四棱锥的底面为矩形，锥高与底面垂直并通过底面的中心，故选择锥底面的对称中心点作为坐标原点，锥高作为 Z 轴，如图 1-2-71(a)所示。

　　作图　① 画出轴测轴 X、Y，按给定的尺寸 L、K 画出底面的正等测，如图 1-2-71(b)所示。

　　② 按给定的棱锥高度 H 定出锥顶，如图 1-2-71(c)所示。

　　③ 过锥顶与底面各顶点连线，如图 1-2-71(d)所示。

　　④ 擦去作图辅助线并描深，完成四棱锥的正等测，如图 1-2-71(e)所示。

【例 1-2-11】 根据图 1-2-72(a)所示开槽四棱台的两视图,画出其正等测。

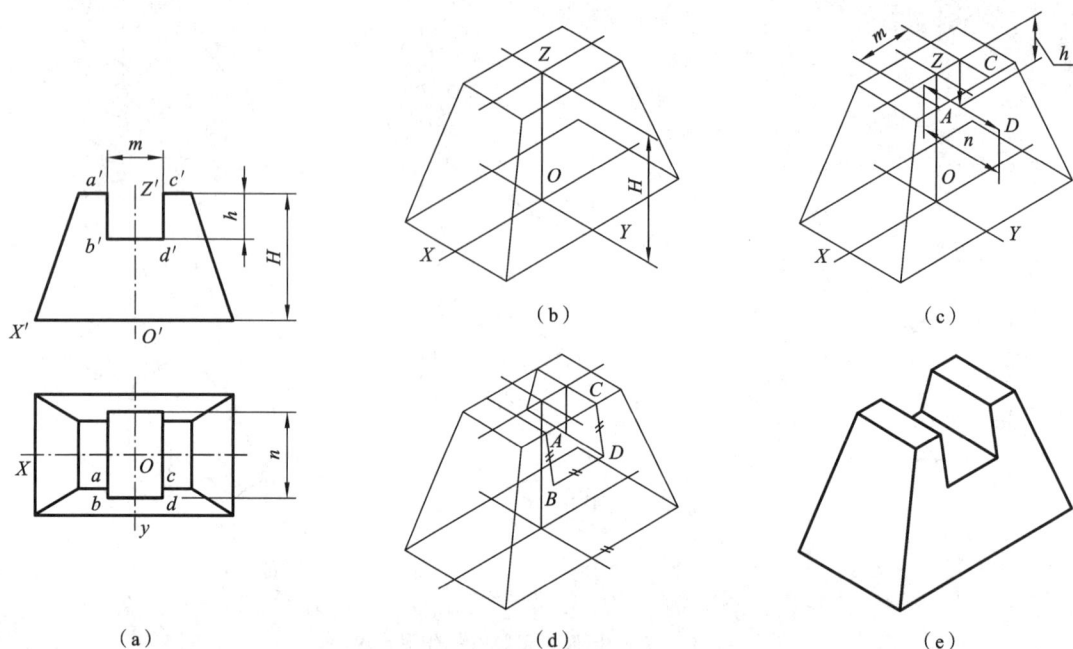

图 1-2-72 开槽四棱台正等测的作图步骤

分析 如图 1-2-72(a)所示,开槽四棱台前后、左右对称,四棱台上底和下底是两个相互平行但尺寸不同的矩形,锥高与上底和下底垂直并通过底面的中心。将对称中心线确定为轴测轴,对称中心线的交点作为坐标原点。应注意,四棱台的槽口部分(AB、CD)与轴测轴不平行,可利用图中给出的尺寸 m、n、h 间接求出。

作图 ① 画出轴测轴。先画出下底的正等测,再按给定的尺寸 H,画出上底的正等测;将对应的各顶点相连,得到完整四棱台的正等测,如图 1-2-72(b)所示。

② 利用图中给出的尺寸 m,沿 Y 轴方向对称画出槽口上方的两条平行线,得到 A、C 两点;过 C 点沿 Z 轴方向向下画出长度为 h 的直线,再沿 Y 轴方向对称画出长度为 n 的直线,得到 D 点,如图 1-2-72(c)所示。

③ 连接 C、D 两点(槽口后部画法与之相同);过点 A,作 CD 的平行线;过点 D,作底边的平行线,得点 B,如图 1-2-72(d)所示。

④ 擦去作图辅助线并描深,完成开槽四棱台的正等测,如图 1-2-72(e)所示。

第三节　图样的基本表示法

一、六个基本视图、向视图的画法、标注和应用

在生产实践中,物体的结构形状是多种多样的。当物体的结构形状比较复杂时,仅用三

视图是难以把它们的内、外形状完整、清晰地表达出来的。为此,国家标准规定了视图、剖视图、断面图、局部放大图及简化画法等基本表示法。

1. 基本视图(GB/T 13361—2012、GB/T 17451—1998)

根据有关标准和规定,用正投影法所绘制出物体的图形,称为视图。视图通常包括基本视图、向视图、局部视图和斜视图。

将物体向基本投影面投射所得的视图,称为基本视图。

当物体的构形复杂时,为了完整、清晰地表达物体各方面的形状,国家标准规定,在原有三个投影面的基础上,再增设三个投影面,组成一个正六面体,六面体的六个面称为基本投影面,如图 1-3-1(a)所示。将物体置于六面体中,由 A、B、C、D、E、F 六个方向,分别向基本投影面投射,即在主视图、左视图、俯视图的基础上,又得到了右视图、仰视图和后视图,如图 1-3-1(b)所示。这六个视图,称为基本视图。

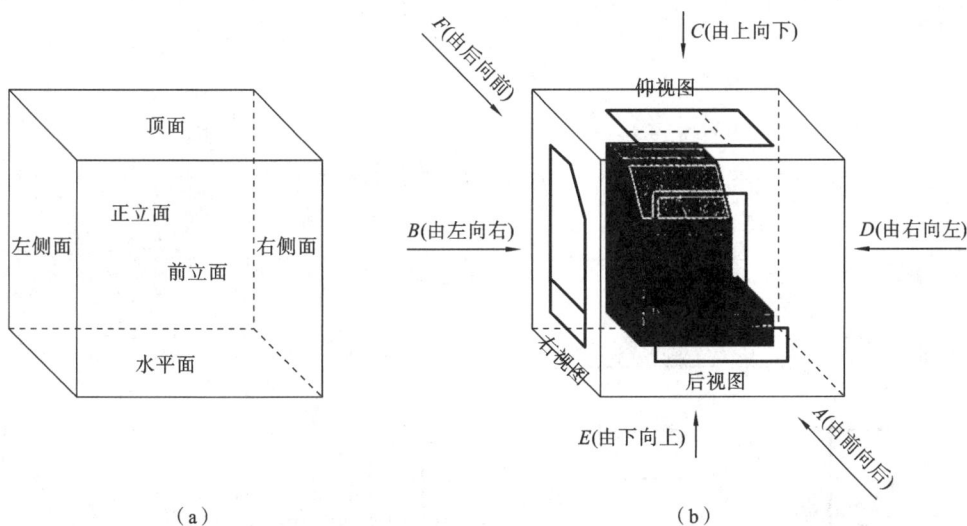

（a）　　　　　　　　　　　（b）

图 1-3-1　基本视图的获得

主视图(或称 A 视图)——由前向后投射所得的视图;

左视图(或称 B 视图)——由左向右投射所得的视图;

俯视图(或称 C 视图)——由上向下投射所得的视图;

右视图(或称 D 视图)——由右向左投射所得的视图;

仰视图(或称 E 视图)——由下向上投射所得的视图;

后视图(或称 F 视图)——由后向前投射所得的视图。

六个基本投影面展开的方法如图 1-3-2 所示,即正面保持不动,其他投影面按箭头所示方向旋转到与正面共处于同一平面的位置。

六个基本视图在同一张图样内按图 1-3-3 所示的形式配置时,各视图一律不注图名。六个基本视图仍符合"长对正、高平齐、宽相等"的投影规律。除后视图外,其他视图靠近主视图的一边是物体的后面,远离主视图的一边是物体的前面。

在绘制机械图样时,一般并不需要将物体的六个基本视图全部画出,而是根据物体的结

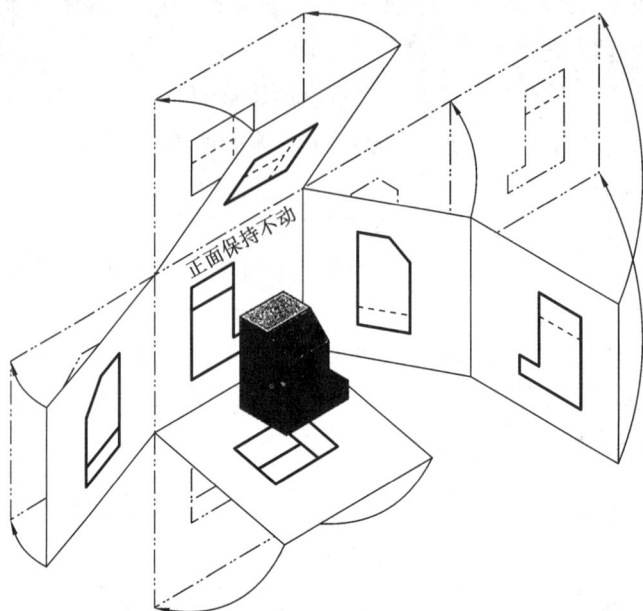

图 1-3-2   六个基本投影面的展开

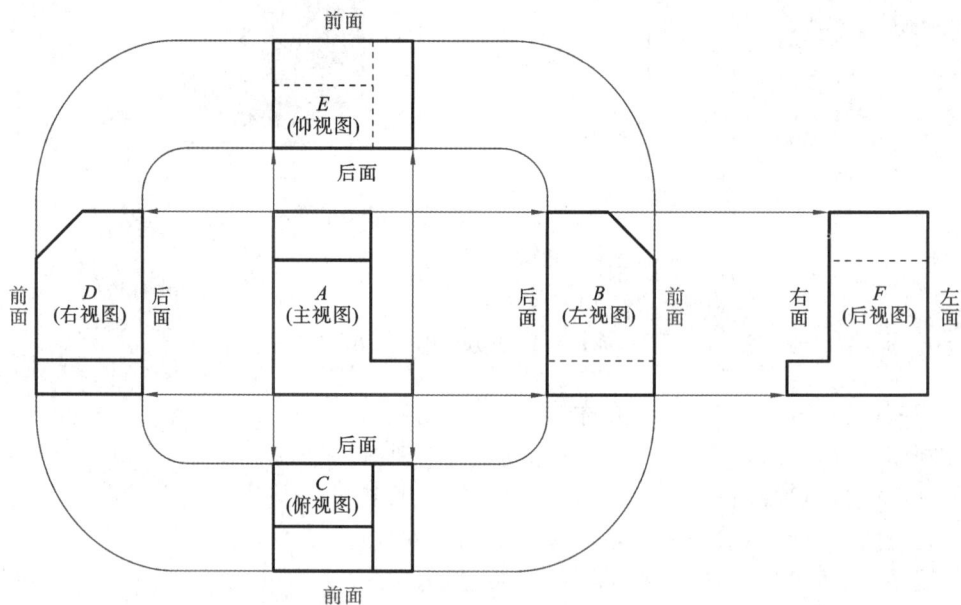

图 1-3-3   六个基本视图的配置

构特点和复杂程度,选择适当的基本视图。优先采用主视图、左视图、俯视图。

2. 向视图(GB/T 17451—1998)

向视图是可以自由配置的基本视图。

在实际绘图过程中,有时难以将六个基本视图按图 1-3-3 所示的形式配置,此时如采用自由配置，即可使问题得到解决。如图 1-3-4(b)所示，在向视图的上方标注视图名称"X"(X为大写拉丁字母，即 A、B、C、D、E、F 中的某一个)，在相应的视图附近，用箭头指明投射方向，并标注相同的字母。

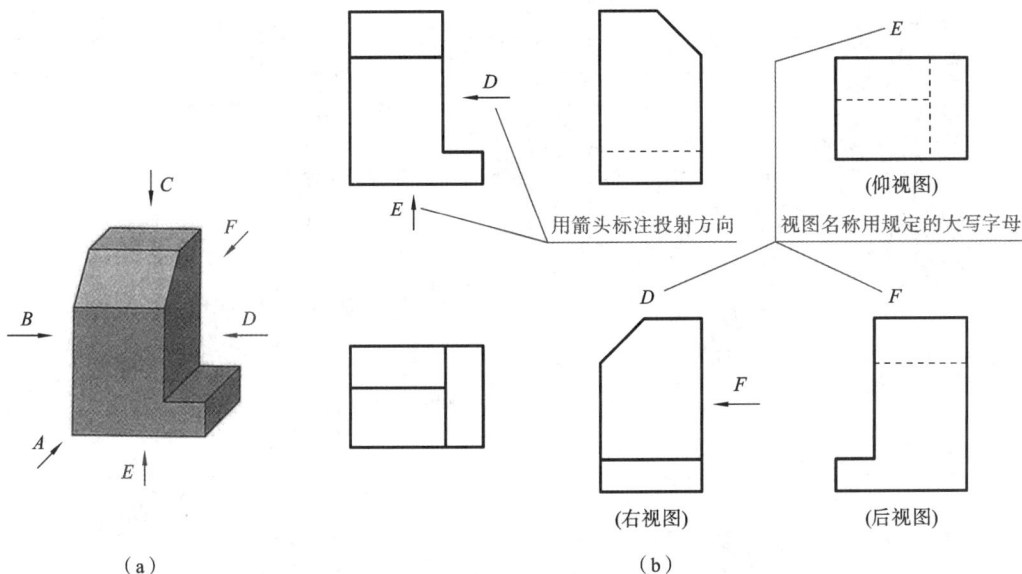

图 1-3-4　向视图

向视图是基本视图的一种表达形式。向视图与基本视图的主要区别在于视图的配置形式不同。

二、局部视图和斜视图的画法、标注和应用

1. 局部视图(GB/T 17451—1998、GB/T 4458.1—2002)的画法、标注和应用

将物体的某一部分向基本投影面投射所得的视图，称为局部视图。

如图 1-3-5(a)所示，组合体左侧有一凸台。在主、俯视图中，圆筒和底板的结构已表达清楚，而凸台在主、俯视图中未表达清楚，如图 1-3-5(b)所示。若画出完整的左视图，可以将凸台结构表达清楚，但大部分是与主视图重复的结构，如图 1-3-5(d)所示。

此时采用"A"向局部视图，只画出基本视图的一部分表达凸台，而省略大部分左视图。这种方法可使图形重点更突出，更加清晰明确。画局部视图时，局部视图的断裂边界通常以波浪线(或双折线)表示。局部视图可按基本视图的位置配置，也可按向视图的配置形式配置并标注，即在局部视图上方标出视图的名称"X"(大写拉丁字母)，在相应的视图附近用箭头指明投射方向，并注上同样的字母，如图 1-3-5(b)、(c)所示。

当所表示的局部结构是完整的，且外轮廓又封闭时，波浪线可省略不画，如图 1-3-6(a)中的"C"向局部视图。当局部视图按基本视图的形式配置，中间又无其他图形隔开时，可省略标注，如图 1-3-6(b)中的俯视图。

2. 斜视图(GB/T 17451—1998)的画法、标注和应用

将物体向不平行于基本投影面的平面投射所得的视图，称为斜视图。斜视图通常用于

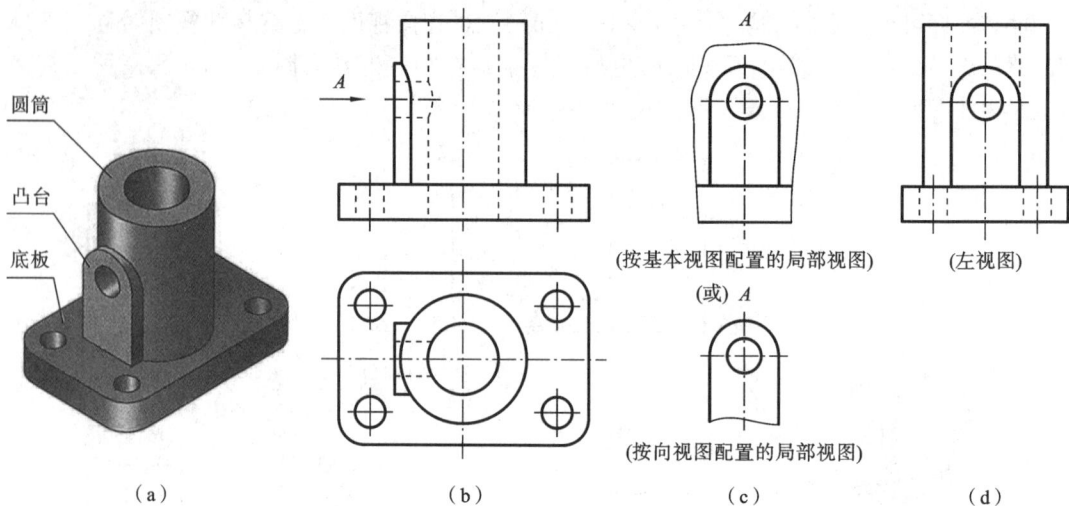

图 1-3-5　局部视图

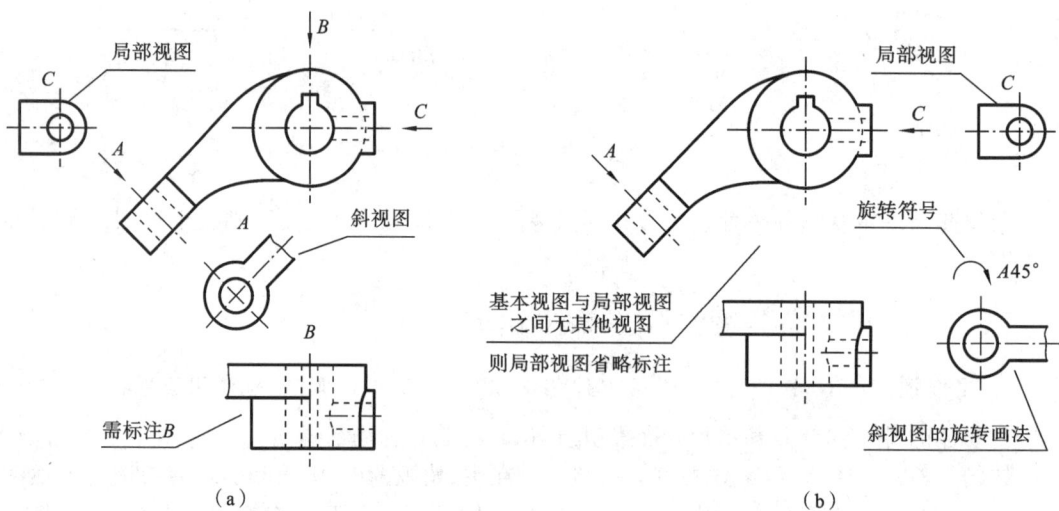

图 1-3-6　局部视图与斜视图的配置

表达物体上的倾斜部分。

　　如图 1-3-7 所示,物体左侧部分与基本投影面倾斜,其基本视图不反映实形,给绘图和看图带来一定困难。为简化作图,增设一个与倾斜部分平行的辅助投影面 $P(P$ 面垂直于 V 面),将倾斜部分向 P 面投射,然后将 P 面旋转到与 V 面重合的位置,即可得到反映该部分实形的视图,即斜视图。

　　斜视图一般只画出倾斜部分的局部形状,其断裂边界用波浪线表示,并通常按向视图的配置形式配置并标注,如图 1-3-6(a)中的“A”图。

　　必要时,允许将斜视图旋转配置。此时,表示该视图名称的大写拉丁字母,要靠近旋转符号的箭头端;也允许将旋转角度标注在字母之后,如图 1-3-6(b)中的“⌒$A45°$”。旋转

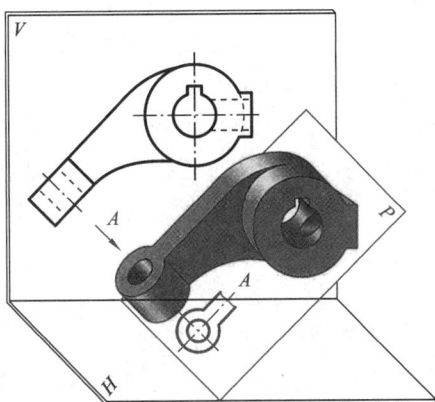

图 1-3-7 斜视图的获得

符号的箭头指向,应与实际旋转方向一致。旋转符号是一个半圆,其半径应等于字体高度。

三、单一剖切面剖切机件——全剖、半剖、局部剖、斜剖视的画法、标注和应用

当物体的内部结构比较复杂时,视图中就会出现较多的虚线。这些虚线与虚线、虚线与实线相互交错重叠,既不利于画图,也不利于看图和标注尺寸。为了清晰地表示物体的内部形状,国家标准规定了剖视图的表达方法。

1. 剖视图的基本概念

1) 剖视图的获得(GB/T 17452—1998、GB/T 4458.6—2002)

假想用剖切面剖开物体,将处在观察者和剖切面之间的部分移去,而将其余部分向投影面投射所得的图形,称为剖视图,简称剖视,如图 1-3-8(a)所示。

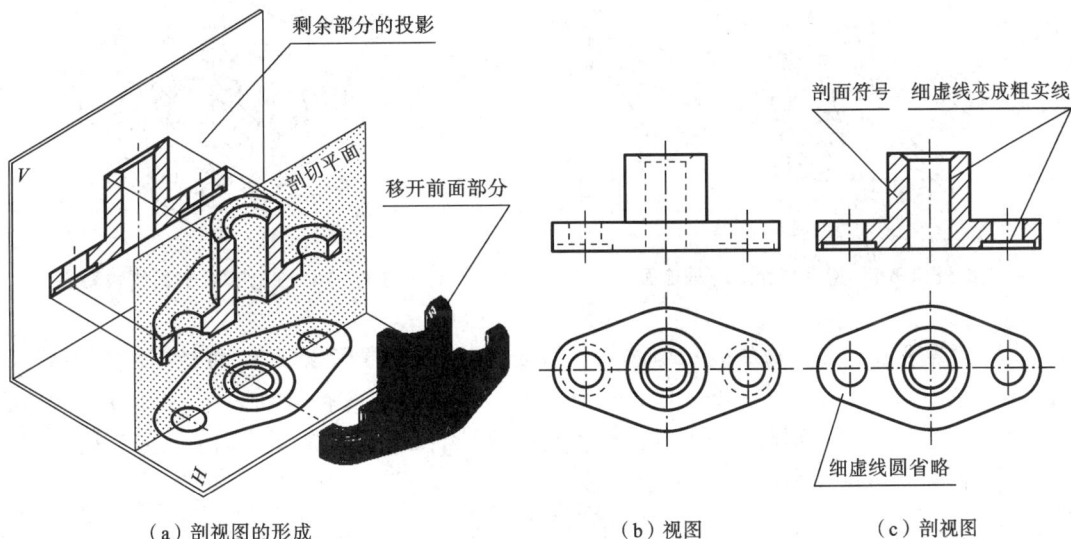

(a)剖视图的形成   (b)视图   (c)剖视图

图 1-3-8 剖视图的获得

如图 1-3-8(b)、(c)所示，将视图与剖视图相比较可以看出，由于主视图采用了剖视图的画法，原来不可见的孔变成可见，视图中的细虚线在剖视图中变成粗实线，再加上在剖面区域内画出了规定的剖面符号，图形层次分明，更加清晰。

2）剖面区域的表示法（GB/T 17453—2005、GB/T 4457.5—2013）

为了增强剖视图的表达效果，明辨虚实，通常要在剖面区域（即剖切面与物体的接触部分）画出剖面符号。剖面符号的作用：一是明显地区分切到与未切到部分，增强剖视的层次感；二是识别相邻零件的形状结构及其装配关系；三是区分材料的类别。

（1）当不需在剖面区域中表示物体的材料类别时，应根据国家标准《技术制图　图样画法　剖面区域的表示法》（GB/T 17453—2005）的规定绘制，即：

① 剖面符号用通用剖面线表示。通用剖面线是与图形的主要轮廓线或剖面区域的对称中心线成 45°，且间距（约 3 mm）相等的细实线，向左或向右倾斜均可，如图 1-3-9 所示。

② 同一物体的各个剖面区域，其剖面线的方向及间隔应一致。在图 1-3-10 所示的主视图中，由于物体倾斜部分的轮廓线与底面成 45°，而不宜将剖面线画成与主要轮廓线成 45°时，可将该图形的剖面线画成与底面成 30°或 60°的平行线，但其倾斜方向仍应与其他图形的剖面线一致。

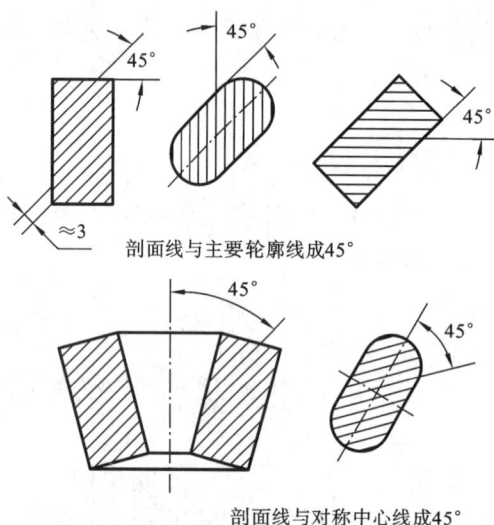

图 1-3-9　通用剖面线的画法图

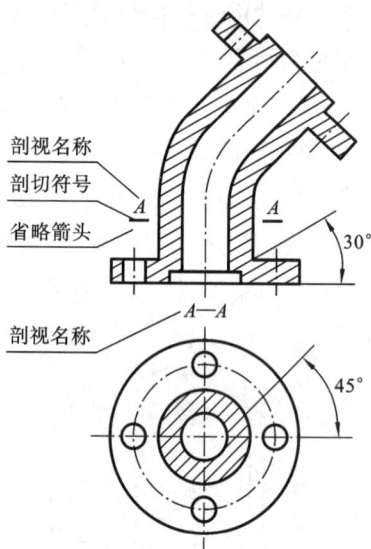

图 1-3-10　30°或 60°剖面线的画法

（2）当需要在剖面区域中表示物体的材料类别时，应根据国家标准《机械制图　剖面区域的表示法》（GB/T 4457.5—2013）的规定绘制。常用的剖面符号如表 1-3-1 所示。由表 1-3-1 可见，金属材料的剖面符号与通用剖面线一致。剖面符号仅表示材料的类别，材料的名称和代号需在机械图样中另行注明。

3）剖视图的标注

为了便于看图，在画剖视图时，应将剖切位置、剖切后的投射方向和剖视图名称标注在相应的视图上。标注的内容有以下三项。

表 1-3-1　剖面符号(摘自 GB/T 4457.5—2013)

材料类别	剖面符号	材料类别	剖面符号	材料类别	剖面符号
金属材料(已有规定剖面符号者除外)	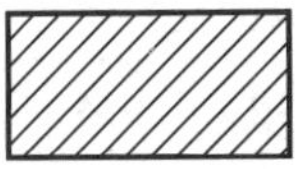	非金属材料(已有规定剖面符号者除外)	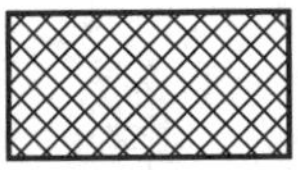	线圈绕组元件	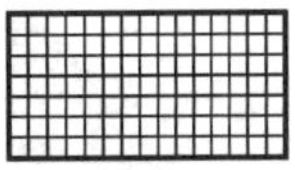
型砂、填砂、粉末冶金、砂轮、陶瓷刀片、硬质合金刀片等	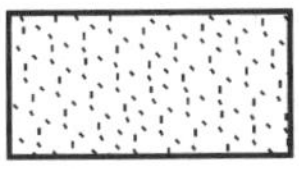	液体	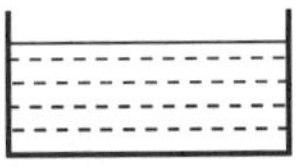	木材纵断面	
转子、电枢、变压器和电抗器等的叠钢片	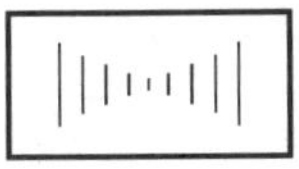	玻璃及供观察用的其他透明材料	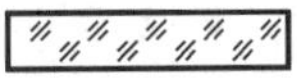	木材横断面	

(1) 剖切符号:指示剖切面的起、迄和转折位置的符号(线长 5~8 mm 的粗实线),并尽可能不与图形的轮廓线相交。

(2) 投射方向:在剖切符号的两端外侧,用箭头指明剖切后的投射方向。

(3) 剖视图的名称:在剖视图的上方用大写拉丁字母标注剖视图的名称"X—X",并在剖切符号的一侧注上同样的字母。

4) 省略或简化标注的条件

在下列情况下,可省略或简化标注。

(1) 当单一剖切面通过物体的对称面或基本对称面,且剖视图按投影关系配置,中间又没有其他图形隔开时,可以省略标注,如图 1-3-8(c)、图 1-3-10 中的主视图所示。

(2) 当剖视图按投影关系配置,中间又没有其他图形隔开时,可以省略箭头,如图 1-3-10 所示。

2. 画剖视图时应注意的问题

(1) 因为剖视图是物体被剖切后剩余部分的完整投影,所以,凡是剖切面后面的可见轮廓线应全部画出,不得遗漏,如表 1-3-2 所示。

表 1-3-2　剖视图中漏画线的示例

轴测剖图	正确画法	漏线示例
	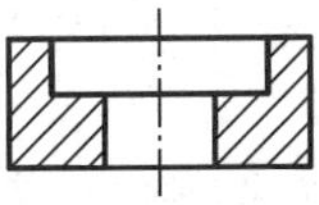	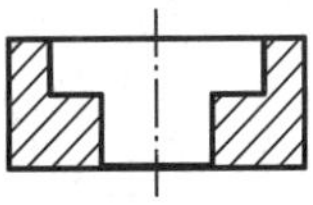

轴测剖图	正确画法	漏线示例

（2）在剖视图中，表示物体不可见部分的细虚线，一般情况下省略不画；在其他视图中，若不可见部分已表达清楚，细虚线也可省略不画，如图 1-3-8(c)所示。

（3）剖切面一般应通过物体的对称面、基本对称面或内部孔、槽的轴线，并与投影面平行。如图 1-3-11(b)所示，剖切面通过物体的前后对称面，且平行于正面。

（4）由于剖视图是一种假想画法，并不是真的将物体切去一部分，因此当物体的一个视图画成剖视图后，其他视图应该完整地画出。如图 1-3-11(b)中的俯视图，仍应画成完整的。图 1-3-11(c)中俯视图的画法是错误的。

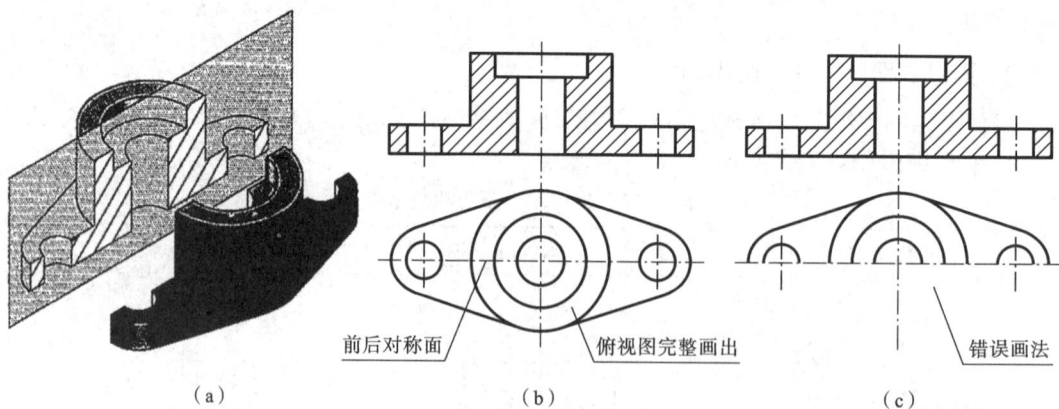

前后对称面　　　俯视图完整画出　　　错误画法

（a）　　　　（b）　　　　（c）

图 1-3-11　用单一剖切面剖切获得的全部视图

3. 剖视图的种类

根据剖开物体的范围，剖视图可以分为全剖视图、半剖视图、局部剖视图和斜剖视图。

国家标准规定,剖切面可以是平面,也可以是曲面;可以是单一的剖切面,也可以是组合的剖切面。绘图时,应根据物体的结构特点,恰当地选用单一剖切面、几个平行的剖切面或几个相交的剖切面(交线垂直于某一投影面),绘制物体的全剖视图、半剖视图或局部剖视图。

1)全剖视图

用剖切面完全地剖开物体所得的剖视图,称为全剖视图,简称全剖视。全剖视主要用于表达外形简单、内部结构比较复杂而又不对称的物体。全剖视的标注规则如前所述。

(1)用单一剖切面获得的全剖视图。

单一剖切面通常指平面或柱面。图 1-3-11(b)为用单一剖切面剖切得到的全剖视图,是最常用的剖切形式。

图 1-3-12 中的"A—A"剖视图,是用单一斜剖切面完全地剖开物体得到的全剖视图,主要用于表达物体上倾斜部分的结构形状。用单一斜剖切面获得的剖视图,一般按投影关系配置,也可将剖视图平移到适当位置。必要时允许将图形旋转配置,但必须标注旋转符号。对此类剖视图必须进行标注,不能省略。

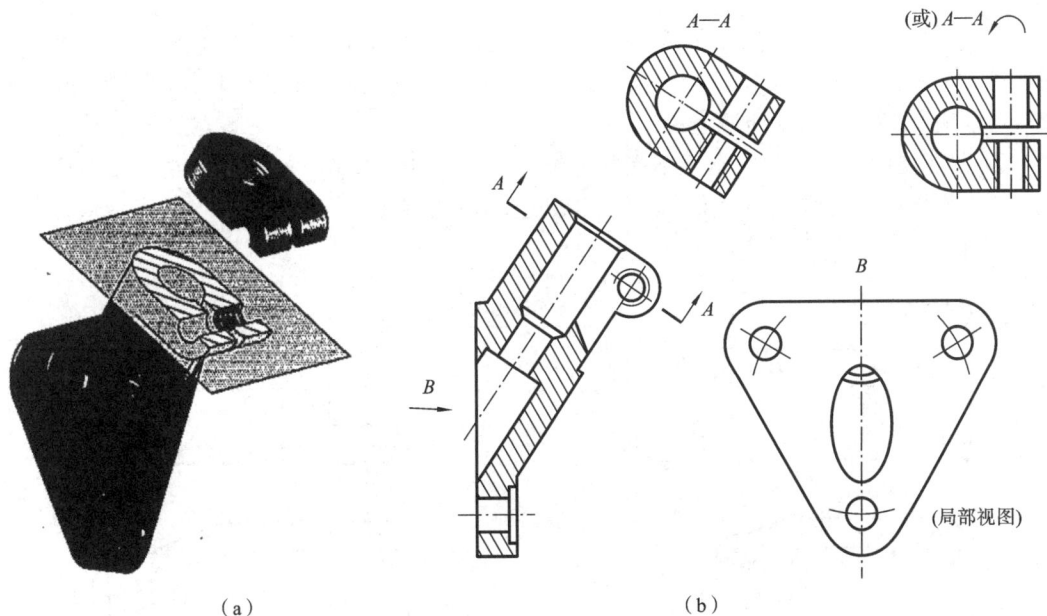

图 1-3-12 用单一斜切面剖切获得的全剖视图

(2)用几个平行的剖切面获得的全剖视图。

当物体有若干不在同一平面上而又需要表达的内部结构时,可采用几个平行的剖切面剖开物体。几个平行的剖切面可能是两个或两个以上,各剖切面的转折处成直角,剖切面必须是某一投影面的平行面。

如图 1-3-13 所示,物体上的三个孔都不在前后对称面上,用一个剖切面不能同时剖到。这时,可用两个相互平行的剖切面分别通过左侧的阶梯孔和前后对称面,再将两个剖切面后面的部分,同时向基本投影面投射,即得到用两个平行平面剖切的全剖视图。

用几个平行的剖切面剖切时,应注意以下两点:

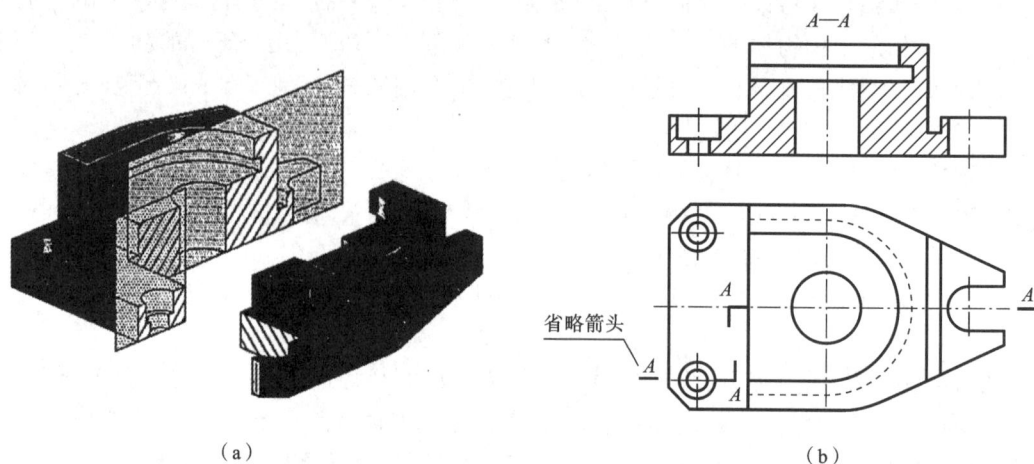

（a）   （b）

图 1-3-13   用两个平行的剖切面获得的全剖视图

① 在剖视图的上方,用大写拉丁字母标注图名"X—X",在剖切面的起、迄和转折处画出剖切符号,并注上相同的字母。当剖视图按投影关系配置,中间又没有其他图形隔开时,允许省略箭头,如图 1-3-13(b)所示。

② 在剖视图中一般不应出现不完整的结构要素,如图 1-3-14(a)所示。在剖视图中不应画出剖切面转折处的界线,且剖切面的转折处也不应与视图中的轮廓线重合,如图1-3-14(b)所示。

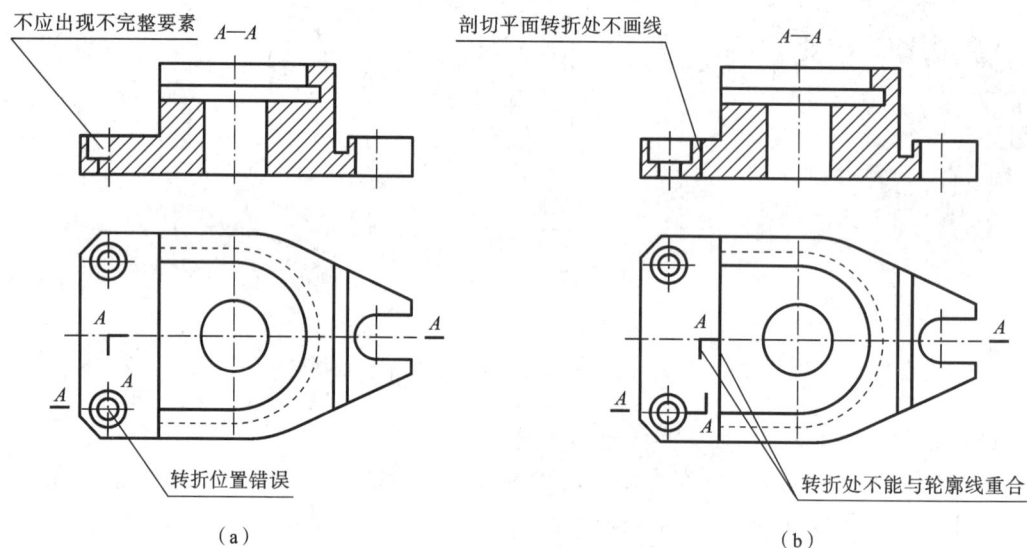

（a）   （b）

图 1-3-14   用几个平行平面剖切时的错误画法

（3）用几个相交的剖切面获得的全剖视图。

当物体上的孔(槽)等结构不在同一平面上但却沿物体的某一回转轴线周向分布时,可采用几个相交于回转轴线的剖切面剖开物体,将剖切面剖开的结构及有关部分,旋转到与选定的投影面平行后,再进行投射。几个相交剖切面(包括平面或柱面)的交线,必须垂直于某一基本投影面。

如图 1-3-15(a)所示,用相交的侧平面和正垂面(其交线垂直于正面)将物体剖切,并将倾斜部分绕轴线旋转到与侧面平行后再向侧面投射,即得到用两个相交平面剖切的全剖视图,如图 1-3-15(b)所示。

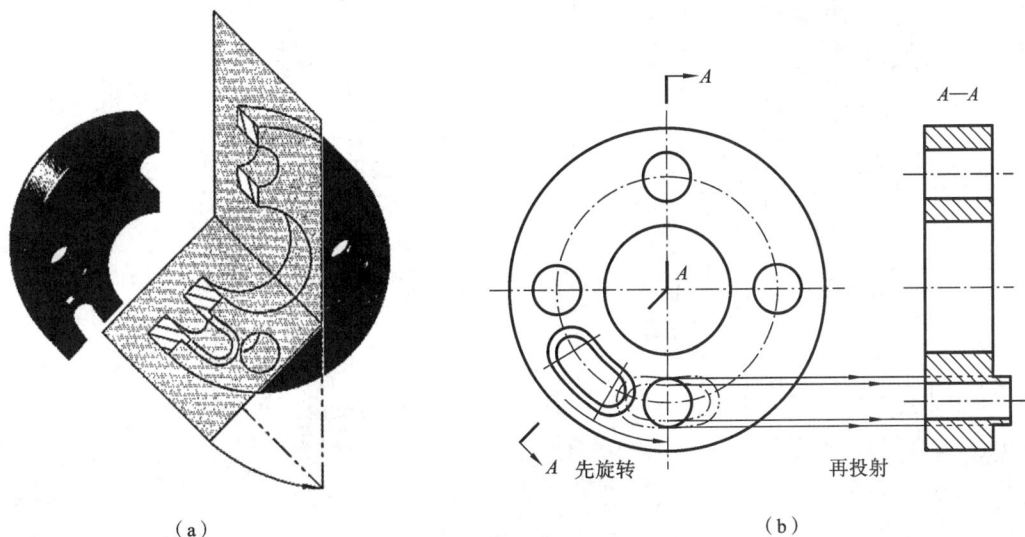

（a）　　　　　　　　　　　　　（b）

图 1-3-15　用两个相交剖切面获得的全剖视图

用几个相交的剖切面剖切时,应注意以下几点。

① 这里强调的是:先切开,再旋转,而不是将要表达的结构先旋转,然后再切开。因此,采用几个相交剖切面剖切时,有些部分的图形往往会伸长,如图 1-3-16(c)所示。

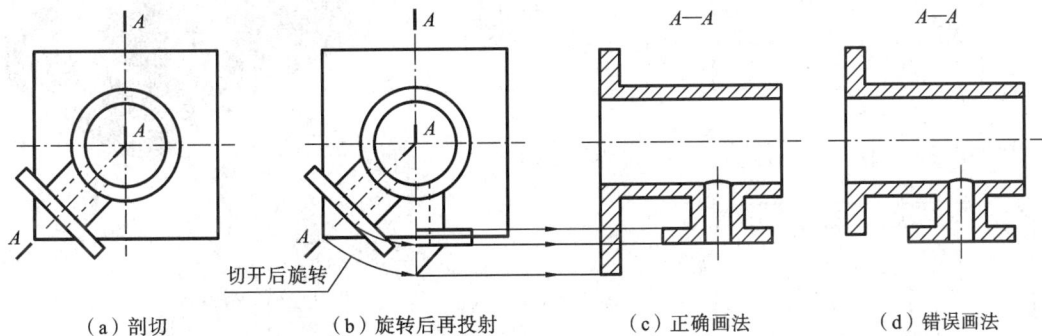

（a）剖切　　　　（b）旋转后再投射　　　　（c）正确画法　　　　（d）错误画法

图 1-3-16　先切开再旋转的画法

② 剖切面后的其他结构,一般仍按原来的位置进行投射,如图 1-3-17 所示。

③ 剖切面的交线应与物体的回转轴线重合。

④ 必须对剖视图进行标注,其标注形式及内容与几个平行平面剖切的剖视图相同。

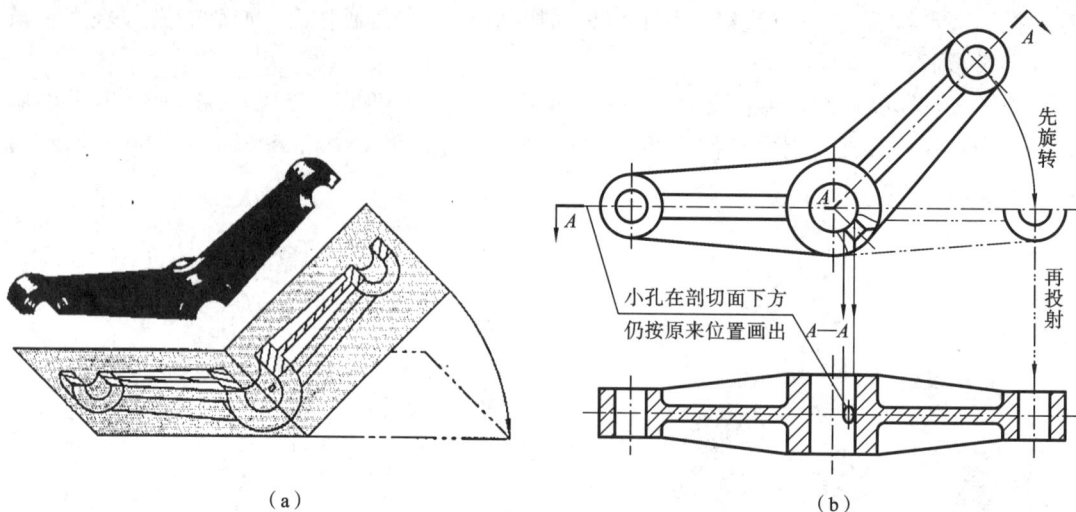

（a）   （b）

图 1-3-17   剖切面后的结构画法

2）半剖视图

当物体具有垂直于投影面的对称平面时,在该投影面上投射所得的图形,可以对称中心线为界,一半画成剖视图,另一半画成视图,这种组合的图形称为半剖视图,简称半剖视,如图1-3-18所示。半剖视图主要用于内、外形状都需要表达的对称物体。画半剖视应注意以下

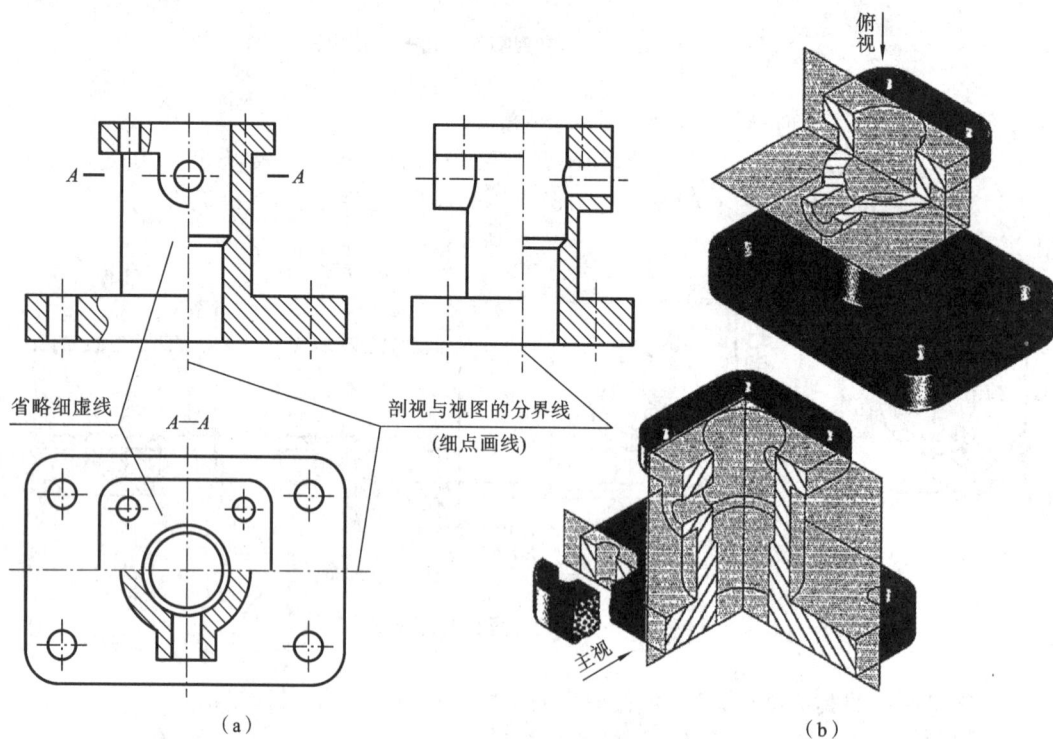

（a）   （b）

图 1-3-18   半剖视图

几点。

（1）视图部分和剖视图部分必须以细点画线为界。在半剖视图中,剖视部分的位置通常按以下原则配置：

① 在主视图中,位于对称中心线的右侧。

② 在俯视图中,位于对称中心线的下方。

③ 在左视图中,位于对称中心线的右侧。

（2）由于物体的内部形状已在半剖视中表达清楚,所以半个视图中的细虚线通常可省略,但对孔、槽等结构需用细点画线表示其中心位置。

（3）对于那些在半剖视中不易表达的部分,可在视图中以局部剖视的方式表达,如图1-3-18(a)中的主视图所示。

（4）半剖视图的标注方法与全剖视的相同。但要注意：剖切符号应画在图形轮廓线以外,如图 1-3-18(a)主视图中的"A—A"所示。

（5）在半剖视图中标注对称结构的尺寸时,由于结构形状未能完整显示,则尺寸线应略超过对称中心线,并只在另一端画出箭头,如图 1-3-19 所示。

（6）当物体基本上对称,且不对称部分已在其他视图中表达清楚时,也可画成半剖视图,如图 1-3-20 所示。

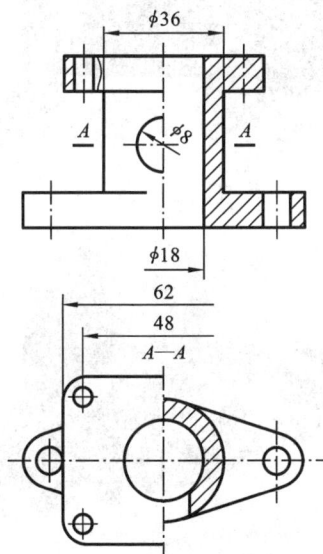

图 1-3-19　半剖视图的标注

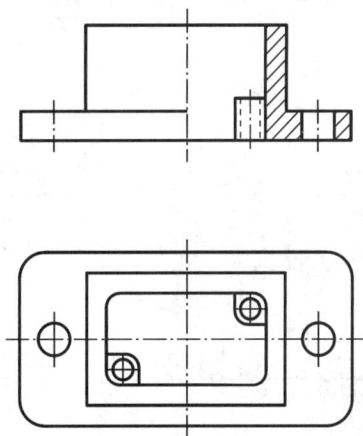

图 1-3-20　基本对称物体的半剖视图

用几个平行的剖切面或几个相交的剖切面也可以获得半剖视图。图 1-3-21 所示的为采用两个平行的剖切面(剖切面平行于正面)获得的半剖视图示例,图 1-3-22 所示的为采用几个相交的剖切面(剖切面的交线垂直于水平面)获得的半剖视图示例。

3）局部剖视图

用剖切面局部地剖开物体所得的剖视图,称为局部剖视图,简称局部剖视。当物体只有局部内形需要表示,而又不宜采用全剖视时,可采用局部剖视表达,如图 1-3-23 所示。

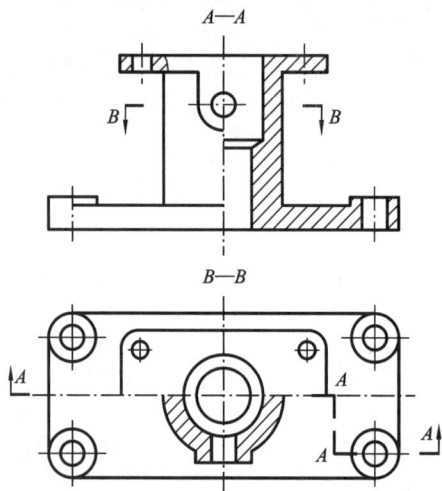

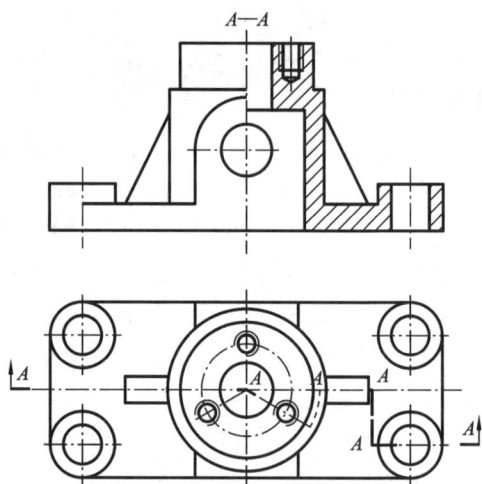

图 1-3-21 用两个平行的剖切面获得的半剖视图　　图 1-3-22 用几个相交的剖切面获得的半剖视图

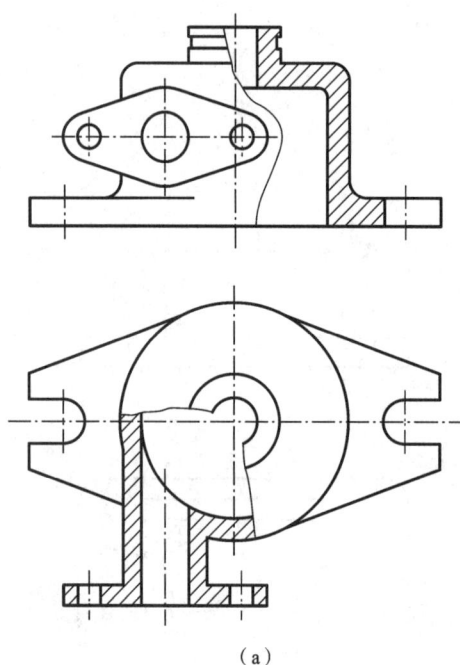

（a）

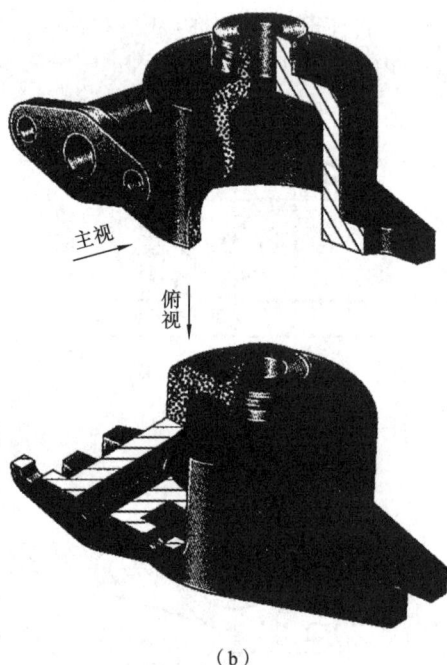

（b）

图 1-3-23 局部剖视图

局部剖视是一种灵活、便捷的表达方法,它的剖切位置和剖切范围,可根据实际需要确定。但在一个视图中,过多地选用局部剖视,会使图形零乱,给看图造成困难。

画局部剖视时应注意以下几点:

(1)当被剖结构为回转体时,允许将该结构的轴线作为局部剖视与视图的分界线,如图1-3-24(a)所示。

(2)当对称物体的内部(或外部)轮廓线与对称中心线重合而不宜采用半剖视时,可采用局部剖视,如图 1-3-24(b)、(c)、(d)所示。

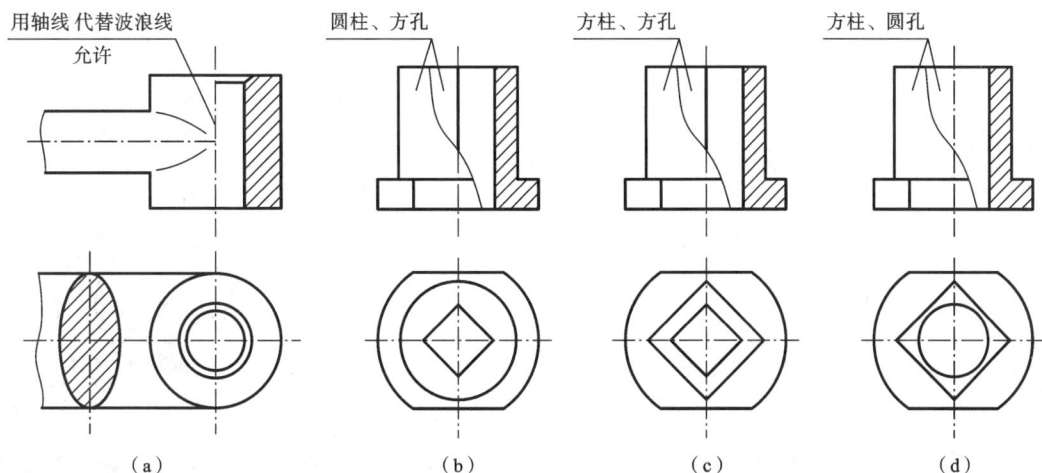

图 1-3-24 局部剖视的特殊情况

(3) 局部剖视的视图部分和剖视部分以波浪线分界。波浪线不能与其他图线重合,如图 1-3-25(a)所示。波浪线要画在物体的实体部分轮廓内,不应超出视图的轮廓线,如图 1-3-25 (b)所示。

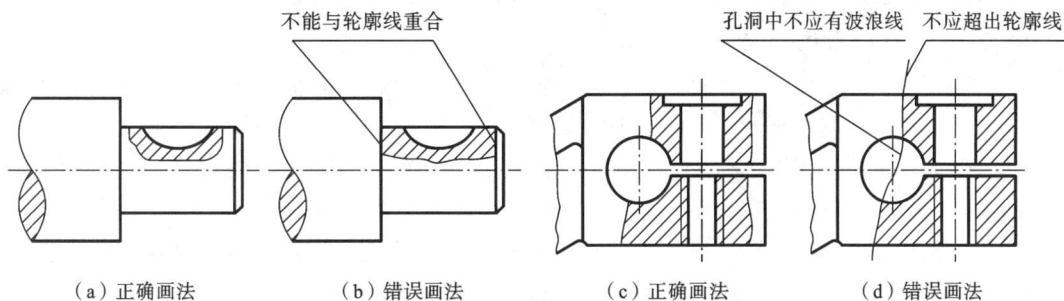

图 1-3-25 波浪线的画法

(4) 对于剖切位置明显的局部剖视,一般不予标注,如图 1-3-23、图 1-3-24 所示。必要时,可按全剖视的标注方法标注。

用几个平行的剖切面或几个相交的剖切面也可以获得局部剖视图。图 1-3-26 所示的为用两个平行的剖切面(其剖切面平行于正面)获得的局部剖视图示例,图 1-3-27 所示的为用两个相交的剖切面(其剖切面的交线垂直水平面)获得的局部剖视图示例。

4) 斜剖视图

斜剖视图是一种特殊的剖视图,它使用不平行于任何基本投影面的剖切面来剖开机件,从而得到的视图。这种视图主要用于表达机件上倾斜部分的真实形状。

(1) 斜剖视图的画法主要包括以下几个步骤。

① 确定剖切面的位置:剖切面应通过倾斜的内部结构的中心线,且垂直于某基本投影面。

② 画出剖切后的剖面区域:选择与某一个基本投影面垂直的辅助平面将机件假想剖开,具体表达参照剖视图的画法。

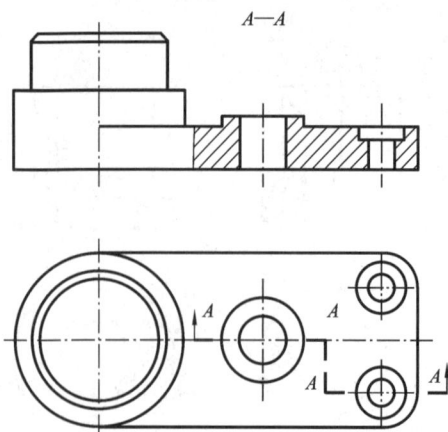

图 1-3-26 用两个平行的剖切面获得
的局部剖视图

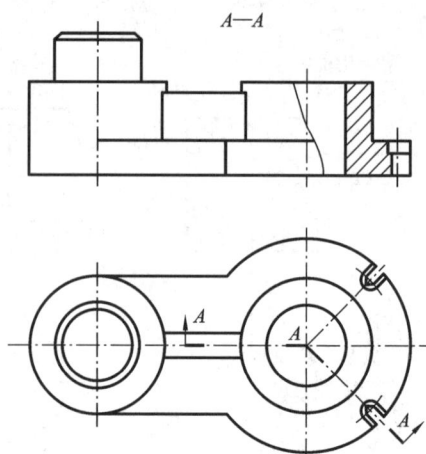

图 1-3-27 用两个相交的剖切面获得
的局部剖视图

③ 画出剖切面后面的可见轮廓线:在剖切面后面,画出可见部分的轮廓线。

④ 在剖面区域内应画上剖面符号:以表示物体的材料,并完成其他视图。

(2) 斜剖视图的标注需要注意以下几点。

① 标注剖视图的名称:一般应在剖视图上方标注剖视图的名称"X—X"(X 为大写拉丁字母或阿拉伯数字,如"A—A")。

② 剖切符号和投射方向:剖切符号尽可能不与图形轮廓线相交。当剖视图按投影关系配置,中间没有其他图形隔开时,可省略箭头。

③ 剖面线的画法:剖面线应用适当角度的细实线,最好与主要轮廓线或剖面区域的对称线成 45°。对于同一物体,各视图中的剖面线应画成方向相同、间隔相等。

(3) 斜剖视图的应用:斜剖视图主要用于表达机件上的倾斜部分,特别是在基本视图中不易表达清楚的倾斜结构。通过斜剖视图,可以更清晰地展示这些倾斜部分的真实形状和尺寸,从而提高读图的准确性和效率。

斜剖视图是一种重要的表达机件内部结构的手段,它的正确画法和标注对于工程制图至关重要。通过斜剖视图,可以更加直观地理解和表达复杂机件的结构特点。

4. 剖视图中的规定画法

(1) 画各种剖视图时,对于物体上的肋板、轮辐及薄壁等结构,若纵向剖切,这些结构都不画剖面符号,而用粗实线将它们与邻接部分分开。

如图 1-3-28 所示,左视图采用全剖视时,剖切面通过中间肋板的纵向对称平面,在肋板的轮廓范围内不画剖面符号,肋板与其他部分的分界处均用粗实线绘出。图 1-3-28 中的"A—A"剖视图,因为剖切面垂直于肋板和支承板(即横向剖切),所以仍要画出剖面符号。

(2) 回转体上均匀分布的肋板、孔等结构不处于剖切面上时,可假想将这些结构旋转到剖切面上画出;对均匀分布的孔,可只画出一个,用对称中心线表示其他孔的位置即可,如图 1-3-29 所示。

(3) 当剖切面通过辐条的基本轴线(即纵向剖切)时,剖视图中辐条部分不画剖面符号,

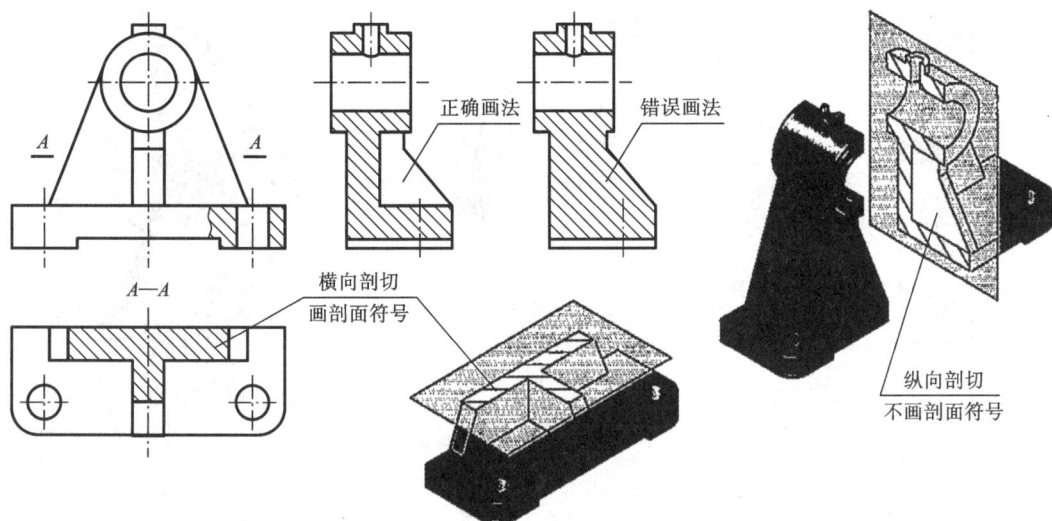

图 1-3-28　剖视图中肋板的画法

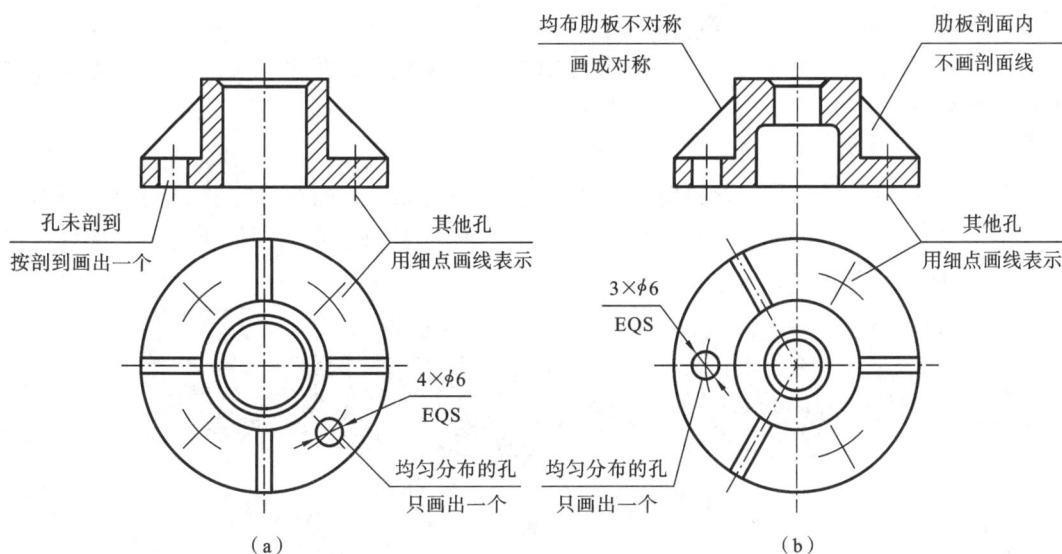

（a）　　　　　　　　　　　　　（b）

图 1-3-29　转体上均布结构的简化画法

且不论辐条数量是奇数还是偶数,在剖视图中都要画成对称的,如图 1-3-30（a）所示。

四、几个剖切面剖切机件——阶梯剖、旋转剖、复合剖的画法、标注和应用

1. 剖切面的种类

根据机件内部结构形状的复杂程度,常需选用不同数量和位置的剖切面来剖开机件,才能把机件的内部形状表达清楚。国家标准规定的剖切面有单一剖切面、几个平行的剖切面、几个相交的剖切面（交线垂直于某一投影面）等三种。

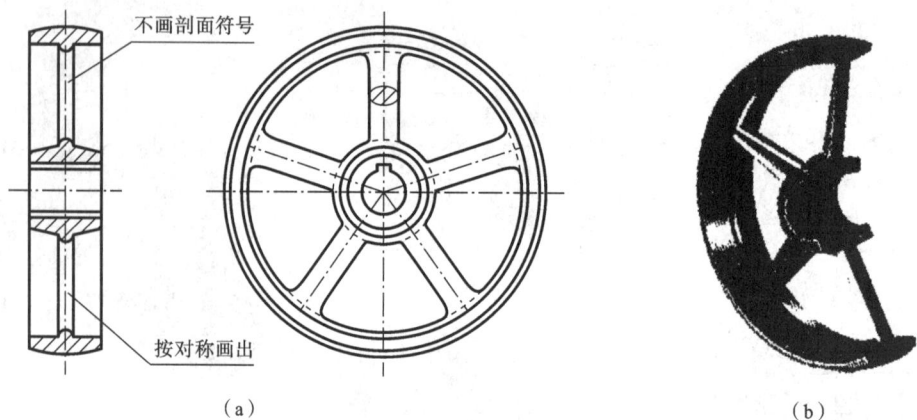

（a）   （b）

图 1-3-30　剖视图中条的画法

2. 单一剖切面

单一剖切面包括平行于基本投影面的单一剖切面和不平行于基本投影面的单一剖切面两种。

（1）平行于基本投影面的单一剖切面。

全剖视图、半剖视图和局部剖视图都是用平行于基本投影面的单一剖切面剖开机件而得到的剖视图。

（2）不平行于基本投影面的单一剖切面。

图 1-3-31(a)所示的是弯管的剖视图和斜视图,绘制用不平行于基本投影面的单一斜剖切面剖切的全剖视图,即图 1-3-31(b)中的 B—B 剖视图,这种剖视图一般应与倾斜部分保持投影关系,但也可配置在其他位置。

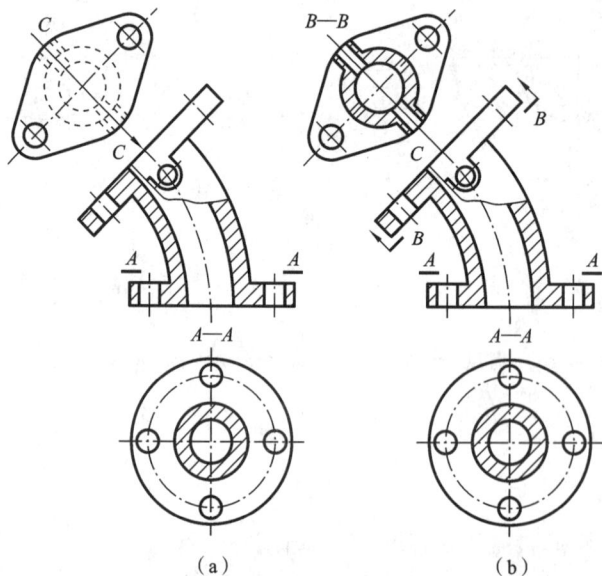

（a）   （b）

图 1-3-31　弯管的剖视图和斜视图

由图 1-3-31(a)可知,该机件的前后凸台上的小孔采用斜视图表达,图中存在大量细虚线,表达不清晰。由于机件的主体是一个弯管,不能用水平面进行剖切,可采用与上端面平行的剖切面进行剖切。这种剖切面称为不平行于基本投影面的剖切面。

用不平行于基本投影面的单一斜剖切面剖切的全剖视图的绘图步骤如表 1-3-3 所示。

表 1-3-3　用不平行于基本投影面的单一斜剖切面剖切的全剖视图的绘图步骤

绘图方法与步骤	图例
1. 画基准线和绘图辅助线	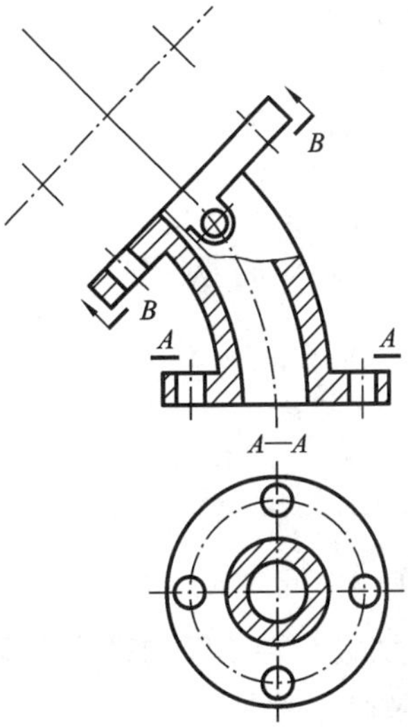
2. 根据斜视图画剖视图的断面形状及其他轮廓线	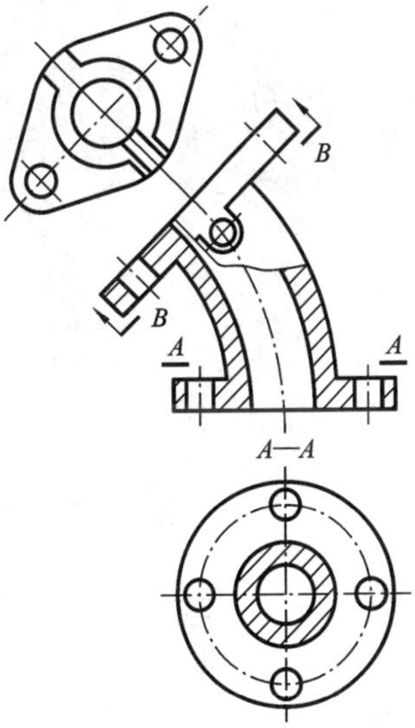

绘图方法与步骤	图例
3. 检查,去掉作图辅助线,加深轮廓线,画上剖面线,对剖视图进行标注完成全图。为了画图方便,可把剖视图转正,标注如右图所示。注意:字母应标注在箭头端	

3. 绘制几个平行的剖切面的全剖视图

当机件上具有几种不同的结构要素(如孔、槽等),而且它们的中心线排列在相互平行的平面上时,宜采用几个平行的剖切面剖切。几个平行的剖切面剖切适用于表达外形较简单、内形较复杂且难以用单一剖切面表达的机件,如图 1-3-32 所示。

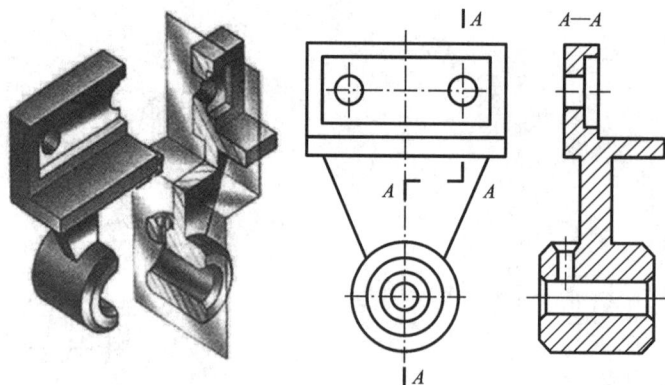

图 1-3-32 用几个平行的剖切面剖切(一)

采用几个平行的剖切面画剖视图时,应注意的问题:

(1) 两个剖切面的转折处必须是直角,且转折处不应画出轮廓线。

(2) 几个平行的剖切面得到的剖视图必须标注,即在剖切面的起讫和转折处,要用相同的字母及剖切符号表示剖切位置,并在起讫外侧画上箭头表示投射方向。在相应的剖视图上用相应字母注出"X—X"表示视图名称。当剖视图按投影关系配置且中间又无其他视图隔开时,可省略箭头,如图 1-3-32 所示。

（3）剖切面的转折处不应与视图中的轮廓线重合,如图 1-3-33(a)所示。

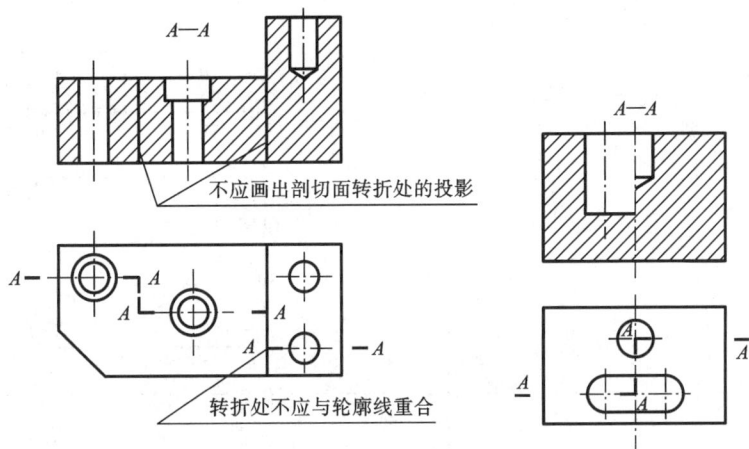

不应画出剖切面转折处的投影

转折处不应与轮廓线重合

图 1-3-33　用几个平行的剖切面剖切(二)

（4）在剖视图中不应出现不完整的结构要素。只有当两个要素在图形上具有对称中心线或轴线时,方可各画一半,如图 1-3-33(b)所示。

如图 1-3-34 所示端盖的两视图,将主视图改画为几个平行的剖切面剖切的全剖视图。该机件的内部结构有两组:一个较大的沉孔和一对较小的沉孔。其轴线不在同一个正平面上,不能用单一的正平面进行剖切,可采用两个相互平行的剖切面进行剖切。如果用正平面作为单一的剖切面在机件的前后对称平面处剖开,则左、右两个小孔不能剖到。若采用两个平行的剖切面将机件剖开,则可同时将机件的大孔、左右两个小孔当中的一个的内部结构表达清楚,如图 1-3-35 所示。

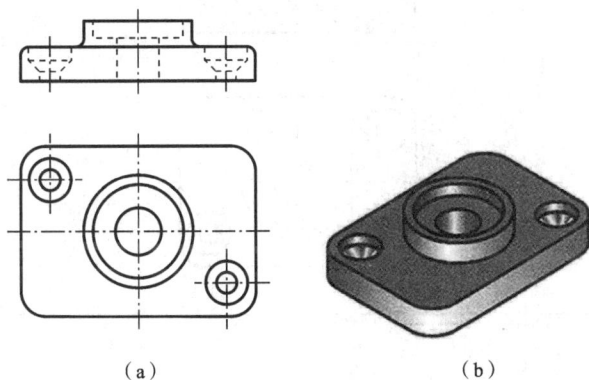

（a）　　　　　　　　　　　（b）

图 1-3-34　端盖的主、俯视图和实体图

图 1-3-35　用几个平行于剖切面
剖切开的端盖实体

几个平行剖切面的剖视图的绘图步骤如表 1-3-4 所示。

表 1-3-4　几个平行剖切面的剖视图的绘图步骤

绘图方法与步骤	图例
1. 先绘制剖切符号和字母（其中箭头可以省略）	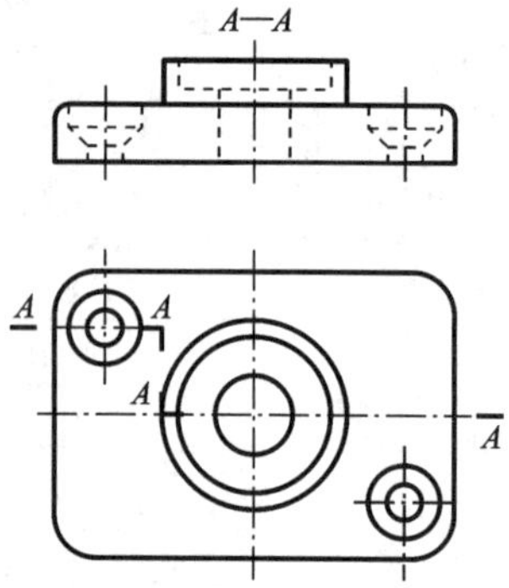
2. 绘制断面图及其他轮廓线。注意转折处不要画线	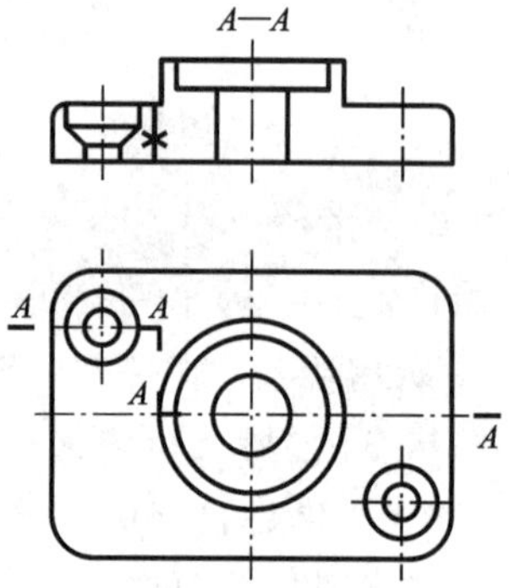
3. 检查，画上剖面线，完成全图	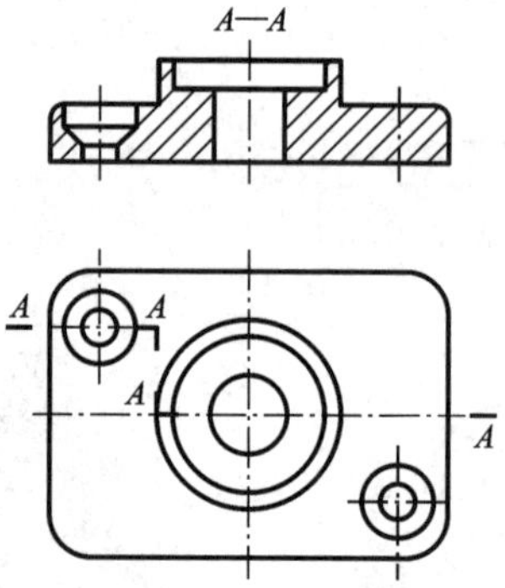

4. 绘制两个相交剖切面的全剖视图

图 1-3-36 为连杆的两视图，将俯视图改画为两个相交剖切面剖切的全剖视图。

由图 1-3-36 可知，该机件的内部结构分布在两个相交的平面上，不能用单一的水平面进行剖切，可考虑采用两相交剖切面进行剖切绘制全剖视图。

当机件的内部结构现状用单一剖切面不能完整表达时，可采用两个（或两个以上）相交的剖切面剖开机件，并将与投影面倾斜的剖切面剖开的结构及有关部分旋转到与投影面平

（a）　　　　　　　　　　　（b）

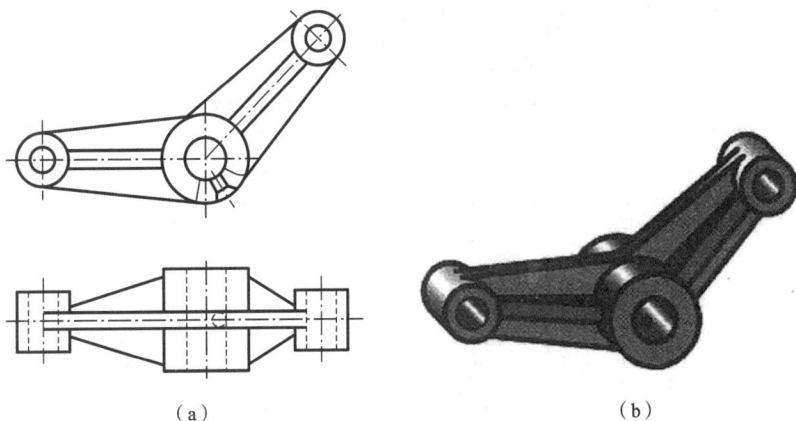

图 1-3-36　连杆的主、俯视图和实体图

行后再进行投射,如图 1-3-37 所示。

　　采用相交的剖切面剖切主要用于表达具有公共旋转轴线的机件内形和盘、轮、盖等机件的成辐射状均匀分布的孔、槽等内部结构。

　　采用几个相交的剖切面画剖视图时,应注意的问题:

　　(1) 相交的剖切面其交线应与机件上旋转轴线重合,并垂直于某一基本投影面,以反映被剖切结构的真实形状。

　　(2) 剖开的倾斜结构及其有关部分应旋转到与选定的投影面平行后再投射画出,但在剖切面后的部分结构仍按原来的位置投射画出,如图 1-3-36 所示连杆的小油孔。

　　(3) 当相交两剖切面剖到机件上的结构出现不完整要素时,这部分结构做不剖处理,如图 1-3-38 所示。

当剖切后产生不完整要素时,应将此部分按不剖绘制

图 1-3-37　两相交的剖切面
剖开连杆实体图

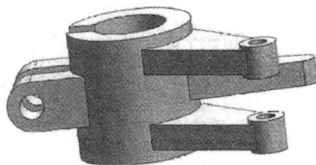

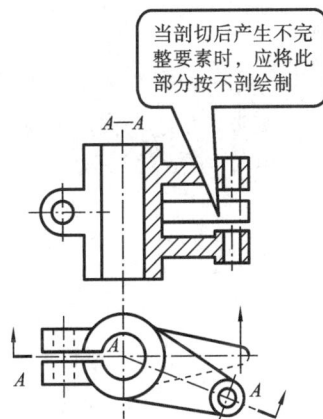

图 1-3-38　相交的剖切面剖切机件

　　(4) 采用相交的剖切面得到的剖视图必须标注,即在剖切面的起讫和转折处,要用相同的字母及剖切符号表示剖切位置,并在起讫外侧画上与剖切符号垂直相连的箭头表示投射方向。在相应的剖视图上方正中位置用相同字母注出"X—X"表示视图名称。当剖视图按投

影关系配置且中间又无其他视图隔开时,可省略箭头。

两个相交剖切面的剖视图的绘图步骤如表 1-3-5 所示。

表 1-3-5 两个相交剖切面的剖视图的绘图步骤

绘图方法与步骤	图例
1. 先进行剖切位置等的标注,注意相交剖切面必须完整标注	
2. 画左半部分水平剖切面剖到的结构	
3. 绘制右半部分倾斜剖切面剖到的部分。注意要将倾斜剖切面剖到的断面及有关部分旋转到与水平投影平行后,再进行投影	
4. 将剖切面后的小孔按原来的位置画出	

绘图方法与步骤	图例
5. 检查,画上剖面线,完成全图	

五、断面图、局部放大图的画法、标注和应用

1. 断面图

断面图主要用于表达物体某一局部的断面形状,如物体上的肋板、轮辐、键槽、小孔,以及各种型材的断面形状等。

根据在图样中位置的不同,断面可分为移出断面图和重合断面图。

1)移出断面图(GB/T 17452—1998、GB/T 4458.6—2002)

假想用剖切面将物体的某处切断,仅画出该剖切面与物体接触部分的图形,称为断面图,简称断面。

断面图实际上就是使剖切面垂直于结构要素的中心线(轴线或主要轮廓线)进行剖切,然后将断面图形旋转90°,使其与纸面重合而得到的。断面图与剖视图的区别在于:断面图仅画出断面的形状,而剖视图除画出断面的形状外,还要画出剖切面后面物体的完整投影,如图 1-3-39(b)所示。

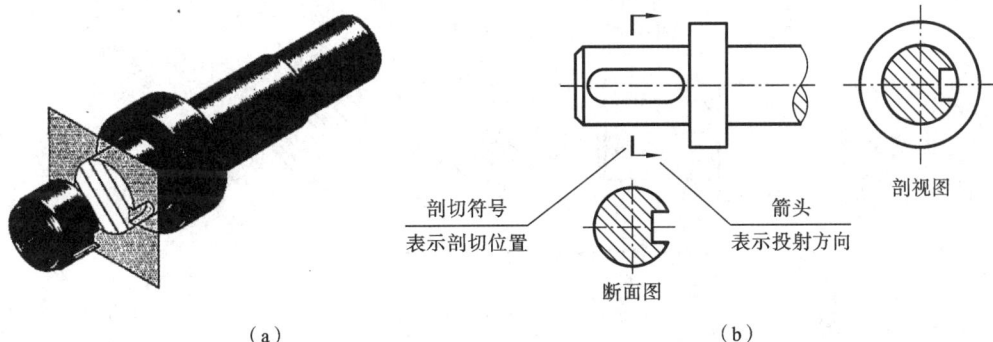

(a)   (b)

图 1-3-39 断面图的获得

画在视图之外的断面图,称为移出断面图,简称移出断面。移出断面的轮廓线用粗实线绘制,如图 1-3-40 所示。

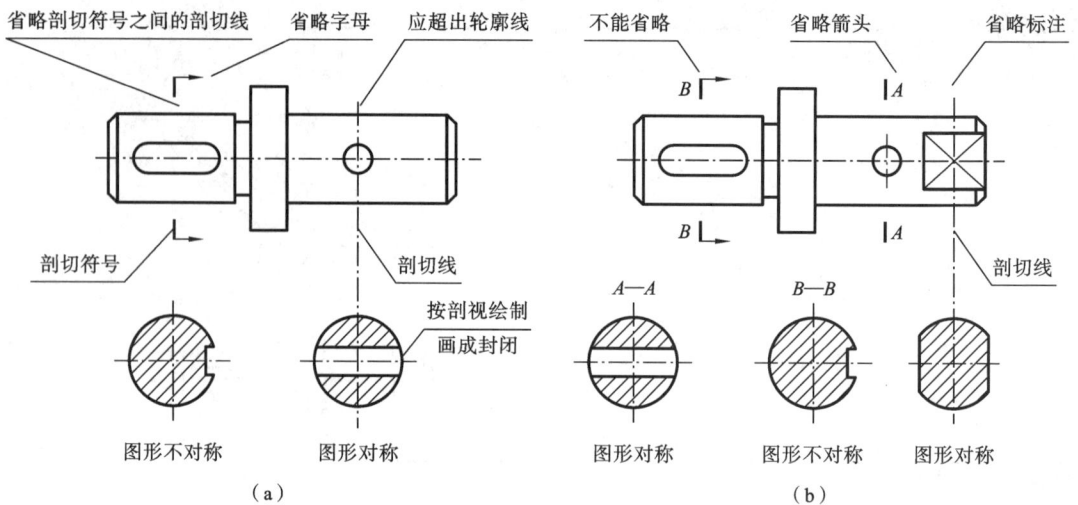

图 1-3-40 移出断面的配置及标注

(1)画移出断面图的注意事项。

① 移出断面应尽量配置在剖切符号或剖切线的延长线上,如图 1-3-40(a)所示;移出断面也可配置在其他适当位置,如图 1-3-40(b)中的"A—A""B—B"断面。

② 当剖切面通过回转而形成的孔(或凹坑)的轴线时,这些结构按剖视图绘制,如图 1-3-41所示。

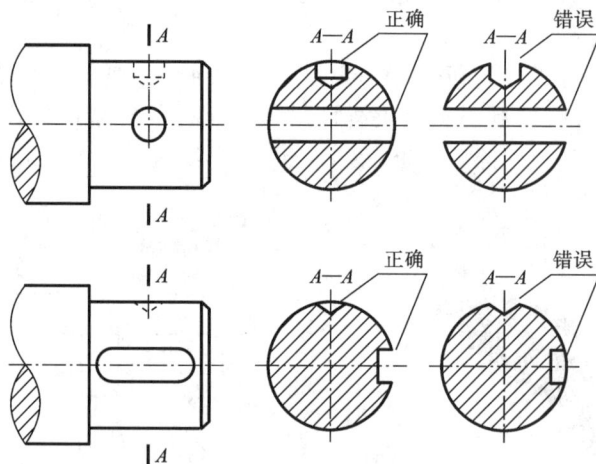

图 1-3-41 带有孔或凹坑的断面图

③ 当剖切面通过非圆孔,会导致出现完全分离的两个断面时,这些结构按剖视图绘制,如图 1-3-42 所示。

④断面图的图形对称时,可画在视图的中断处,如图 1-3-43 所示。当移出断面图是由两个或多个相交的剖切面剖切而形成时,断面图的中间应断开,如图 1-3-44 所示。

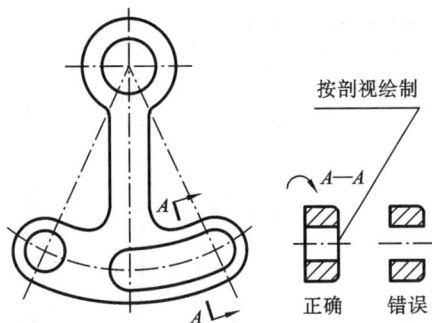

图 1-3-42 按剖视图绘制的移出断面图

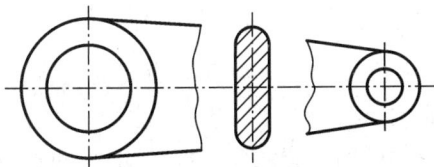

图 1-3-43 画在视图中断处的移出断面图

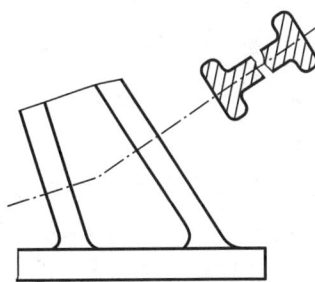

图 1-3-44 断开的移出断面图

（2）移出断面图的标注。

移出断面图的标注形式及内容与剖视图的相同,标注可根据具体情况简化或省略,如表 1-3-6 所示。

表 1-3-6 移出断面的标注

断面类型	断面的位置		
	配置在剖切线或剖切符号的延长线上	不在剖切符号的延长线上	按投影关系配置
对称的移出断面图			

续表

断面类型	断面的位置		
	配置在剖切线或剖切符号的延长线上	不在剖切符号的延长线上	按投影关系配置
不对称的移出断面	省略字母	标注剖切符号、箭头和字母	省略箭头

2) 重合断面图(GB/T 17452—1998、GB/T 4458.6—2002)

画在视图之内的断面图,称为重合断面图,简称重合断面。重合断面图的轮廓线用细实线绘制,如图 1-3-45 所示。画重合断面图应注意以下两点:

(1) 重合断面图与视图中的轮廓线重叠时,视图中的轮廓线应连续画出,不可间断,如图1-3-45(a)所示。

(2) 重合断面图可省略标注,如图 1-3-45 所示。

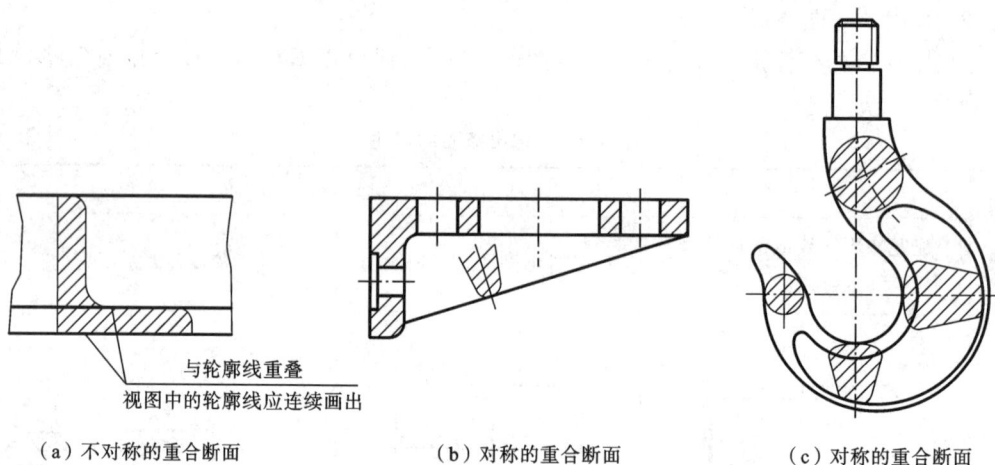

(a) 不对称的重合断面 (b) 对称的重合断面 (c) 对称的重合断面

图 1-3-45 重合断面图

2. 局部放大图和简化画法

1) 局部放大图(GB/T 4458.1—2002)

当物体上的细小结构在视图中表达不清楚,或不便于标注尺寸时,可采用局部放大图。将图样中所表示的物体部分结构,用大于原图形的比例所绘出的图形,称为局部放大图,如图 1-3-46 所示。

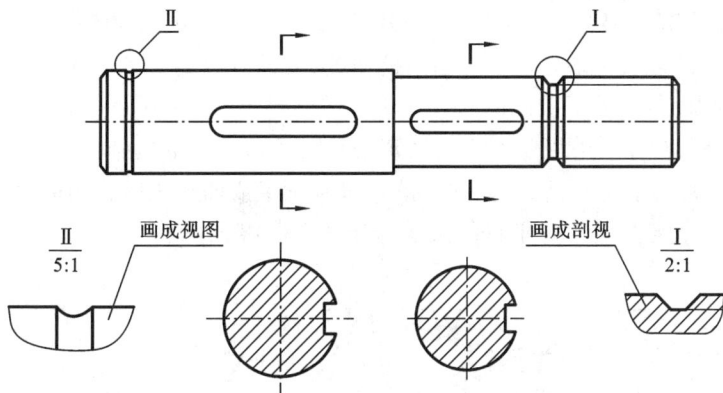

图 1-3-46 局部放大图(一)

局部放大图的比例,是指该图形中物体要素的线性尺寸与实际物体相应要素的线性尺寸之比,与原图形所采用的比例无关。

局部放大图可以画成视图、剖视图和断面图,与被放大部分的原表达方式无关。画局部放大图应注意以下几点:

(1)局部放大图应尽量配置在被放大部位附近,用细实线圈出被放大的部位。当同一物体上有几处被放大的部位时,必须用罗马数字依次标明被放大的部位,并在局部放大图的上方标注相应的罗马数字和所采用的比例,如图 1-3-46 所示。

(2)当物体上只有一处被放大时,在局部放大图的上方只需注明所采用的比例,如图 1-3-47(a)所示。

(3)同一物体上不同部位的局部放大图,其图形相同或对称时,只需画出一个,如图 1-3-47(b)所示。

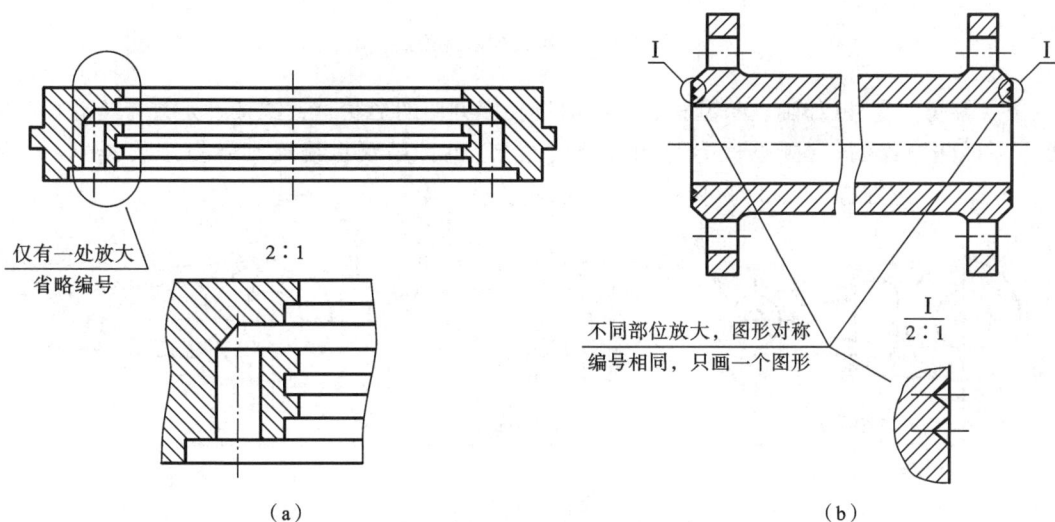

图 1-3-47 局部放大图(二)

2) 简化画法(GB/T 16675.1—2012、GB/T 4458.1—2002)

简化画法是包括规定画法、省略画法、示意画法等在内的图示方法。国家标准《技术制

图 简化表示法 第 1 部分：图样画法》(GB/T 16675.1—2012)和《机械制图 图样画法 视图》(GB/T 4458.1—2002)规定了一系列的简化画法,其目的是减少绘图工作量,提高设计效率及图样的清晰度,满足手工制图和计算机制图的要求,适应国际贸易和技术交流的需要。

(1)规定画法:对标准中规定的某些特定表达对象所采用的特殊图示方法。

① 在不致引起误解时,对称物体的视图可只画一半或四分之一,并在对称中心线的两端画出对称符号(两条与其垂直的平行细实线),如图 1-3-48 所示。

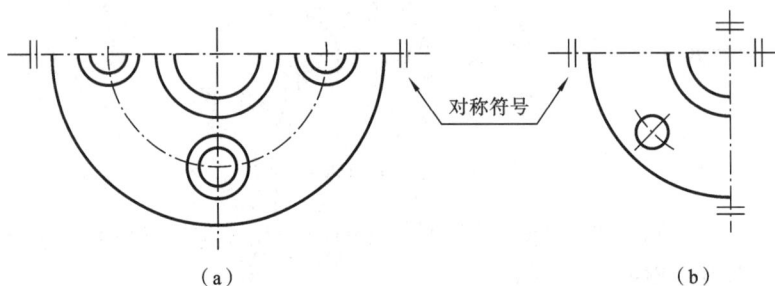

(a) (b)

图 1-3-48 对称物体的规定画法

② 为了避免增加视图或剖视,对回转体上的平面,可用细实线绘出对角线表示,如图 1-3-49所示。

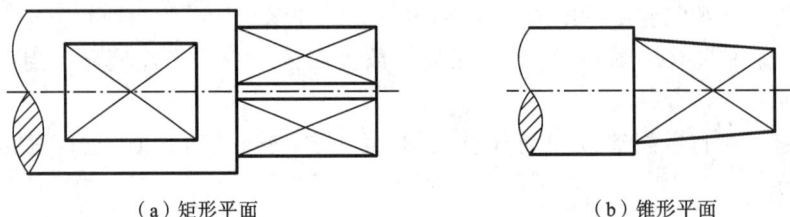

(a)矩形平面 (b)锥形平面

图 1-3-49 平面的规定画法

③ 较长的零件(如轴、杆、型材、连杆等)沿长度方向的形状一致或按一定规律变化时,可断开后(缩短)绘制,其断裂边界可用波浪线绘制,也可用双折线或细双点画线绘制,如图 1-3-50所示。但在标注尺寸时,要标注零件的实长。

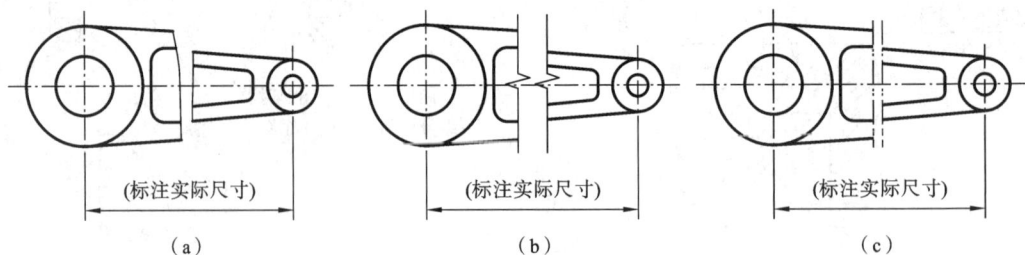

(a) (b) (c)

图 1-3-50 较长零件的规定画法

④ 在需要表示位于剖切面前的结构时,这些结构可假想地用细双点画线绘制,如图 1-3-51所示。

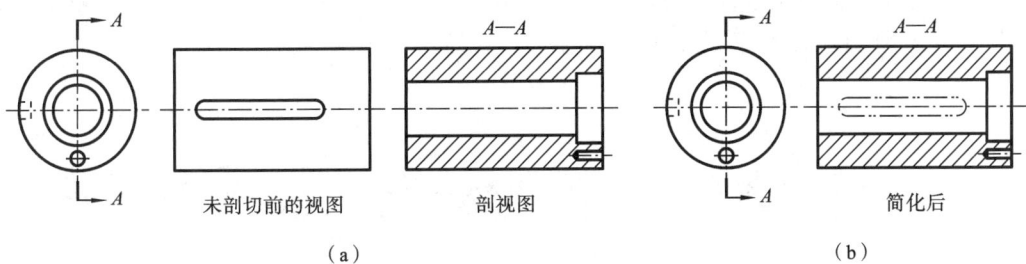

（a） （b）

图 1-3-51 局部视图的规定画法

⑤ 在不致引起误解时，图形中的过渡线、相贯线可以简化，可用圆弧或直线代替非圆曲线，如图 1-3-52(a)、(b)所示；也可以采用模糊画法表示相贯线，如图 1-3-52(c)、(d)所示。

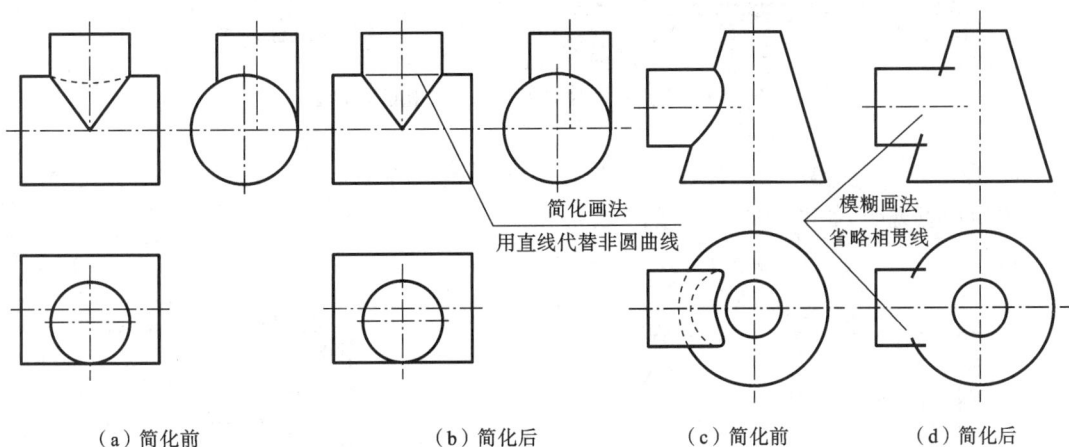

（a）简化前 （b）简化后 （c）简化前 （d）简化后

图 1-3-52 相贯线的简化画法

(2) 省略画法：通过省略重复投影、重复要素、重复图形等达到使图样简化的图示方法。

① 零件中成规律分布的重复结构，允许只绘制出其中一个或几个完整的结构，但需反映其分布情况，并在零件图中注明重复结构的数量和类型。对称的重复结构，用细点画线表示各对称结构要素的位置，如图 1-3-53(a)所示。不对称的重复结构，则用相连的细实线代替，如图 1-3-53(b)所示。

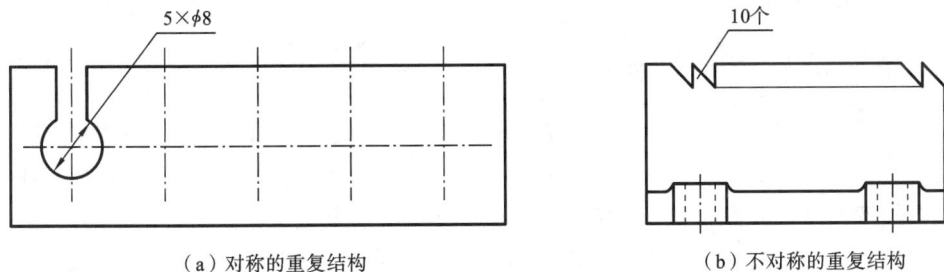

（a）对称的重复结构 （b）不对称的重复结构

图 1-3-53 重复结构的省略画法

② 若干直径相同且成规律分布的孔(如圆孔、螺孔、沉孔等),可以仅画一个或少量几个,其余只需用细点画线表示其中心位置,但在零件图中要注明孔的总数,如图 1-3-54 所示。

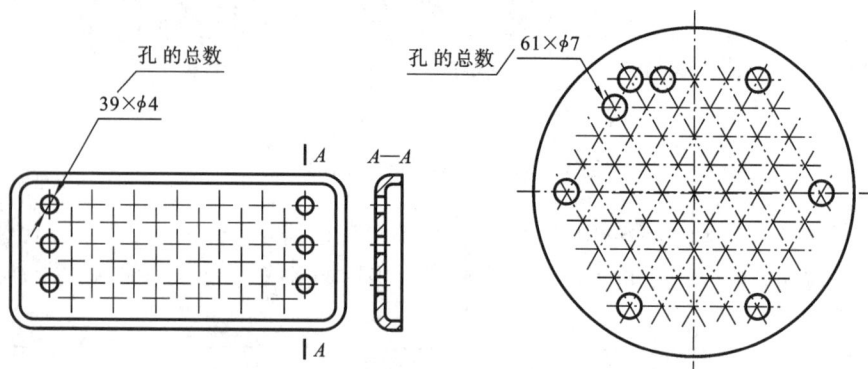

图 1-3-54 直径相同且成规律分布的孔的省略画法

③ 在不致引起误解时,零件图中的小圆角、倒角均可省略不画,但必须注明尺寸或在技术要求中加以说明,如图 1-3-55 所示。

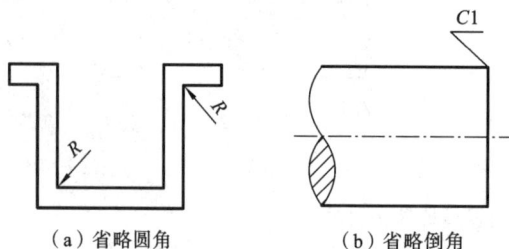

（a）省略圆角　　　　　（b）省略倒角

图 1-3-55　圆角与倒角的省略画法

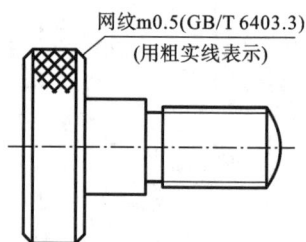

图 1-3-56　滚花示意画法

3) 示意画法

用规定符号和(或)较形象的图线绘制图样的表意性图示方法。

零件上的滚花、槽沟等网状结构,应用粗实线完全或部分地表示出来,并在图中按规定标注,如图 1-3-56 所示。

六、第三角投影方法的画法和应用

国家标准《技术制图　图样画法　视图》(GB/T 17451—1998)规定:"技术图样应采用正投影法绘制,并优先采用第一角画法。"在工程制图领域,世界上多数国家(如中国、英国、法国、德国、俄罗斯等)都采用第一角画法,而美国、日本、加拿大、澳大利亚等国家则采用第三角画法。为了适应日益增多的国际技术交流和协作的需要,应当了解第三角画法。

1. 第三角画法与第一角画法的异同点(GB/T 13361—2012)

如图 1-3-57 所示,用水平和铅垂的两投影面将空间分成四个区域,每个区域为一个分角,分别称为第一分角、第二分角、第三分角和第四分角。

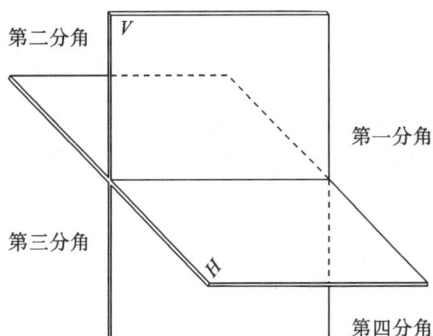

图 1-3-57　四个分角

1）获得投影的方式不同

第一角画法是将物体置于第一分角内,并使其处于观察者与投影面之间而得到正投影的方法(即保持人→物体→投影面的位置关系),如图 1-3-58(a)所示。

第三角画法是将物体置于第三分角内,并使投影面处于观察者与物体之间而得到正投影的方法(假设投影面是透明的,并保持人→投影面→物体的位置关系),如图 1-3-58(b)所示。

与第一角画法类似,采用第三角画法获得的三视图符合多面正投影的投影规律,即主俯视图长对正;主、右视图高平齐;俯、右视图宽相等。

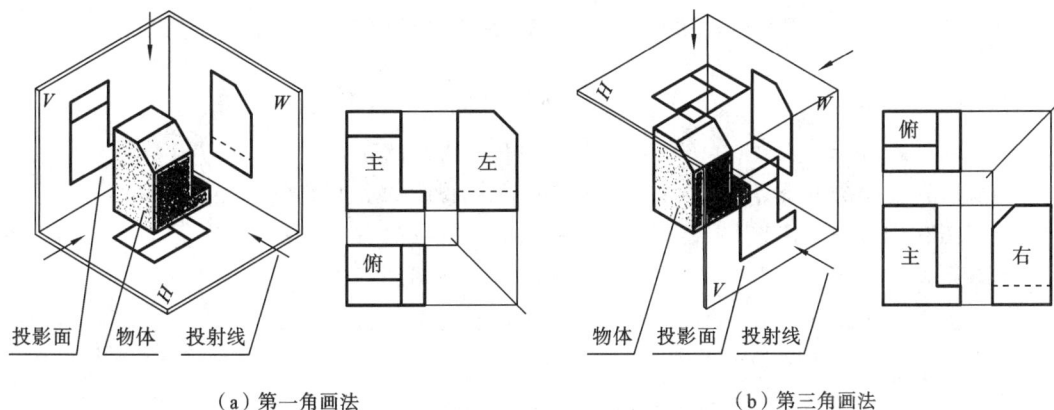

（a）第一角画法　　　　　　　　　　　　（b）第三角画法

图 1-3-58　第一角画法与第三角画法获得投影的方式

2）视图的配置关系不同

第一角画法与第三角画法都是将物体放在六面投影体系当中,向六个基本投影面进行投射,得到六个基本视图,其视图名称相同。由于六个基本投影面展开方式不同,其基本视图的配置关系也不同,如图 1-3-59 所示。

第一角画法与第三角画法各个视图与主视图的配置关系对比如下:

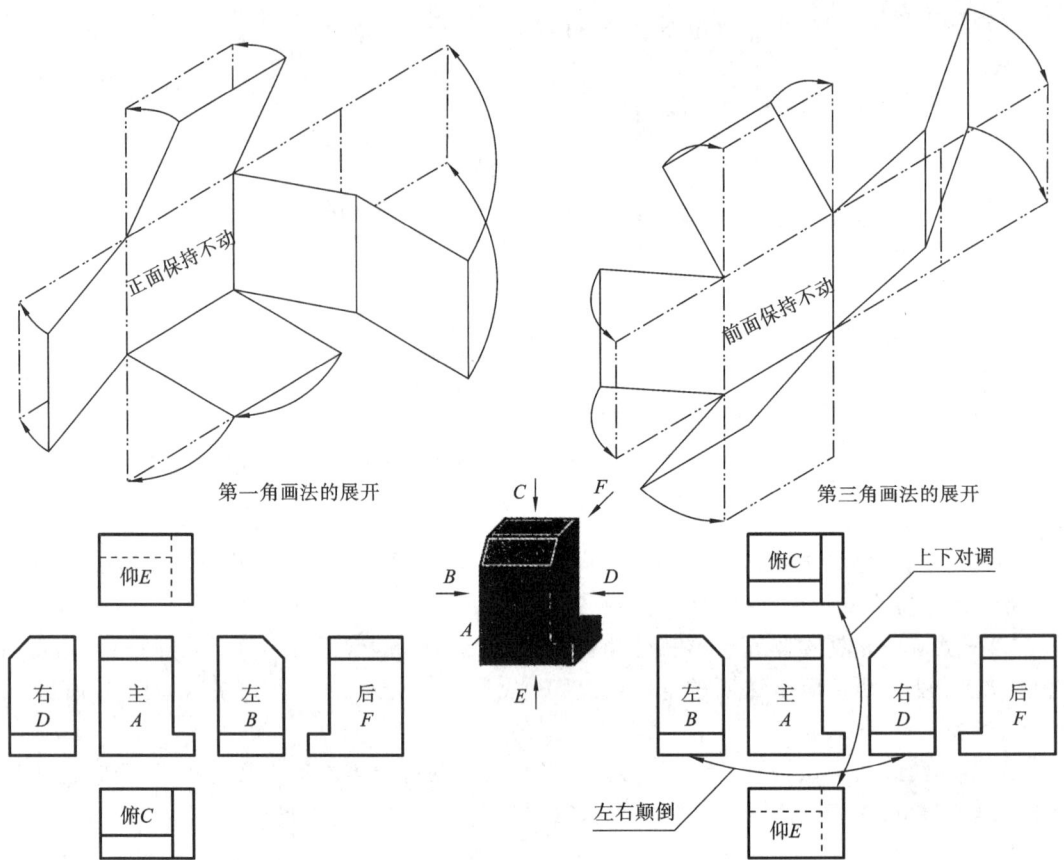

第一角画法的展开　　　　　　　　　第三角画法的展开

图 1-3-59　第一角画法与第三角画法配置关系的对比

第一角画法	第三角画法
左视图在主视图的右方;	左视图在主视图的左方
俯视图在主视图的下方;	俯视图在主视图的上方
右视图在主视图的左方;	右视图在主视图的右方
仰视图在主视图的上方;	仰视图在主视图的下方
后视图在左视图的右方;	后视图在右视图的右方

从上述对比中可以清楚地看到:

第三角画法的主、后视图,与第一角画法的主、后视图一致(没有变化)。

第三角画法的左视图和右视图,与第一角画法的左视图和右视图的位置左右颠倒。

第三角画法的俯视图和仰视图,与第一角画法的俯视图和仰视图的位置上下对调。

由此可见,第三角画法与第一角画法的主要区别是视图的配置关系不同。第三角画法的左视图、俯视图、右视图、仰视图靠近主视图的一边(里边),均表示物体的前面;远离主视图的一边(外边),均表示物体的后面,与第一角画法的"外前、里后"正好相反。

2. 第三角画法与第一角画法的投影识别符号(GB/T 14692—2008)

为了识别第三角画法与第一角画法,国家标准规定了相应的投影识别符号,如图 1-3-60

所示。该符号标在标题栏内(右下角)"名称及符号区"的最下方,如图 1-1-5 所示。

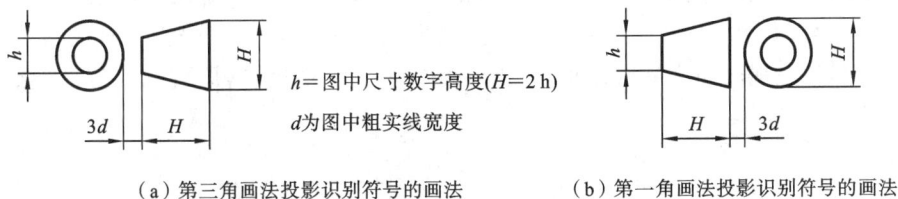

h=图中尺寸数字高度(H=2 h)

d为图中粗实线宽度

（a）第三角画法投影识别符号的画法　　　　（b）第一角画法投影识别符号的画法

图 1-3-60　第三角画法与第一角画法的投影识别符号

采用第一角画法时,在图样中一般不必画出第一角画法的投影识别符号。采用第三角画法时,必须在图样中画出第三角画法的投影识别符号。

3. 第三角画法的特点

第三角画法与第一角画法之间并没有根本的差别,只是各个国家应用的习惯不同而已。

第一角画法的特点和应用读者都比较熟悉,下面仅对第三角画法的特点进行简要介绍。

1) 近侧配置,识读方便

第一角画法的投射顺序是:人→物→图,这符合人们对影子生成原理的认识,易于初学者直观理解和掌握基本视图的投影规律。

第三角画法的投射顺序是:人→图→物,也就是说人们先看到投影图,后看到物体。具体到六个基本视图中,除后视图外,其他所有视图可配置在相邻视图的近侧,这样识读起来比较方便。这是第三角画法的一个特点,特别是在读轴向较长的轴类零件图时,这个特点会更加突出。图 1-3-61(a)所示的为细长轴的第一角画法,因左视图配置在主视图的右边,右视图配置在主视图的左边,在绘制和读图时,需横跨主视图左顾右盼,不甚方便。

图 1-3-61(b)所示的为细长轴的第三角画法,其左视图是从主视图左端看到的形状,配置在主视图的左端,其右视图是从主视图右端看到的形状,配置在主视图的右端,这种近侧配置的特点,给绘图和识读带来了很大方便,可以避免和减少绘图和读图的错误。

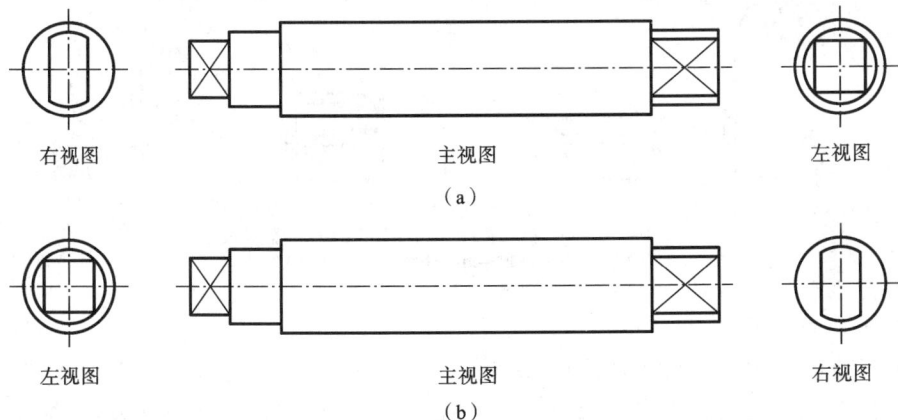

右视图　　　　　　　　　　　主视图　　　　　　　　　　　左视图

（a）

左视图　　　　　　　　　　　主视图　　　　　　　　　　　右视图

（b）

图 1-3-61　第三角画法的特点(一)

2）易于想象空间形状

由物体的二维视图想象出物体的三维空间形状，对初学者来讲往往比较困难。第三角画法的配置特点，易于帮助人们想象物体的空间形状。在图 1-3-62(a)所示的视图中，只要想象将其俯视图和左视图向主视图靠拢，并以各自的边棱为轴反转，即可比较容易地想象出该物体的三维空间形状。

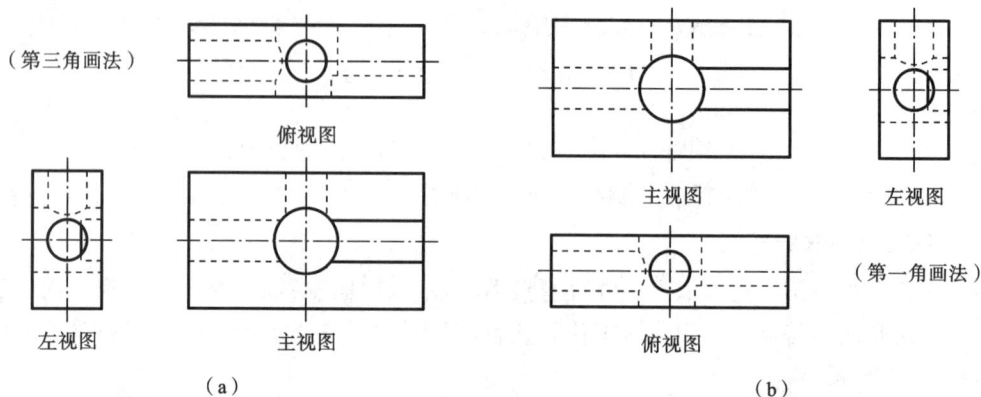

图 1-3-62　第三角画法的特点(二)

3）利于表达物体的细节

在第三角画法中，利用近侧配置的特点，可方便简明地采用各种辅助视图(如局部视图、斜视图等)表达物体的一些细节，在图 1-3-63(a)中，只要将辅助视图配置在适当的位置上，一般不需要加注表示投射方向的箭头。

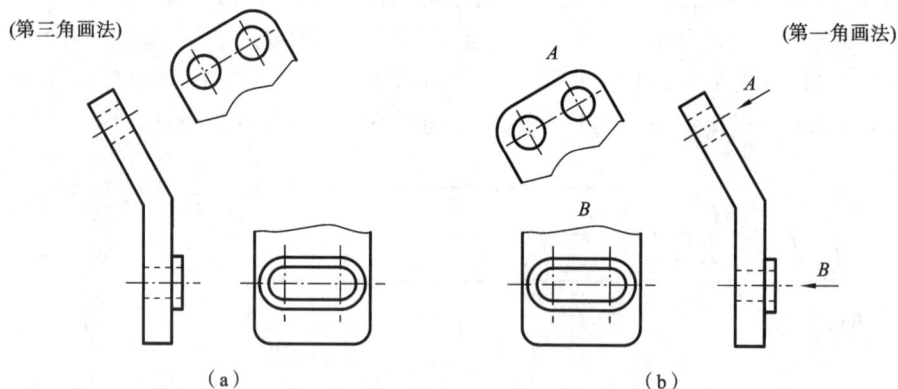

图 1-3-63　第三角画法的特点(三)

4）尺寸标注相对集中

在第三角画法中，由于相邻的两个视图中表示物体同一棱边所处的位置比较近，给集中标注机件上某一完整的要素或结构的尺寸提供了可能。在图 1-3-64(a)中，标注物体上半圆柱开槽(并有小圆柱)处的结构尺寸，比图 1-3-64(b)中的标注相对集中，方便读图和绘图。

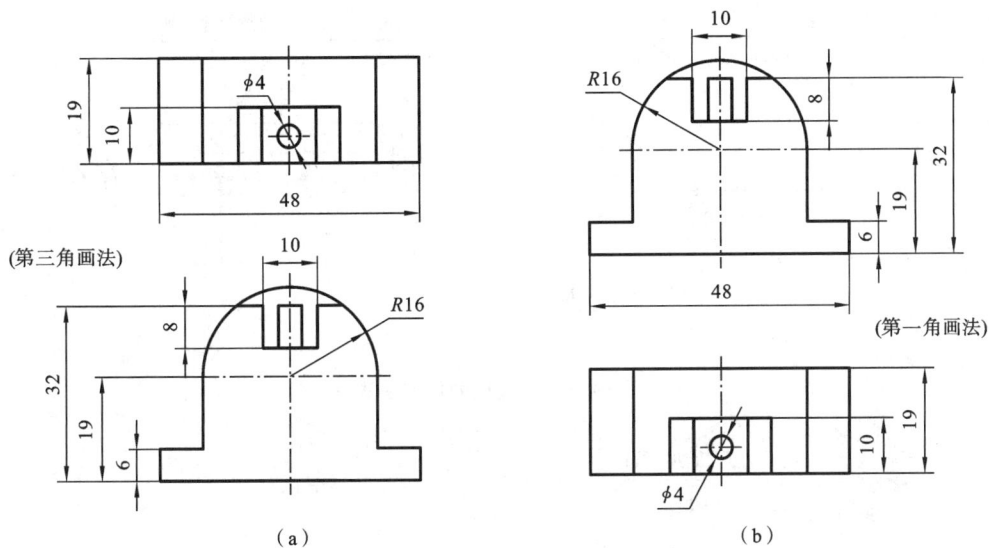

图 1-3-64 第三角画法的特点(四)

第四节 常用件和标准件的画法

一、内、外螺纹和内外螺纹旋合的规定画法、标注及应用

1. 螺纹的规定画法(GB/T 4459.1—1995)

由于螺纹的结构和尺寸已经标准化,为了提高绘图效率,对螺纹的结构与形状可不必按其真实投影画出,只需根据国家标准规定的画法和标记进行绘图和标注即可。

1) 外螺纹的规定画法(GB/T 4459.1—1995)

如图 1-4-1(a)所示,外螺纹牙顶圆的投影用粗实线表示,牙底圆的投影用细实线表示(牙底圆投影通常按 $d_1 = 0.85d$ 的关系绘制),螺杆的倒角或倒圆部分也应画出。在垂直于螺纹轴线的投影面的视图中,表示牙底圆的细实线只画约 3/4 圈(空出约 1/4 圈的位置不作规定)。此时,螺杆或螺纹孔上倒角圆的投影,不应画出。

螺纹终止线用粗实线表示。剖面线必须画到粗实线处,如图 1-4-1(b)所示。

2) 内螺纹的规定画法(GB/T 4459.1—1995)

如图 1-4-2(a)所示,在剖视图或断面图中,内螺纹牙顶圆的投影和螺纹终止线用粗实线表示,牙底圆的投影用细实线表示,剖面线必须画到粗实线为止。在垂直于螺纹轴线的投影面的视图中,表示牙底圆投影的细实线仍画约 3/4 圈,倒角圆的投影仍省略不画。

不可见螺纹的所有图线(轴线除外),均用细虚线绘制,如图 1-4-2(b)所示。

由于钻头的顶角接近 120°,用它钻出的不通孔,底部有个顶角接近 120° 的圆锥面,在图中,其顶角要画成 120°,但不必标注尺寸。绘制不穿通的螺纹孔时,一般应将钻孔深度与螺

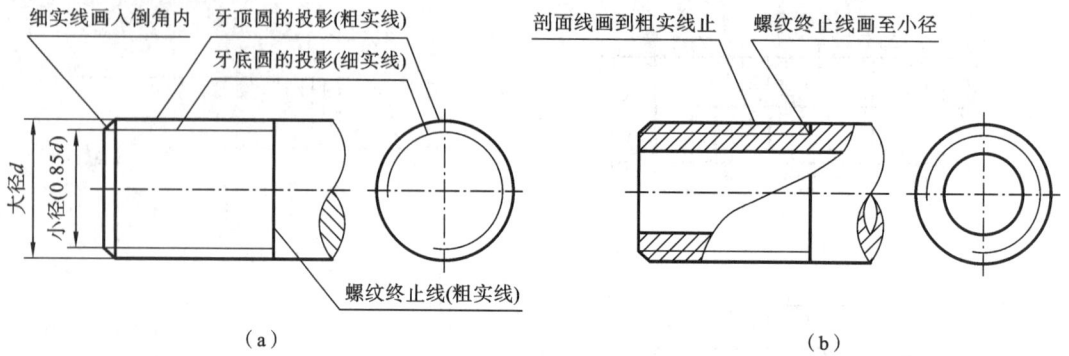

图 1-4-1 外螺纹的规定画法

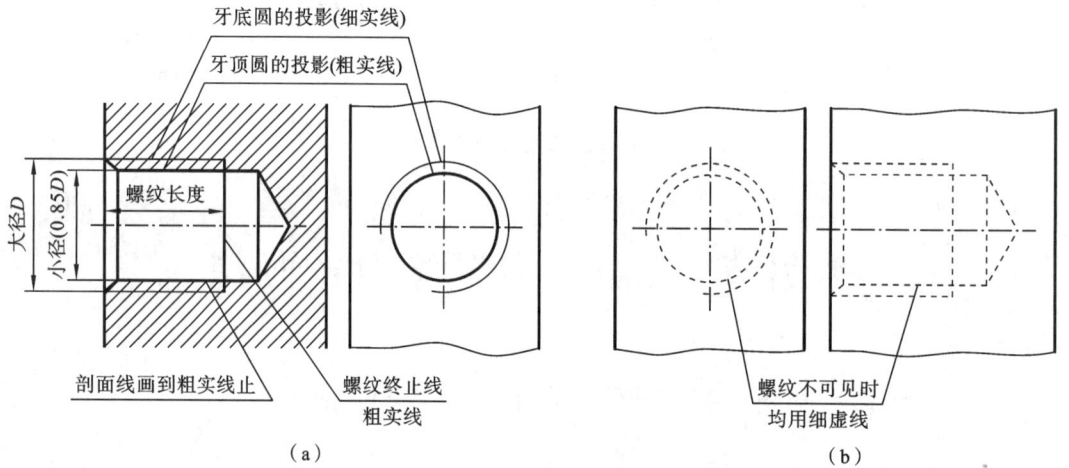

图 1-4-2 内螺纹的规定画法

纹深度分别画出,钻孔深度应比螺纹深度大 $0.5D$(D 为螺纹大径),如图 1-4-3(a)所示。两级钻孔(阶梯孔)的过渡处,也存在 $120°$的部分尖角,作图时要注意画出,如图 1-4-3(b)所示。

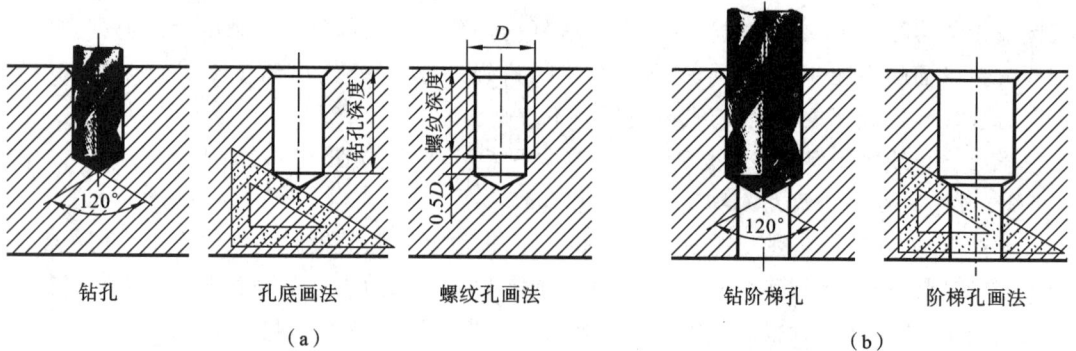

图 1-4-3 钻孔和螺纹孔的规定画法

3）螺纹连接的规定画法

用剖视表示内、外螺纹的连接时，其旋合部分应按外螺纹的画法绘制，其余部分仍按各自的画法表示，如图 1-4-4（a）所示。在端面视图中，若剖切面通过旋合部分时，按外螺纹绘制，如图 1-4-4（b）所示。

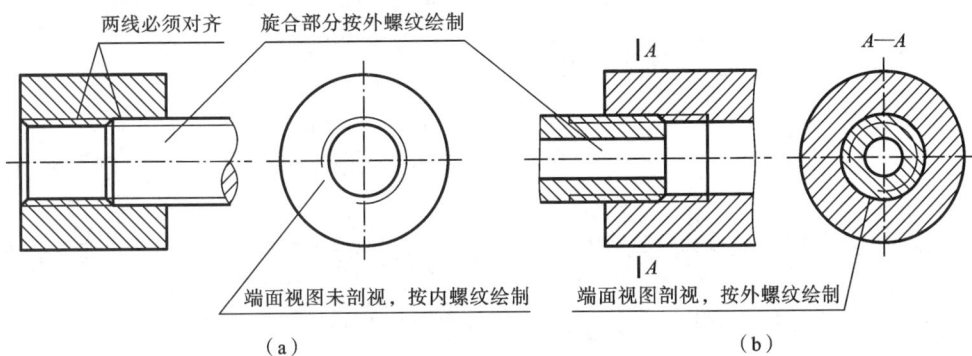

两线必须对齐　旋合部分按外螺纹绘制

端面视图未剖视，按内螺纹绘制　端面视图剖视，按外螺纹绘制

（a）　（b）

图 1-4-4　螺纹连接的规定画法

提示：画螺纹连接时，表示内、外螺纹牙顶圆投影的粗实线，与表示牙底圆投影的细实线应分别对齐。

2. 螺纹的标记及标注

由于螺纹的规定画法不能表示螺纹种类和螺纹要素，因此，绘制螺纹图样时，必须按照国家标准所规定的标记格式和相应代号进行标注。

1）普通螺纹的标记（GB/T 197—2018）

普通螺纹即普通用途的螺纹，单线普通螺纹占大多数，其标记格式如下：

$\boxed{\text{螺纹特征代号}}\boxed{\text{公称直径}}\times\boxed{\text{螺距}}\text{-}\boxed{\text{公差带代号}}\text{-}\boxed{\text{旋合长度代号}}\text{-}\boxed{\text{旋向代号}}$

多线普通螺纹的标记格式如下：

$\boxed{\text{螺纹特征代号}}\boxed{\text{公称直径}}\times\boxed{\text{Ph 导程 P 螺距}}\text{-}\boxed{\text{公差带代号}}\text{-}\boxed{\text{旋合长度代号}}\text{-}\boxed{\text{旋向代号}}$

标记的注写规则如下。

螺纹特征代号：螺纹特征代号为 M。

尺寸代号：公称直径为螺纹大径。单线螺纹的尺寸代号为"公称直径×螺距"，不必注写"P"字样。多线螺纹的尺寸代号为"公称直径×Ph 导程 P 螺距"，需注写"Ph"和"P"字样。粗牙普通螺纹不标注螺距。粗牙螺纹与细牙螺纹的区别如表 1-4-1 所示。

公差带代号：公差带代号由中径公差带代号和顶径公差带（对外螺纹指大径公差带、对内螺纹指小径公差带）代号组成。大写字母代表内螺纹，小写字螺母代表外螺纹。若两组公差带相同，则只写一组（常用的公差带如表 1-4-1 所示）。最常用的中等公差精度螺纹（外螺纹为 6g，内螺纹为 6H）不标注公差带代号。

旋合长度代号：旋合长度分为短（S）、中等（N）、长（L）三种。一般采用中等旋合长度，N省略不注。

表 1-4-1　螺纹

普通螺纹直径、螺距与公差带（摘自 GB/T 193—2003、GB/T 197—2018）（单位：mm）

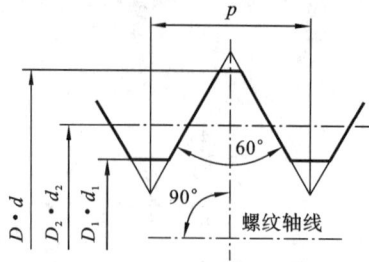

D——内螺纹大径（公称直径）

d——外螺纹大径（公称直径）

D_2——内螺纹中径

d_2——外螺纹中径

D_1——内螺纹小径

d_1——外螺纹小径

P——螺距

标记示例：

M16-6e（粗牙普通外螺纹，公称直径为 16 mm，螺距为 2 mm，中径及大径公差带均为 6e，中等旋合长度，右旋）

M20×2-6G-LH（细牙普通内螺纹，公称直径为 20 mm，螺距为 2 mm，中径及小径公差带均为 6G，中等旋合长度，左旋）

公称直径(D、d)			螺距(P)	
第一系列	第二系列	第三系列	粗牙	细牙
4	—	—	0.7	0.5
5	—	—	0.8	
6	—	—	1	0.75
—	7	—		
8	—	—	1.25	1、0.75
10	—	—	1.5	1.25、1、0.75
12	—	—	1.75	1.25、1
—	14	—	2	1.5、1.25、1
—	—	15	—	1.5、1
16	—	—	2	
—	18	—	2.5	2、1.5、1
20	—	—		
—	22	—		
24	—	—	3	
—	—	25	—	
—	27	—	3	
30	—	—	3.5	(3)、2、1.5、1
—	33	—		(3)、2、1.5
—	—	35	—	1.5
36	—	—	4	3、2、1.5
—	39	—		

续表

螺纹种类	精度	外螺纹的推荐公差带			内螺纹的推荐公差带		
		S	N	L	S	N	L
普通螺纹	精密	(3h4h)	(4g) * 4h	(5g4g) (5h4h)	4H	5H	6H
	中等	(5g6g) (5h6h)	* 6e * 6f * 6g 6H	(7e6e) (7g6g) (7h6h)	(5G) * 5H	* 6G * 6H	(7G) * 7H

注:1. 优先选用第一系列直径,其次选择第二系列直径,最后选择第三系列直径。尽可能地避免选用括号内的螺距。

2. 公差带优先选用顺序为:带 * 的公差带、一般字体公差带、括号内公差带。紧件螺纹采用方框内的公差带。

3. 精度选用原则:精密——用于精密螺纹,中等——用于一般用途螺纹。

旋向代号:左旋螺纹以"LH"表示,右旋螺纹不标注旋向(所有螺纹旋向的标记,均与此相同)。

【例 1-4-1】 解释"M16×Ph3 P1.5-7g6g-L-LH"的含义。

解 表示双线细牙普通外螺纹,大径为 16 mm,导程为 3 mm,螺距为 1.5 mm,中径公差带为 7g,大径公差带为 6g,长旋合长度,左旋。

【例 1-4-2】 解释"M24-7G"的含义。

解 表示粗牙普通内螺纹,大径为 24 mm,查表 1-4-1 确认螺距为 3 mm(省略),中径和小径公差带均为 7G,中等旋合长度(省略 N),右旋(省略旋向代号)。

【例 1-4-3】 已知公称直径为 12 mm,细牙,螺距为 1 mm,中径和小径公差带均为 6H 的单线右旋普通螺纹,试写出其标记。

解 标记为"M12×1"。

【例 1-4-4】 已知公称直径为 12 mm,粗牙,螺距为 1.75 mm,中径和大径公差带均为 6g 的单线右旋普通螺纹,试写出其标记。

解 标记为"M12"。

2) 管螺纹的标记(GB/T 7306.1—2000、GB/T 7306.2—2000、GB/T 7307—2001)

管螺纹是在管子上加工的,主要用于连接管件,故称为管螺纹。管螺纹的数量仅次于普通螺纹,是使用数量较多的螺纹之一。由于管螺纹具有结构简单、装拆方便等优点,所以在造船、机床、汽车、冶金、石油、化工等行业中应用较多。

3) 55°密封管螺纹标记

由于 55°密封管螺纹只有一种公差,GB/T 7306.1—2002、GB/T 7306.2—2000 规定其标记格式如下:

螺纹特征代号	尺寸代号	旋向代号

标记的注写规则如下。

螺纹特征代号:用 R_c 表示圆锥内螺纹,用 R_p 表示圆柱内螺纹,用 R_1 表示与圆柱内螺纹相配合的圆锥外螺纹,用 R_2 表示与圆锥内螺纹相配合的圆锥外螺纹。

尺寸代号:用1/2,3/4,1,1¼,…表示,如表 1-4-2 所示。

表 1-4-2 管螺纹

55°密封管螺纹(摘自 GB/T 7306.1—2000、GB/T 7306.2—2000)	55°非密封管螺纹(摘自 GB/T 7307—2001)
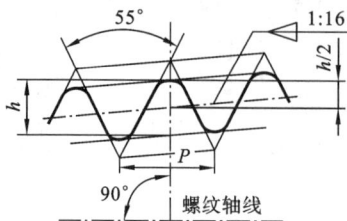	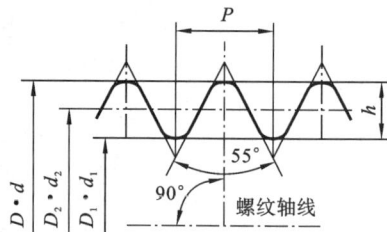

标记示例:

$R_1$1/2(尺寸代号为 1/2,与圆柱内螺纹相配合的右旋圆锥外螺纹)

R_c1/2LH(尺寸代号为 1/2,左旋圆锥内螺纹)

标记示例:

G1/2LH(尺寸代号为 1/2,左旋内螺纹)

G1/2A(尺寸代号为 1/2,A 级右旋外螺纹)

尺寸代号	大径 d、D /mm	中径 d、D_2 /mm	小径 d、D_2 /mm	螺距 P /mm	牙高 h /mm	每 25.4 mm 内的牙数 n
1/4	13.157	12.301	11.445	1.337	0.856	19
3/8	16.662	15.806	14.950			
1/2	20.955	19.793	18.631	1.814	1.162	14
3/4	26.441	25.279	24.117			
1	33.249	31.770	30.291	2.309	1.479	11
$1^{1/4}$	41.910	40.431	38.952			
$1^{1/2}$	47.803	46.324	44.845			
2	59.614	58.135	56.656			
$2^{1/2}$	75.184	73.705	72.226			
3	87.884	86.405	84.926			

旋向代号:与普通螺纹的标记相同。

提示:管螺纹的尺寸代号并非公称直径,也不是管螺纹本身的真实尺寸,而是用该螺纹所在管子的公称通径(单位为 in,1 in=25.4 mm)来表示的。管螺纹的大径、小径及螺距等具体尺寸,只有通过查阅相关的国家标准(见表 1-4-2)才能知道。

【例 1-4-5】 解释"R_c1/2"的含义。

解 表示圆锥内螺纹,尺寸代号为 1/2(查表 1-4-2,其大径为 20.955 mm,螺距为 1.814 mm),右旋(省略旋向代号)。

【例 1-4-6】 解释"$R_p$$1^{1/2}$LH"的含义。

解 表示圆柱内螺纹,尺寸代号为 $1^{1/2}$(查表 1-4-2,其大径为 47.803 mm,螺距为 2.309 mm),左旋。

【例 1-4-7】 解释"$R_2$3/4"的含义。

解 表示与圆锥内螺纹相配合的圆锥外螺纹,尺寸代号为 3/4(查表 1-4-2,其大径为

26.441 mm,螺距为 1.814 mm),右旋(省略旋向代号)。

4) 55°非密封管螺纹标记(GB/T 7307—2001)

规定 55°非密封管螺纹标记格式如下:

$$\boxed{螺纹特征代号}\boxed{尺寸代号}\boxed{螺纹公差等级代号}\text{-}\boxed{旋向代号}$$

标记的注写规则如下。

螺纹特征代号:用 G 表示。

尺寸代号:用 $1/2,3/4,1,1\frac{1}{2},\cdots$ 表示,如表 1-4-2 所示。

螺纹公差等级代号:对外螺纹,分 A、B 两级标记;因为内螺纹公差带只有一种,所以不加标记。

旋向代号:当螺纹为左旋时,在外螺纹的公差等级代号之后加注"-LH";在内螺纹的尺寸代号之后加注"LH"。

【例 1-4-8】　解释"$G1^{1/2}A$"的含义。

解　表示圆柱外螺纹,尺寸代号为 $1^{1/2}$(查表 1-4-2,其大径为 47.803 mm,螺距为 2.309 mm),螺纹公差等级为 A 级,右旋(省略旋向代号)。

【例 1-4-9】　解释"G3/4A-LH"的含义。

解　表示圆柱外螺纹,螺纹公差等级为 A 级,尺寸代号为 3/4(查表 1-4-2,其大径为 26.441 mm,螺距为 1.814 mm),左旋(注:在左旋代号 LH 前加注半字线)。

【例 1-4-10】　解释"G1/2"的含义。

解　表示圆柱内螺纹(未注螺纹公差等级),尺寸代号为 1/2(查表 1-4-2,其大径为 20.955 mm,螺距为 1.814 mm),右旋(省略旋向代号)。

【例 1-4-11】　解释"$G1^{1/2}LH$"的含义。

解　表示圆柱内螺纹(未注螺纹公差等级),尺寸代号为 $1^{1/2}$(查表 1-4-2,其大径为 47.803 mm,螺距为 2.309 mm),左旋(注:在左旋代号 LH 前不加注半字线)。

5) 螺纹的标注方法(GB/T 4459.1—1995)

公称直径以 mm(毫米)为单位的螺纹(如普通螺纹、梯形螺纹等),其标记应直接标注在大径的尺寸线或其引出线上,如图 1-4-5(a)、(b)、(c)所示;管螺纹的标记一律注在引出线上,引出线应由大径处或对称中心处引出,如图 1-4-5(d)、(e)所示。

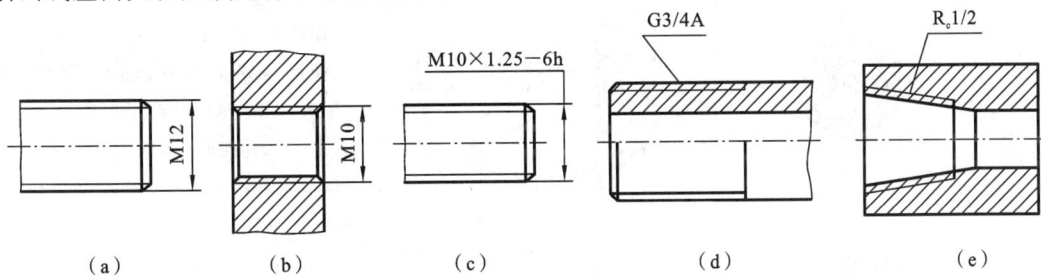

（a）　　　（b）　　　（c）　　　　　（d）　　　　　（e）

图 1-4-5　螺纹的标注方法

二、螺钉、螺母、垫圈、螺栓和螺柱的规定画法、标注及应用

在机器中,零件之间的连接方式可分为可拆卸连接和不可拆卸连接两大类。可拆卸连

接包括螺纹连接、键连接和销连接等；不可拆卸连接包括铆接和焊接等。在机械工程中，可拆卸连接应用较多，它通常是利用连接件将其他零件连接起来。常用的连接件有螺栓、双头螺柱、螺钉、螺母、垫圈、键、销等。这些零件由于应用非常广泛，它们的结构和尺寸已经标准化，即所谓标准件。

1. 螺纹紧固件的标记

螺纹紧固件包括螺栓、螺柱、螺钉、螺母、垫圈等，这些零件都是标准件。国家标准对它们的结构、形式和尺寸都做了规定，并规定了不同的标记方法。只要知道标准件的规定标记，就可以从相关标准中查出它们的结构、形式及全部尺寸。常用螺纹紧固件的标记及示例如表 1-4-3 所示。

表 1-4-3　常用螺纹紧固件的标记及示例

名称	轴测图	画法及规格尺寸	标记示例及说明
六角头螺栓			螺栓 GB/T 5780 M16×100 螺纹规格为 M16、公称长度 $l=$ 100 mm、性能等级为 4.8 级、表面不经处理、产品等级为 C 级的六角头螺栓 注：标准年号省略，下同
双头螺柱			螺柱 GB/T 899 M12×50 两端均为粗牙普通螺纹、$d=12$ mm、$l=50$ mm、性能等级为 4.8 级、不经表面处理、B 型（B 省略不标）、$b_m=1.5d$ 的双头螺柱
螺钉			螺钉 GB/T 68 M8×40 螺纹规格为 M8、公称长度 $l=40$ mm、性能等级为 4.8 级、表面不经处理的 A 级开槽沉头螺钉
六角螺母			螺母 GB/T 41 M16 螺纹规格为 M16、性能等级为 5 级、表面不经处理、产品等级为 C 级的 I 型六角螺母
垫圈			垫圈 GB/T 97.1 16 标准系列、公称规格 16 mm、由钢制造的硬度等级为 200HV 级、不经表面处理、产品等级为 A 级的平垫圈

2. 螺栓连接

螺栓连接是将螺栓的杆身穿过两个被连接零件上的通孔,套上垫圈,再用螺母拧紧,使两个零件连接在一起的一种连接方式,如图1-4-6所示。

为提高画图速度,对连接件的各个尺寸可不按相应的标准数值画出,而是采用近似画法。采用近似画法时,除螺栓长度按 $l_{计} \approx t_1 + t_2 + 1.35d$ 计算后,再查表1-4-4取标准值外,其他各部分尺寸均按与螺栓大径成一定的比例来绘制。螺栓、螺母、垫圈的各部分尺寸比例关系如图1-4-7所示。

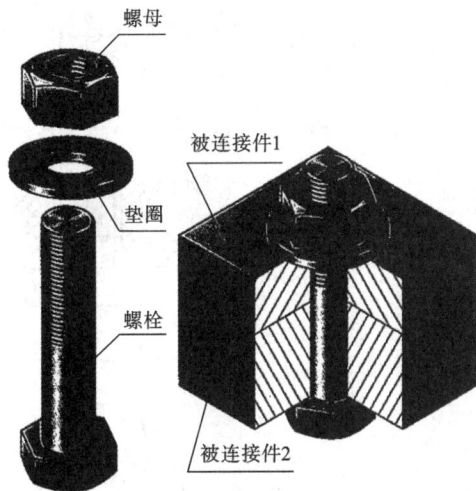

图 1-4-6　螺栓连接

表 1-4-4　六角头螺栓　　　　　　　　　　　　　　　　　　　　　　　单位:mm

六角头螺栓　C级(摘自 GB/T 5780—2016)　　　　　　六角头螺栓　全螺纹　C级(摘自 GB/T 5781—2016)

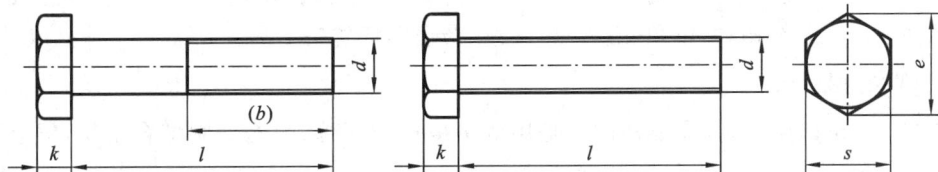

标记示例:

螺栓 GB/T 5780 M20×100(螺纹规格为 M20、公称长度 l＝100 mm、性能等级为 4.8 级、表面不经处理、产品等级为 C 级的六角头螺栓)

螺纹规格 d		M5	M6	M8	M10	M12	M16	M20	M24	M30	M36	M42
$b_{参考}$	$l_{公称} \leqslant 125$	16	18	22	26	30	38	46	54	66	—	—
	$125 < l_{公称} \leqslant 200$	22	24	28	32	36	44	52	60	72	84	96
	$l_{公称} > 200$	35	37	41	45	49	57	65	73	85	97	109
$k_{公称}$		3.5	4.0	5.3	6.4	7.5	10	12.5	15	18.7	22.5	26
s_{max}		8	10	13	16	18	24	30	36	46	55	65
e_{min}		8.63	10.89	14.2	17.59	19.85	26.17	32.95	39.55	50.85	60.79	71.3
l_{am}	GB/T 5780	25~50	30~60	40~80	45~100	55~120	65~160	80~200	100~240	120~300	140~360	180~420
	GB/T 5781	10~50	12~60	16~80	20~100	25~120	30~160	40~200	50~240	60~300	70~360	80~420
$l_{公称}$		10、12、16、20~65(5 进位)、70~160(10 进位)、180、200、220~420(20 进位)										

画图时必须按照《机械制图　螺纹及螺纹紧固件表示法》(GB/T 4459.1—1995)中的规定绘制(见图1-4-7):

(1)在装配图中,当剖切面通过螺杆的轴线时,螺栓、螺柱、螺钉、螺母及垫圈等均按未剖切绘制,即只画外形。

(2)两个零件接触面处只画一条粗实线,不得加粗。凡不接触的表面,不论间隙多小,均应在图上画出间隙。

(3)在剖视中,相互接触的两个零件的剖面线方向应相反,而同一个零件在各剖视中剖面线的倾斜方向和间隔应相同。

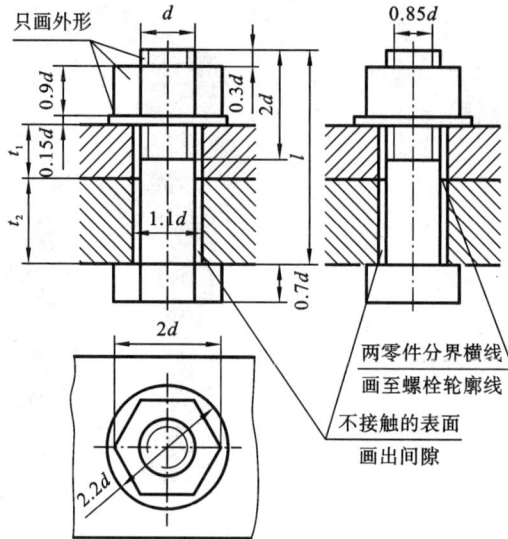

图 1-4-7　栓连接的简化画法

提示:螺纹紧固件应采用简化画法,六角头螺栓和六角螺母的头部曲线可省略不画。螺纹紧固件上的工艺结构,如倒角、退刀槽、缩颈、凸肩等均省略不画。

3. 双头螺柱连接

如图 1-4-8(a)所示,双头螺柱连接是用双头螺柱与螺母、弹簧垫圈配合使用,把上、下两

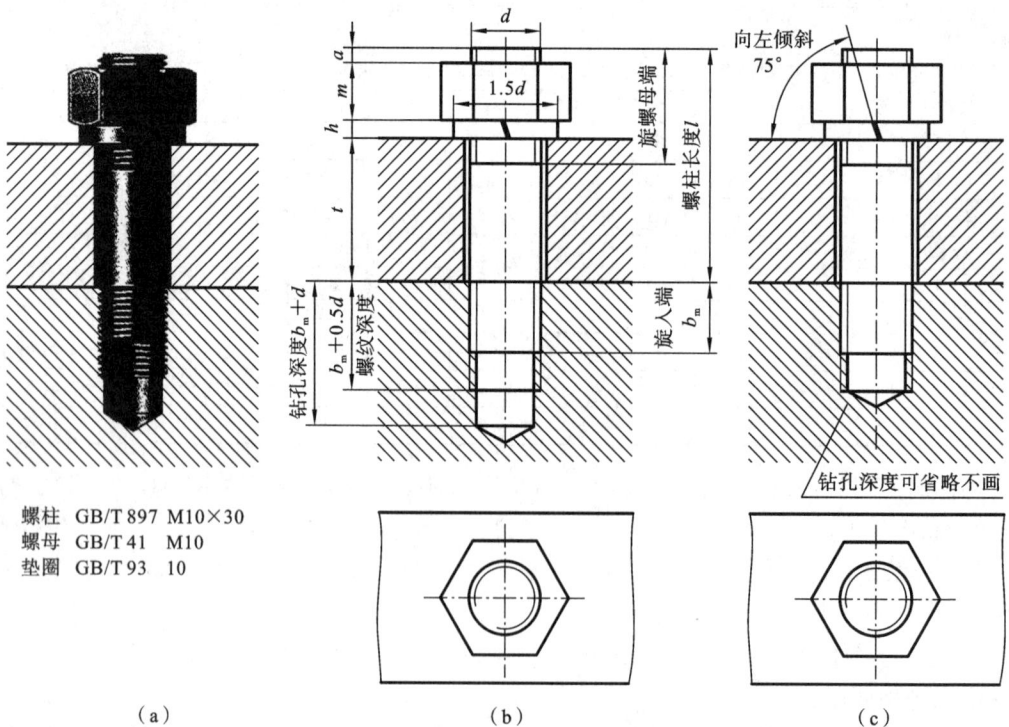

螺柱　GB/T 897　M10×30
螺母　GB/T 41　M10
垫圈　GB/T 93　10

　　　（a）　　　　　　　　　　　　（b）　　　　　　　　　　　　（c）

图 1-4-8　双头螺柱连接及规定画法

个零件连接在一起。双头螺柱的两端都制有螺纹,螺纹较短的一端(旋入端)旋入下部较厚零件的螺纹孔。螺纹较长的另一端(紧固端)穿过上部零件的通孔后,套上垫圈,再用螺母拧紧。双头螺柱连接经常用在被连接零件中有一个由于太厚而不宜钻成通孔的场合。

双头螺柱连接装配图的规定画法如图 1-4-8(b)所示。从图中可知,双头螺柱的规格长度为

$$l=t+h+m+a$$

式中:t 为上部零件的厚度;h 为垫圈厚度;m 为螺母厚度;a 为螺柱伸出螺母的长度,约为 $(0.2\sim0.3)d$。

计算出 l 后,还需从标准长度系列(见表 1-4-5)中选取与其相近的标准值。

绘制双头螺柱连接装配图时应注意以下几点:

(1) 双头螺柱的旋入端长度 b_m 与被旋入零件的材料有关。国家标准按 b_m 的不同,把双头螺柱分成以下三种:

表 1-4-5　双头螺柱

$b_m=1d$(GB/T 897—1988)　　$b_m=1.25d$(GB/T 898—1988)　　$b_m=1.5d$(GB/T 899—1988)
$b_m=2d$(GB/T 900—1988)

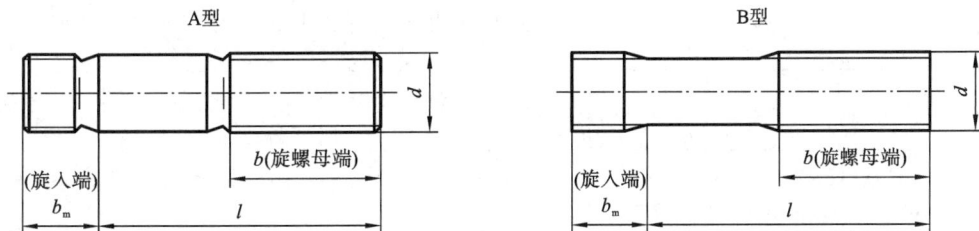

标记示例:

螺柱 GB/T 900 M10×50(两端均为粗牙普通螺纹、$d=10$ mm、$l=50$ mm、性能等级为 4.8 级、不经表面处理、B 型、$b_m=2d$ 的双头螺柱)

螺柱 GB/T 900 AM10-M10×1×50(旋入机体一端为粗牙普通螺纹、旋螺母一端为螺距 $P=1$ mm 的细牙普通螺纹、$d=10$ mm、$l=50$ mm、性能等级为 4.8 级、不经表面处理、A 型、$b_m=2d$ 的双头螺柱)

螺纹规格	b_m(旋入机体端长度)				$\dfrac{l(螺柱长度)}{b(旋螺母端长度)}$			
(d)	GB/T 897	GB/T 898	GB/T 899	GB/T 900				
M4	—	—	6	8	$\dfrac{16\sim22}{8}$	$\dfrac{25\sim40}{14}$		
M5	5	6	8	10	$\dfrac{16\sim22}{10}$	$\dfrac{25\sim50}{16}$		
M6	6	8	10	12	$\dfrac{20\sim22}{10}$	$\dfrac{25\sim30}{14}$	$\dfrac{32\sim75}{18}$	
M8	8	10	12	16	$\dfrac{20\sim22}{12}$	$\dfrac{25\sim30}{16}$	$\dfrac{32\sim90}{22}$	
M10	10	12	15	20	$\dfrac{25\sim28}{14}$	$\dfrac{30\sim38}{16}$	$\dfrac{40\sim120}{26}$	$\dfrac{130}{32}$

续表

螺纹规格 (d)	b_m(旋入机体端长度)				l(螺柱长度) / b(旋螺母端长度)
	GB/T 897	GB/T 898	GB/T 899	GB/T 900	
M12	12	15	18	24	$\dfrac{25\sim30}{16}$ $\dfrac{32\sim40}{20}$ $\dfrac{45\sim120}{30}$ $\dfrac{130\sim180}{36}$
M16	16	20	24	32	$\dfrac{30\sim38}{20}$ $\dfrac{40\sim55}{30}$ $\dfrac{60\sim120}{38}$ $\dfrac{130\sim200}{44}$
M20	20	25	30	40	$\dfrac{35\sim40}{25}$ $\dfrac{45\sim65}{35}$ $\dfrac{70\sim120}{46}$ $\dfrac{130\sim200}{52}$
M24	24	30	36	48	$\dfrac{45\sim50}{30}$ $\dfrac{55\sim75}{45}$ $\dfrac{80\sim120}{54}$ $\dfrac{130\sim200}{60}$
M30	30	38	45	60	$\dfrac{60\sim65}{40}$ $\dfrac{70\sim90}{50}$ $\dfrac{95\sim120}{66}$ $\dfrac{130\sim200}{72}$ $\dfrac{210\sim250}{85}$
M36	36	45	54	72	$\dfrac{65\sim75}{45}$ $\dfrac{80\sim110}{60}$ $\dfrac{120}{78}$ $\dfrac{130\sim200}{84}$ $\dfrac{210\sim300}{97}$
M42	42	52	63	84	$\dfrac{70\sim80}{50}$ $\dfrac{85\sim110}{70}$ $\dfrac{120}{90}$ $\dfrac{130\sim200}{96}$ $\dfrac{210\sim300}{109}$
M48	48	60	72	96	$\dfrac{80\sim90}{60}$ $\dfrac{95\sim110}{80}$ $\dfrac{120}{102}$ $\dfrac{130\sim200}{108}$ $\dfrac{210\sim300}{121}$
$l_{公称}$	12、(14)、16、(18)、20、(22)、25、(28)、30、(32)、35、(38)、40、45、50、(55)、60、(65)、70、(75)、80、(85)、90、(95)、100~260(10 进位)、280、300				

注：1. 尽可能不采用括号内的规格。末端按 GB/T 2—2016 规定。

2. $b_m=1d$，一般用于钢对钢；$b_m=(1.25\sim1.5)d$，一般用于钢对铸铁；$b_m=2d$，一般用于钢对铝合金。

3. $l_{公称}$ 中的 12、14 只适用于 GB/T 899—1988 和 GB/T 900—1988。

① 被旋入零件的材料为钢(或青铜)时，可选用 $b_m=d$(GB/T 897—1988)；

② 被旋入零件的材料为铸铁时，可选用 $b_m=1.25d$(GB/T 898—1988)或 $b_m=1.5d$ (GB/T 899—1988)；

③ 被旋入零件的材料为铝合金时，可选用 $b_m=2d$(GB/T 900—1988)。

(2)双头螺柱的旋入端应画成全部旋入螺纹孔内，即旋入端的纹终止线与两个被连接件的接触面应画成一条线，如图 1-4-8(b)所示。

(3)螺纹孔的螺纹深度应大于双头螺柱旋入端的螺纹长度 b_m，一般螺纹孔的螺纹深度$\approx$ $b_m+0.5d$，而钻孔深度$\approx b_m+d$，如图 1-4-8(b)所示。

(4)在装配图中，不穿通的螺纹孔可采用简化画法，即不画钻孔深度，仅按螺纹孔深度画出，如图 1-4-8(c)所示。

提示：螺纹紧固件使用弹簧垫圈时，弹簧垫圈的开口方向应向左倾斜(与水平线成 75°)，用一条特粗实线(约等于 2 倍粗实线)表示，如图 1-4-8(b)、(c)所示。

4. 螺钉连接

螺钉的种类很多，按其用途可分为连接螺钉和紧定螺钉两类。连接螺钉用以连接两个零件而不需与螺母配用,常用在受力不大和不经常拆卸的地方。这种连接是在较厚的零件上,加工出螺纹孔,而另一被连接件上加工有通孔,将螺钉穿过通孔,与下部零件的螺纹孔相旋合,从而达到连接的目的。图 1-4-9(a)、(b)所示的为开槽沉头螺钉的连接及装配图的规定画法,图 1-4-9(c)、(d)所示的为开槽圆柱头螺钉的连接及装配图画法。

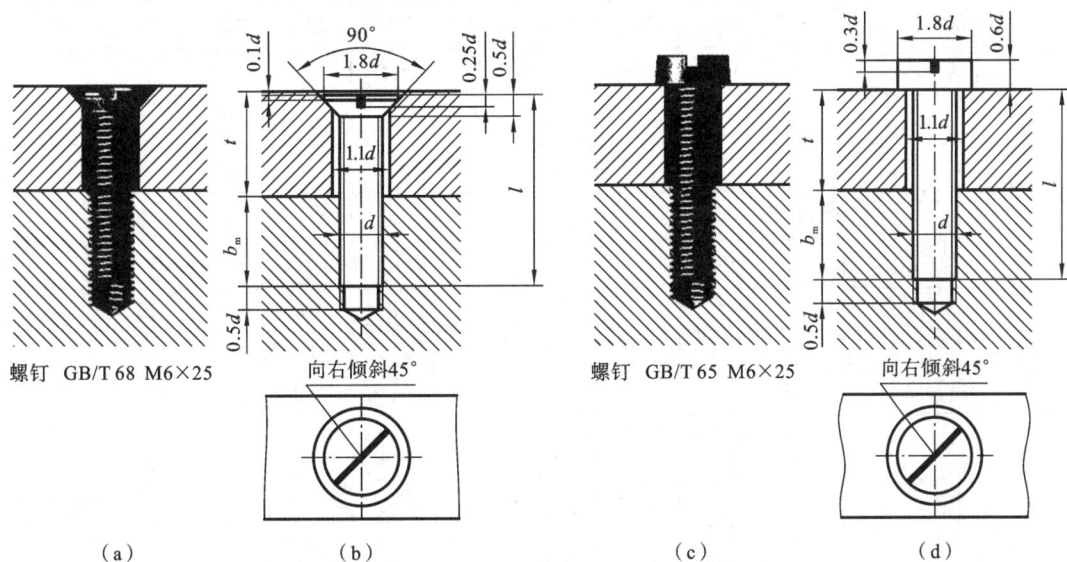

图 1-4-9　螺钉连接及规定画法

螺钉的各部尺寸可由标准(见表 1-4-6)中查得。螺钉旋入螺纹孔的深度与双头螺柱旋入

表 1-4-6　螺钉　　　　　　　　　　　　单位:mm

开槽圆柱头螺钉(GB/T 65—2016)	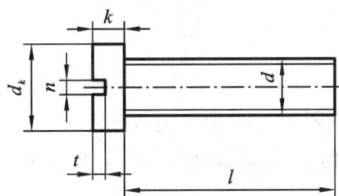
开槽盘头螺钉(GB/T 67—2016)	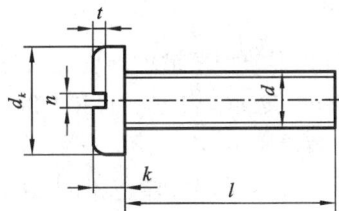
开槽沉头螺钉(GB/T 68—2016)	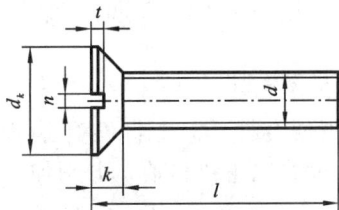

续表

标记示例:

螺钉 GB/T 65 M5×20(螺纹规格为 M5、公称长度 $l=20$ mm、性能等级为 4.8 级、表面不经处理的 A 级开槽圆柱头螺钉)

螺纹规格 d		M1.6	M2	M2.5	M3	(M3.5)	M4	M5	M6	M8	M10
$n_{公称}$		0.4	0.5	0.6	0.8	1	1.2	1.2	1.6	2	2.5
GB/T 65	d_{kmax}	3	3.8	4.5	5.5	6	7	8.5	10	13	16
	k_{max}	1.1	1.4	1.8	2	2.4	2.6	3.3	3.9	5	6
	t_{min}	0.45	0.6	0.7	0.85	1	1.1	1.3	1.6	2	2.4
	$l_{范围}$	2～16	3～20	3～25	4～30	5～35	5～40	6～50	8～60	10～80	12～80
GB/T 67	d_{kmax}	3.2	4	5	5.6	7	8	9.5	12	16	20
	k_{max}	1	1.3	1.5	1.8	2.1	2.4	3	3.6	4.8	6
	t_{min}	0.35	0.5	0.6	0.7	0.8	1	1.2	1.4	1.9	2.4
	$l_{范围}$	2～16	2.5～20	3～25	4～30	5～35	5～40	6～50	8～60	10～80	12～80
GB/T 68	d_{kmax}	3	3.8	4.7	5.5	7.3	8.4	9.3	11.3	15.8	18.3
	k_{max}	1	1.2	1.5	1.65	2.35	2.7	2.7	3.3	4.65	5
	t_{min}	0.32	0.4	0.5	0.6	0.9	1	1.1	1.2	1.8	2
	$l_{范围}$	2.5～16	3～20	4～25	5～30	6～35	6～40	8～50	8～60	10～80	12～80
$l_{系列}$		2、2.5、3、4、5、6、8、10、12、(14)、16、20、25、30、35、40、45、50、(55)、60、(65)、70、(75)、80									

注:1. 尽可能不采用括号内的规格。

2. 商品规格 M1.6～M10。

端的螺纹长度相同,它与被旋入零件的材料有关。开槽沉头螺钉和开槽圆柱头螺钉头部的近似画法,如图 1-4-9(b)、(d)所示。

绘制螺钉连接装配图时应注意以下两点:

(1)主视图上的钻孔深度可省略不画,仅按螺纹深度画出螺纹孔,如图 1-4-9(b)、(d)中的主视图所示。

(2)螺钉头部的一字槽可画成一条特粗实线(其线宽约等于 2 倍粗实线线宽),在俯视图中画成与水平线成 45°、自左下向右上的斜线,如图 1-4-9(b)、(d)中的俯视图所示。

提示:在装配图中,需要绘制螺纹紧固件时,应尽量采用简化画法,既可减少绘图的工作量,又能提高绘图速度,增加图样的明晰度,使图样的重点更加突出。

三、键连接、销连接的规定画法、标注及应用

1. 普通平键连接(GB/T 1096—2003)

如果要把动力通过联轴器、离合器、齿轮、飞轮或带轮等机械零件,传递到安装这个零件的轴上,那么通常在轮孔和轴上分别加工出键槽,把普通平键的一半嵌在轴里,另一半嵌在与轴相配合的零件的毂里,使它们联在一起转动,如图 1-4-10 所示。

　　键连接有多种形式,各有其特点和适用场合。普通平键制造简单,装拆方便,轮与轴的同轴度较好,在各种机械上应用广泛。普通平键有普通 A 型平键(圆头)、普通 B 型平键(平头)和普通 C 型平键(单圆头)三种类型,其形状如图 1-4-11 所示。

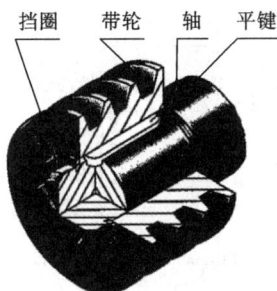

图 1-4-10　键连接

图 1-4-11　普通平键的类型

　　普通平键是标准件。选择平键时,从标准中查取键的截面尺寸 $b \times h$,然后按轮毂宽度 B 选定键长 L,一般 $L = B - (5 \sim 10 \text{ mm})$,并取 L 为标准值。键和键槽的类型、尺寸,如表 1-4-7 所示。

　　键的标记格式如下:

$$\boxed{标准编号}\;\boxed{名称}\;\boxed{类型}\;\boxed{键宽}\times\boxed{键高}\times\boxed{键长}$$

　　标记的省略:因为普通 A 型平键应用较多,所以普通 A 型平键不注"A"。

表 1-4-7　平键及键槽各部分尺寸(摘自 GB/T 1095—2003、GB/T 1096—2003)　　　单位:mm

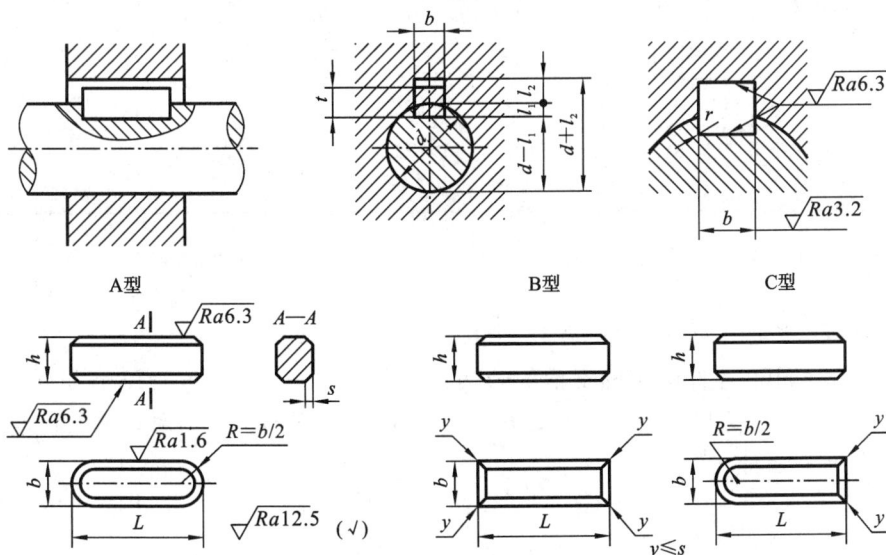

标记示例:

GB/T 1096　　键 16×10×100(普通 A 型平键、宽度 $b=16$ mm、高度 $h=10$ mm、长度 $L=100$ mm)

GB/T 1096　　键 B16×10×100(普通 B 型平键、宽度 $b=16$ mm、高度 $h=10$ mm、长度 $L=100$ mm)

GB/T 1096　　键 C16×10×100(普通 C 型平键、宽度 $b=16$ mm、高度 $h=10$ mm、长度 $L=100$ mm)

续表

键尺寸 $b\times h$	标准长度范围 L	键槽 宽度 b 基本尺寸 b	宽度 b 极限偏差 正常连接 轴 N9	正常连接 毂 JS9	紧密连接 轴和毂 P9	松连接 轴 H9	松连接 毂 D10	深度 轴 t_1 基本尺寸	轴 t_1 极限偏差	毂 t_2 基本尺寸	毂 t_2 极限偏差	半径 r 最小	半径 r 最大
4×4	8～45	4	0 −0.030	±0.015	−0.012 −0.042	+0.030 0	+0.078 +0.030	2.5	+0.1 0	1.8	+0.1 0	0.08	0.16
5×5	10～56	5						3.0		2.3		0.16	0.25
6×6	14～70	6						3.5		2.8			
8×7	18～90	8	0 −0.036	±0.018	−0.015 −0.051	+0.036 0	+0.098 +0.040	4.0	+0.2 0	3.3	+0.2 0		
10×8	22～110	10						5.0		3.3		0.25	0.40
12×8	28～140	12	0 −0.043	±0.0215	−0.018 −0.061	+0.043 0	+0.120 +0.050	5.0		3.3			
14×9	36～160	14						5.5		3.8			
16×10	45～180	16						6.0		4.3			
18×11	50～200	18						7.0		4.4			
20×12	56～220	20	0 −0.052	±0.026	−0.022 −0.074	+0.052 0	+0.149 +0.065	7.5		4.9		0.40	0.60
22×14	63～250	22						9.0		5.4			
25×14	70～280	25						9.0		5.4			
28×16	80～320	28						10		6.4			
$l_{系列}$	8～22 (2 进位)、25、28、32、36、40、45、50、56、63、70～110(10 进位)、125、140～220 (20 进位)、250、280、320												

【例 1-4-12】 普通 A 型平键，键宽 $b=18$ mm，键高 $h=11$ mm，键长 $L=100$ mm，试写出键的标记。

解 键的标记为“GB/T 1096 键 18×11×100”。

图 1-4-12 表示在零件图中的键槽的表达方法和尺寸注法。图 1-4-13 表示键连接的画法。普通平键在高度方向上的两个面是平行的，键侧与键槽的两个侧面紧密配合，靠键的侧面传递转矩。

提示：在键连接的画法中，平键与槽在顶面不接触，应画出间隙；平键的倒角省略不画；沿平键的纵向剖切时，平键按不剖处理；横向剖切平键时，要画剖面线。

2. 花键连接

花键连接的特点是键和键槽制成一体，如图 1-4-14 所示，适用于载荷较大和定心精度较高的连接。花键的齿形有矩形花键和渐开线花键等，其中矩形花键应用得较为广泛。矩形花键的优点是：定心精度高，定心的稳定性好，便于加工制造。国家标准《矩形花键尺寸、公差

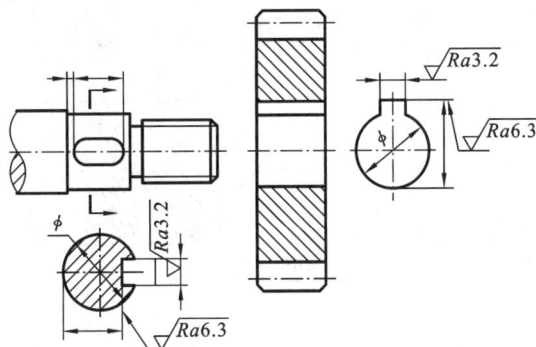

图 1-4-12 键槽的表达方法和尺寸注法

轴上的键槽　　　　　　齿轮上的键椿

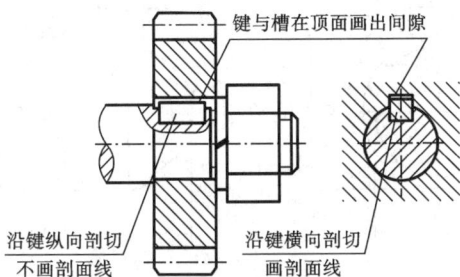

图 1-4-13 键连接的画法

齿轮与轴装配在一起

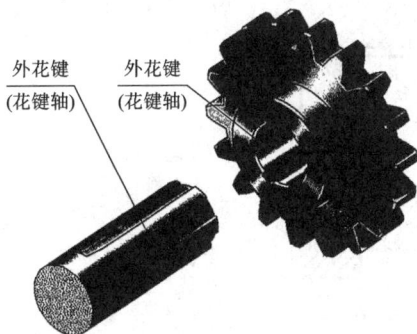

图 1-4-14 花键连接

和检验》(GB/T 1144—2001)规定,矩形花键的定心方式为小径定心。

花键是一种常用的标准结构,其结构和尺寸都已经标准化。矩形花键的基本参数包括:键数 N、小径 d、大径 D 和键宽 B。矩形花键基本尺寸系列可查阅国家标准《矩形花键尺寸、公差和检验》(GB/T 1144—2001)。

1) 花键的规定画法与标注方法(GB/T 4459.3—2000)

(1) 外花键:在平行于花键轴线的投影面的视图中,花键大径用粗实线绘制,小径用细实线绘制。花键工作长度的终止端和尾部长度的末端均用细实线绘制,并与轴线垂直,尾部则画成斜线,其倾斜角一般与轴线成 30°(必要时,可按实际情况画出),并在图中注出花键的工作长度 L,如图 1-4-15(a)所示;用断面图画出一部分齿形或全部齿形,并在图中分别注出小径 d、大径 D、键宽 B 和键数 N,如图 1-4-15(b)、(c)所示。

(2) 内花键:在平行于花键轴线的投影面的剖视图中,花键大径及小径均用粗实线绘制,键齿按不剖处理,如图 1-4-16(a)所示;用局部视图画出一部分齿形或全部齿形,并在图中分别注出小径 d、大径 D、键宽 B 和键数 N,如图 1-4-16(b)、(c)所示。

(3) 花键连接制:在装配图中,花键连接用剖视图表示,其连接部分按外花键的画法绘制,如图 1-4-15 所示。

2) 花键的标记(GB/T 1144—2001、GB/T 4459.3—2000)

国家标准《机械制图 花键表示法》(GB/T 4459.3—2000)规定,花键类型用图形符号表

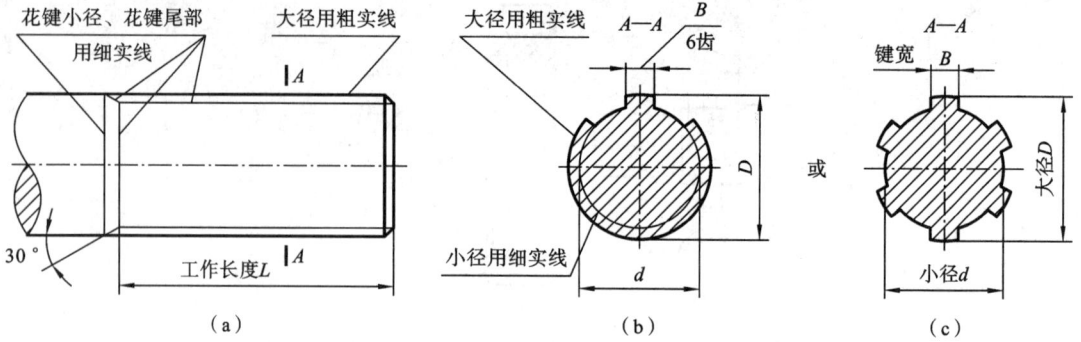

图 1-4-15 外花键画法

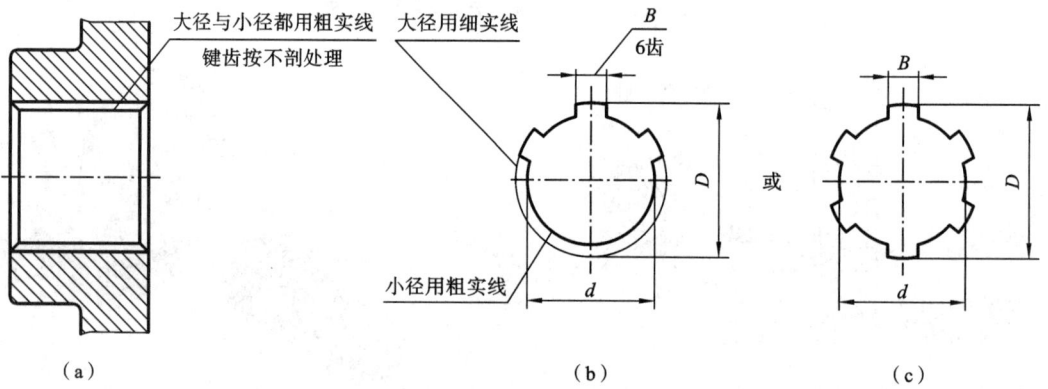

图 1-4-16 内花键画法

示，矩形花键的图形符号为"⌐⌐"，渐开线花键的图形符号为"⌒⌒"。

矩形花键的标记代号按次序包括：图形符号、键数 N、小径 d、大径 D、键宽 B，基本尺寸及公差带代号（大写表示内花键、小写表示外花键）和标准编号，标记代号的格式如下：

$$\boxed{图形符号}\ \boxed{键数}\times\boxed{小径}\times\boxed{大径}\times\boxed{键宽}\ \boxed{标准编号}$$

花键的标记应注写在指引线的基准线上，如图 1-4-17 所示。

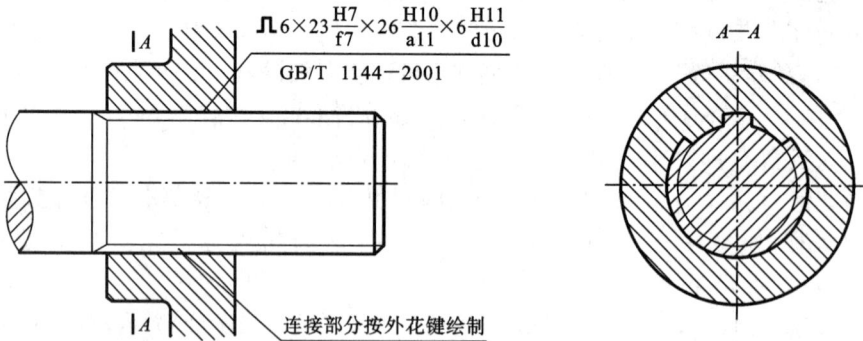

图 1-4-17 花键连接的画法例

【**例 1-4-13**】　已知矩形花键副的基本参数和公差带代号为:键数 $N=6$、小径 $d=26H7/f7$、大径 $D=32H10/a11$、键宽 $B=6H11/d10$,试分别写出内、外花键和花键副的代号。

解　内花键代号为 ⊓ $6\times26H7\times32H10\times6H11$　GB/T 1144—2001。

外花键代号为 ⊓ $6\times26f7\times32a11\times6d10$　　GB/T 1144—2001。

花键副代号为 ⊓ $6\times26\dfrac{H7}{f7}\times32\dfrac{H10}{a11}\times6\dfrac{H11}{d10}$ GB/T 1144—2001。

3. 销连接(GB/T 117—2000、GB/T 119.1—2000)

销是标准件,主要用于零件间的连接或定位。销的类型较多,但最常见的两种基本类型是圆柱销和圆锥销,如图 1-4-18 所示。销的简化标记格式如下:

| 名称 | 标准编号 | 类型 | 公称直径 | 公差代号 |×| 长度 |

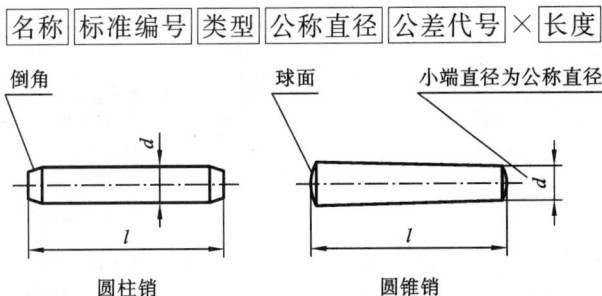

图 1-4-18　销的基本类型

标记的省略:销的名称可省略;因为 A 型圆锥销应用较多,所以 A 型圆锥销不注"A"。

【**例 1-4-14**】　试写出公称直径 $d=6$ mm,公差为 m6,公称长度 $l=30$ mm,材料为钢、不经淬火、不经表面处理的圆柱销的标记。

解　圆柱销的标记为"销 GB/T 119.1　6m6×30"。

根据销的标记,即可查出销的类型和尺寸,如表 1-4-8、表 1-4-9 所示。

表 1-4-8　圆柱销、不硬钢和奥氏体不锈钢(摘自 GB/T 119.1—2000)　　　　单位:mm

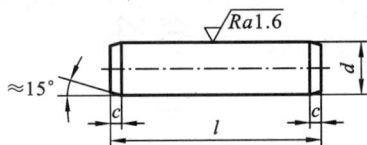

标记示例:

销 GB/T 119.1 10m6×50(公称直径 $d=10$ mm、公差为 m6、公称长度 $l=50$ mm、材料为钢、不经淬火、不经表面处理的圆柱销)

销 GB/T 119.1 6m6×30-A1(公称直径 $d=6$ mm、公差为 m6、公称长度 $l=30$ mm、材料为 A1 组奥氏体不锈钢、表面简单处理的圆柱销)

d公称	2	2.5	3	4	5	6	8	10	12	16	20	25
$c\approx$	0.35	0.4	0.5	0.63	0.8	1.2	1.6	2.0	2.5	3.0	3.5	4.0
l范围	6~20	6~24	8~30	8~40	10~50	12~60	14~80	18~95	22~140	26~180	35~200	50~200
l公称	6~32(2 进位)、35~100(5 进位)、120~200(20 进位)(公称长度大于 200,按 20 递增)										

表 1-4-9　圆锥销(摘自 GB/T 117—2000)　　　　　　　　　　　　　　　单位:mm

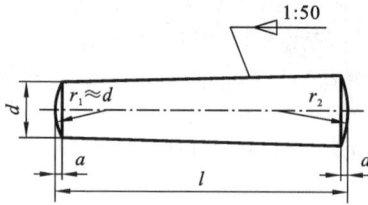

A 型(磨削):锥面表面粗糙度 $Ra=0.8~\mu m$

B 型(切削或冷镦):锥面表面粗糙度 $Ra=3.2~\mu m$

$$r_2 \approx \frac{a}{2}+d+\frac{0.021^2}{8a}$$

标记示例:

销 GB/T 117 6×30(公称直径 $d=6$ mm、公称长度 $l=30$ mm、材料为 35 钢、热处理硬度 28~38HRC、表面氧化处理的 A 型圆锥销)

$d_{公称}$	2	2.5	3	4	5	6	8	10	12	16	20	25
$a\approx$	0.25	0.3	0.4	0.5	0.63	0.8	1.0	1.2	1.6	2.0	2.5	3.0
$l_{范围}$	10~35	10~35	12~45	14~55	18~60	22~90	22~120	26~160	32~180	40~200	45~200	50~200
$l_{公称}$	10~32(2 进位)、35~100(5 进位)、120~200(20 进位)(公称长度大于 200,按 20 递增)											

提示:① 圆锥销的公称直径是指小端直径;② 在销连接的画法中,当剖切面沿销的轴线剖切时,销按不剖处理;垂直销的轴线剖切时,要画剖面线;③ 销的倒角(或球面)可省略不画,如图 1-4-19 所示。

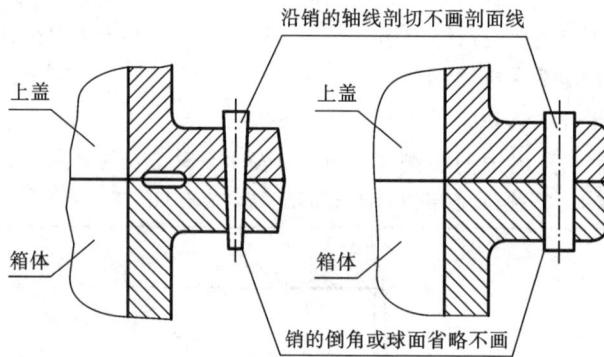

图 1-4-19　销连接的画法

四、滚动轴承的规定画法、简化画法及应用

当需要在图样上表示滚动轴承时,可采用简化画法(即通用画法和特征画法)或规定画法。滚动轴承的各种画法及尺寸比例如表 1-4-10 所示;其各部分尺寸可根据滚动轴承代号,在标准(见表 1-4-11)中查得。

1. 简化画法

(1)通用画法:在剖视图中,当不需要确切地表示滚动轴承的外形轮廓、载荷特征、结构特征时,可用矩形线框及位于线框中央正立的十字形符号表示滚动轴承。

（2）特征画法：在剖视图中，当需较形象地表示滚动轴承的结构特征时，可采用在矩形线框内画出其结构要素符号的方法表示滚动轴承。

通用画法和特征画法应绘制在轴的两侧。矩形线框、符号和轮廓线均用粗实线绘制。

表 1-4-10　滚动轴承的画法（摘自 GB/T 4459.7—2017）

名称和标准号	查表主要数据	画法			装配示意图
		简化画法		规定画法	
		通用画法	特征画法		
深沟球轴承（GB/T 276—2013）	D d B		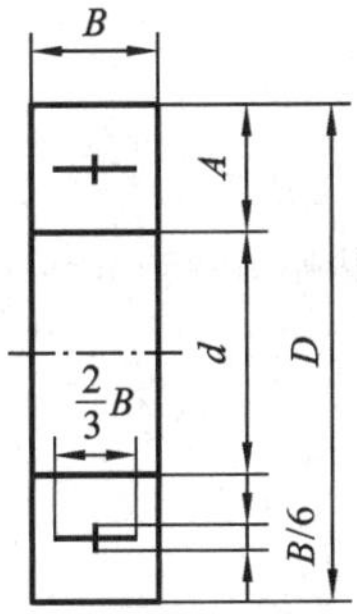	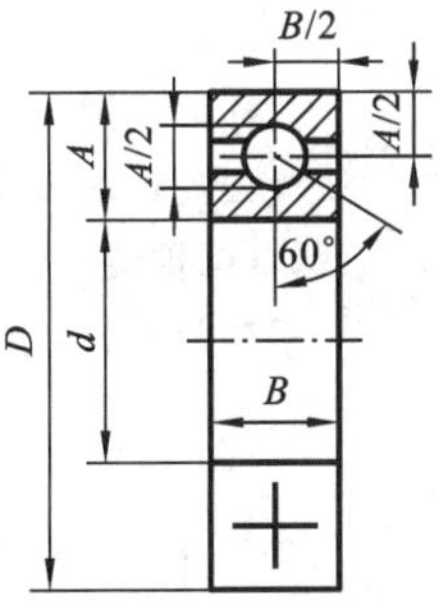	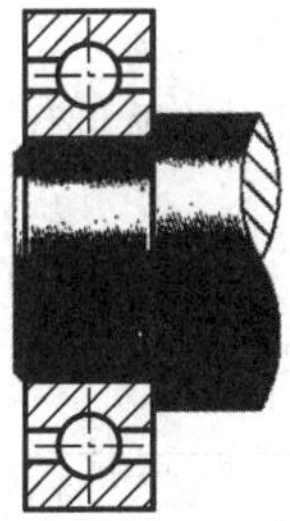
圆锥滚子轴承（GB/T 297—2015）	D d B T C	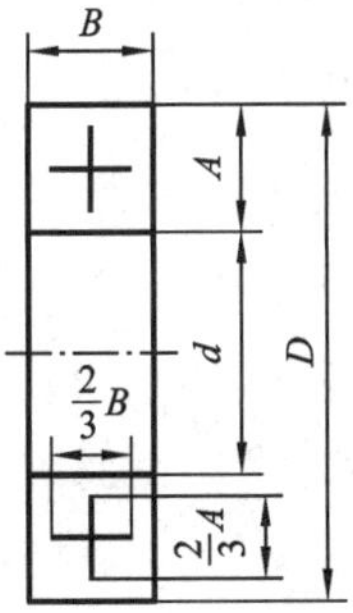	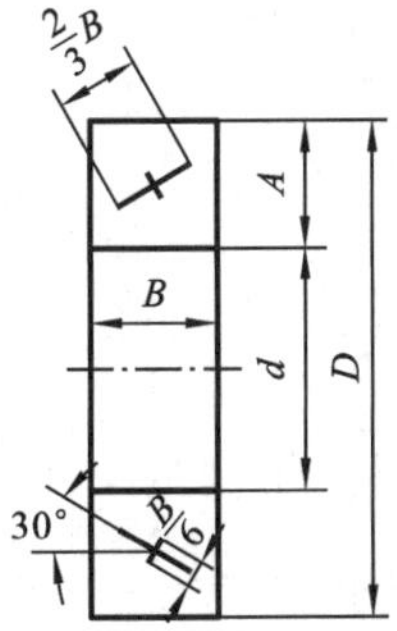	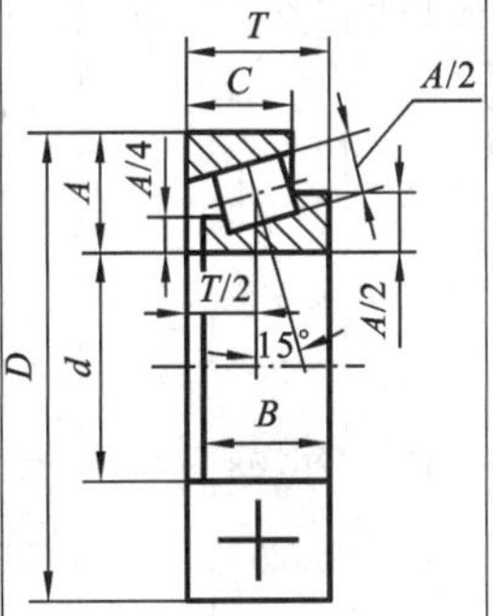	
推力球轴承（GB/T 301—2015）	D d T		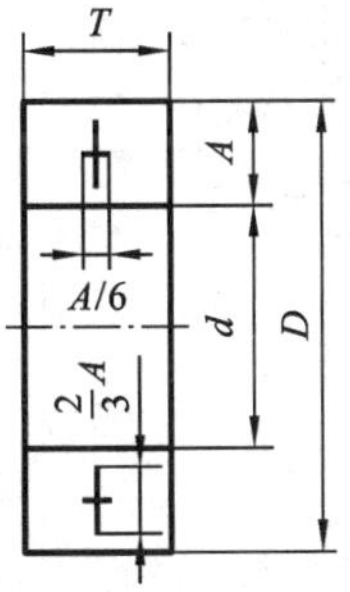	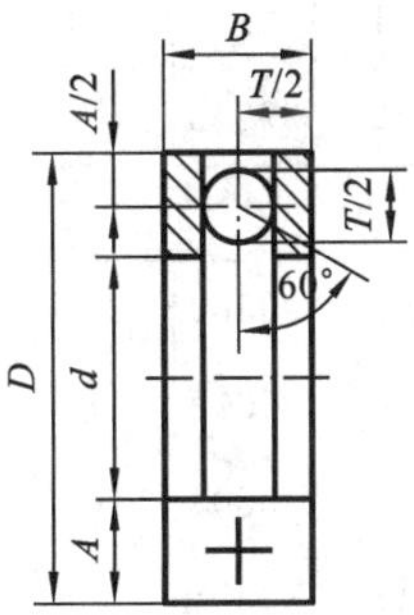	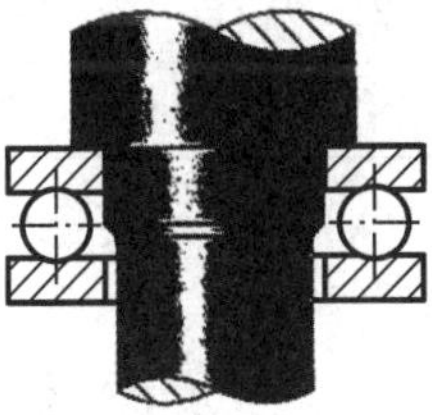

表 1-4-11 滚动轴承

深沟球轴承(摘自 GB/T 276—2013)

标记示例:

滚动轴承 6310 GB/T 276—2013

(深沟球轴承、内径 $d=50$ mm、直径系列代号为3)

圆锥滚子轴承(摘自 GB/T 297—2015)

标记示例:

滚动轴承 30212 GB/T 297—2015

(圆锥滚子轴承、内径 $d=60$ mm、宽度系列代号为0、直径系列代号为2)

推力球轴承(摘自 GB/T 301—2015)

标记示例:

滚动轴承 51305 GB/T 301—2015

(推力球轴承、内径 $d=25$ mm、高度系列代号为1、直径系列代号为3)

轴承型号	尺寸/mm			轴承型号	尺寸/mm					轴承型号	尺寸/mm			
	d	D	B		d	D	B	C	T		d	D	T	D_1
尺寸系列[(0)2]				尺寸系列[02]						尺寸系列[12]				
6202	15	35	11	30203	17	40	12	11	13.25	51202	15	32	12	17
6203	17	40	12	30204	20	47	14	12	15.25	51203	17	35	12	19
6204	20	47	14	30205	25	52	15	13	16.25	51204	20	40	14	22
6205	25	52	15	30206	30	62	16	14	17.25	51205	25	47	15	27
6206	30	62	16	30207	35	72	17	15	18.25	51206	30	52	16	32
6207	35	72	17	30208	40	80	18	16	19.75	51207	35	62	18	37
6208	40	80	18	30209	45	85	19	16	20.75	51208	40	68	19	42
6209	45	85	19	30210	50	90	20	17	21.75	51209	45	73	20	47
6210	50	90	20	30211	55	100	21	18	22.75	51210	50	78	22	52
6211	55	100	21	30212	60	110	22	19	23.75	51211	55	90	25	57
6212	60	110	22	30213	65	120	23	20	24.75	51212	60	95	26	62
尺寸系列[(0)3]				尺寸系列[03]						尺寸系列[13]				
6302	15	42	13	30302	15	42	13	11	14.25	51304	20	47	18	22
6303	17	47	14	30303	17	47	14	12	15.25	51305	25	52	18	27
6304	20	52	15	30304	20	52	15	13	16.25	51306	30	60	21	32
6305	25	62	17	30305	25	62	17	15	18.25	51307	35	68	24	37
6306	30	72	19	30306	30	72	19	16	20.75	51308	40	78	26	42

轴承型号	尺寸/mm			轴承型号	尺寸/mm					轴承型号	尺寸/mm			
	d	D	B		d	D	B	C	T		d	D	T	D_1
尺寸系列[(0)3]				尺寸系列[03]						尺寸系列[13]				
6307	35	80	21	30307	35	80	21	18	22.75	51309	45	85	28	47
6308	40	90	23	30308	40	90	23	20	25.25	51310	50	95	31	52
6309	45	100	25	30309	45	100	25	22	27.25	51311	55	105	35	57
6310	50	110	27	30310	50	110	27	23	29.25	51312	60	110	35	62
6311	55	120	29	30311	55	120	29	25	31.50	51313	65	115	36	67
6312	60	130	31	30312	60	130	31	26	33.50	51314	70	125	40	72
尺寸系列[(0)4]				尺寸系列[04]						尺寸系列[14]				
6403	17	62	17	31305	25	62	17	13	18.25	51405	25	60	24	27
6404	20	72	19	31306	30	72	19	14	20.75	51406	30	70	28	32
6405	25	80	21	31307	35	80	21	15	22.75	51407	35	80	32	37
6406	30	90	23	31308	40	90	23	17	25.25	51408	40	90	36	42
6407	35	100	25	31309	45	100	25	18	27.25	51409	45	100	39	47
6408	40	110	27	31310	50	110	27	19	29.25	51410	50	110	43	52
6409	45	120	29	31311	55	120	29	21	31.50	51411	55	120	48	57
6410	50	130	31	31312	60	130	31	22	33.50	51412	60	130	51	62
6411	55	140	33	31313	65	140	33	23	36.00	51413	65	140	56	68
6412	60	150	35	31314	70	150	35	25	38.00	51414	70	150	60	73
6413	65	160	37	31315	75	160	37	26	40.00	51415	75	160	65	78

注:圆括号中的尺寸系列代号在轴承型号中省略。

2. 规定画法

必要时,在滚动轴承的产品图样、产品样本和产品标准中,采用规定画法表示滚动轴承。采用规定画法绘制滚动轴承的剖视图时,轴承的滚动体不画剖面线,其内外圈可画成方向和间隔相同的剖面线,在不致引起误解时,也允许省略不画。滚动轴承的保持架及倒圆省略不画。规定画法一般绘制在轴的一侧,另一侧按通用画法绘制。

五、单个圆柱齿轮、两个圆柱齿轮啮合的规定画法

1. 单个直齿轮的规定画法

视图画法:直齿轮的齿顶线用粗实线绘制;分度线用细点画线绘制;齿根线用细实线绘制,也可省略不画,如图1-4-20(a)所示。

剖视画法:当剖切面通过直齿轮的轴线时,轮齿一律按不剖处理(不画剖面线)。齿顶

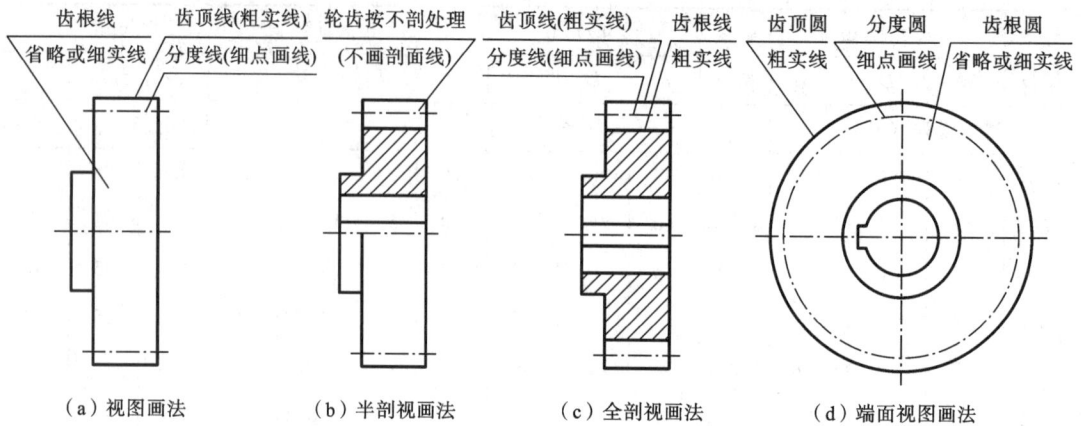

（a）视图画法　　　　（b）半剖视画法　　　　（c）全剖视画法　　　　（d）端面视图画法

图 1-4-20　单个直齿轮的规定画法

线用粗实线绘制；分度线用细点画线绘制；齿根线用粗实线绘制，如图 1-4-20(b)、(c)所示。

端面视图画法：在表示直齿轮端面的视图中，齿顶圆用粗实线绘制；分度圆用细点画线绘制；齿根圆用细实线绘制，也可省略不画，如图 1-4-20(d)所示。

2. 直齿轮啮合时的规定画法

剖视画法：当剖切面通过两啮合齿轮的轴线时，在啮合区内，将一个齿轮的轮齿用粗实线绘制，另一个齿轮的轮齿被遮挡的部分用细虚线绘制，如图 1-4-21(a)所示；另一个齿轮的轮齿被遮挡的部分，也可省略不画，如图 1-4-21(b)所示。

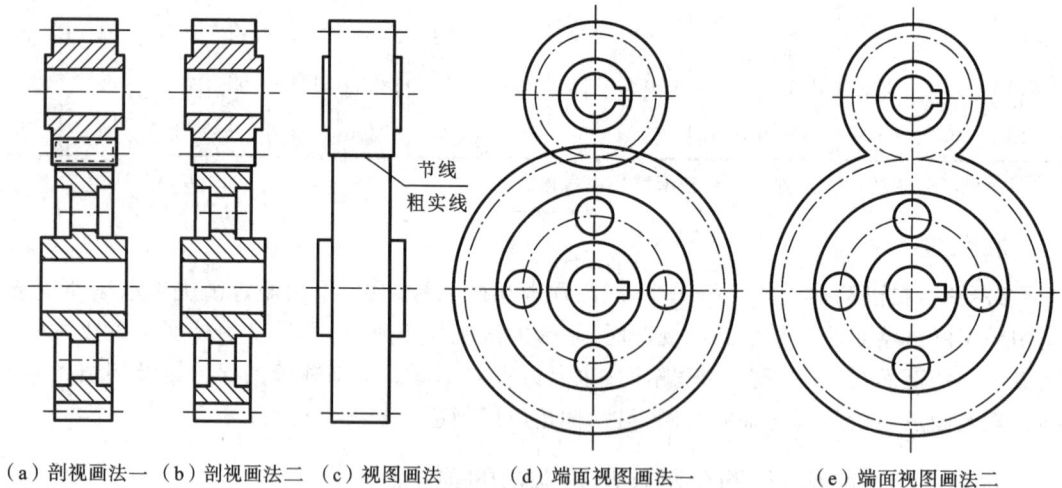

（a）剖视画法一　（b）剖视画法二　（c）视图画法　　　（d）端面视图画法一　　　　（e）端面视图画法二

图 1-4-21　直齿轮合时的规定画法

视图画法：在平行于直齿轮轴线的投影面的视图中，啮合区内的齿顶线不必画出，节线用粗实线绘制，其他处的节线用细点画线绘制，如图 1-4-21(c)所示。

端面视图画法：在垂直于直齿轮轴线的投影面的视图中，两直齿轮节圆应相切，啮合区内的齿顶圆均用粗实线绘制,如图 1-4-21(d) 所示;也可将啮合区内的齿顶圆省略不画,如图 1-4-21(e)所示。

第五节　零　件　图

一、零件图的视图选择原则和典型零件的表示方法

1. 零件图的作用和内容

1) 零件图的作用

任何机器或部件都是由若干零件按一定的装配关系和技术要求组装而成的,因此,零件是组成机器或部件的基本单位。制造机器时,首先根据零件图制造出全部零件,然后再按装配图要求将零件装配成机器或部件。

表示零件结构、大小及技术要求的图样称为零件图。零件图是制造和检验零件的依据,是组织生产的主要技术文件之一。

2) 零件图的内容

图 1-5-1 为拨叉的轴测图,其零件图如图 1-5-2 所示。从图中可以看出,一张完整的零件图包括以下四方面内容。

(1) 一组图形:用一定数量的视图、剖视图、断面图、局部放大图等,完整、清晰地表达零件的结构形状。如图 1-5-2 所示的拨叉就是用两个基本视图(其中主视图采用局部剖视)、一个移出断面表达该零件的结构形状。

(2) 一组尺寸:正确、完整、清晰、合理地标注出组成零件各形体的大小及其相对位置尺寸,即提供制造和检验零件所需的全部尺寸。

(3) 技术要求:将制造零件应达到的质量要求(如表面粗糙度、极限与配合、几何公差、热处理及表面处理等),用规定的代(符)号、

图 1-5-1　拨叉轴测图

数字、字母或文字,准确、简明地表示出来。不便于用代(符)号标注在图样中的技术要求,可用文字注写在标题栏的上方或左侧,如图 1-5-2 所示。

(4) 标题栏:在图样的右下角绘有标题栏,填写零件的名称、数量、材料、比例、图号,以及设计、绘图、校核人员的签名、日期等。

2. 典型零件的表达方法

根据结构特点和用途,零件大致可分为轴(套)类、轮盘类、叉架类和箱体类四类典型零件。它们在视图表达方面虽有共同原则,但各有不同特点。

1) 轴(套)类零件

(1) 结构特点。轴类零件的主体多数由几段直径不同的圆柱、圆锥体所组成,构成阶梯状,轴(套)类零件的轴向尺寸远大于其径向尺寸。轴上常加工键槽、螺纹、挡圈槽、倒角、退刀槽、中心孔等结构,如图 1-5-3 所示。倒角、退刀槽等尺寸参见附录 B。

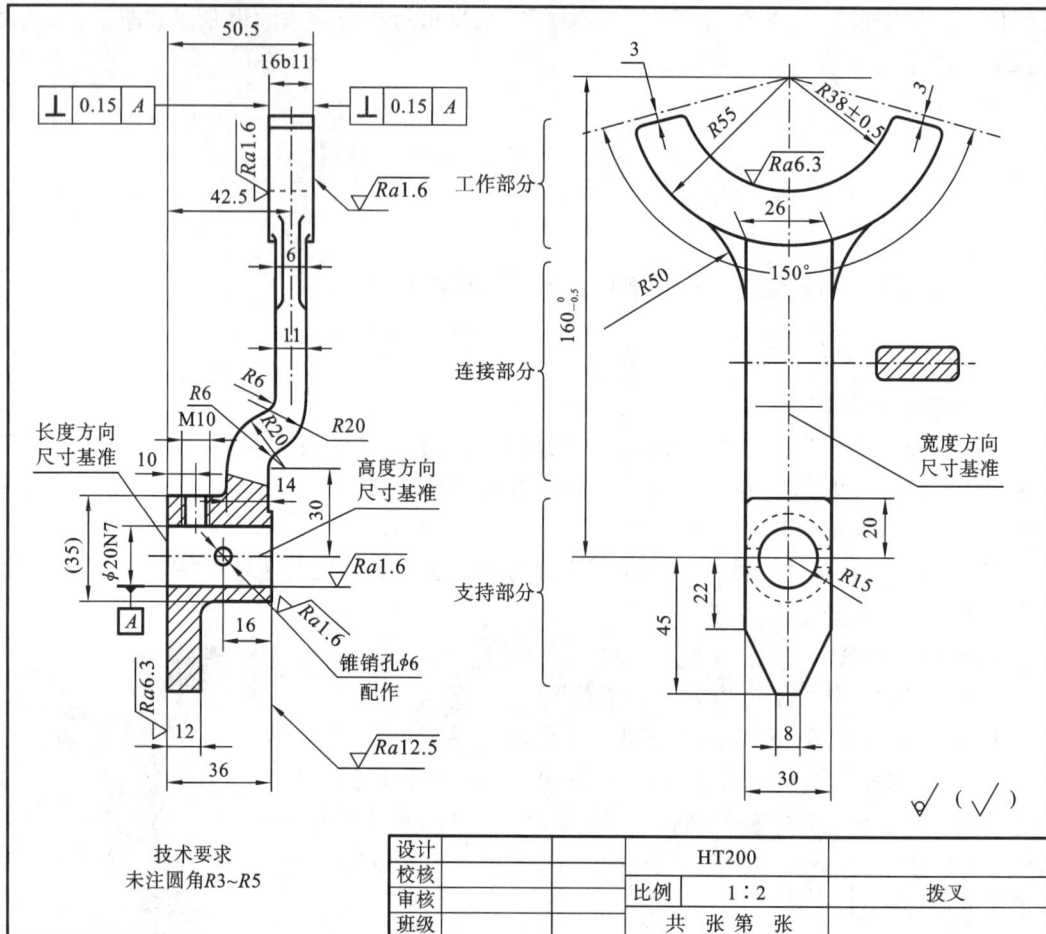

图 1-5-2 拨叉零件图

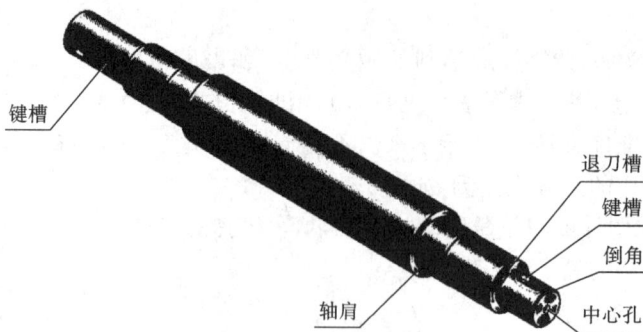

图 1-5-3 轴的结构

　　为了传递动力,轴上装有齿轮、带轮等,利用键来连接,因此轴上有键槽;为了便于轴上各零件的安装,在轴端车有倒角;轴的中心孔是供加工时装夹和定位用的。这些局部结构主要是为了满足设计要求和机加工工艺要求。

　　(2)常用的表达方法。为了加工时看图方便,轴类零件的主视图按加工位置选择,一般将轴线水平放置,垂直轴线方向作为主视图的投射方向,使它符合车削和磨削的加工位置,如图 1-5-4 所示。在主视图上,清楚地反映了阶梯轴的各段形状及相对位置,也反映了轴上各种局部结构的轴向位置。轴上的局部结构,一般采用断面图、局部剖视图、局部放大图、局部视图来表达。通常,用移出断面反映键槽的深度,用局部放大图表达定位孔的结构。

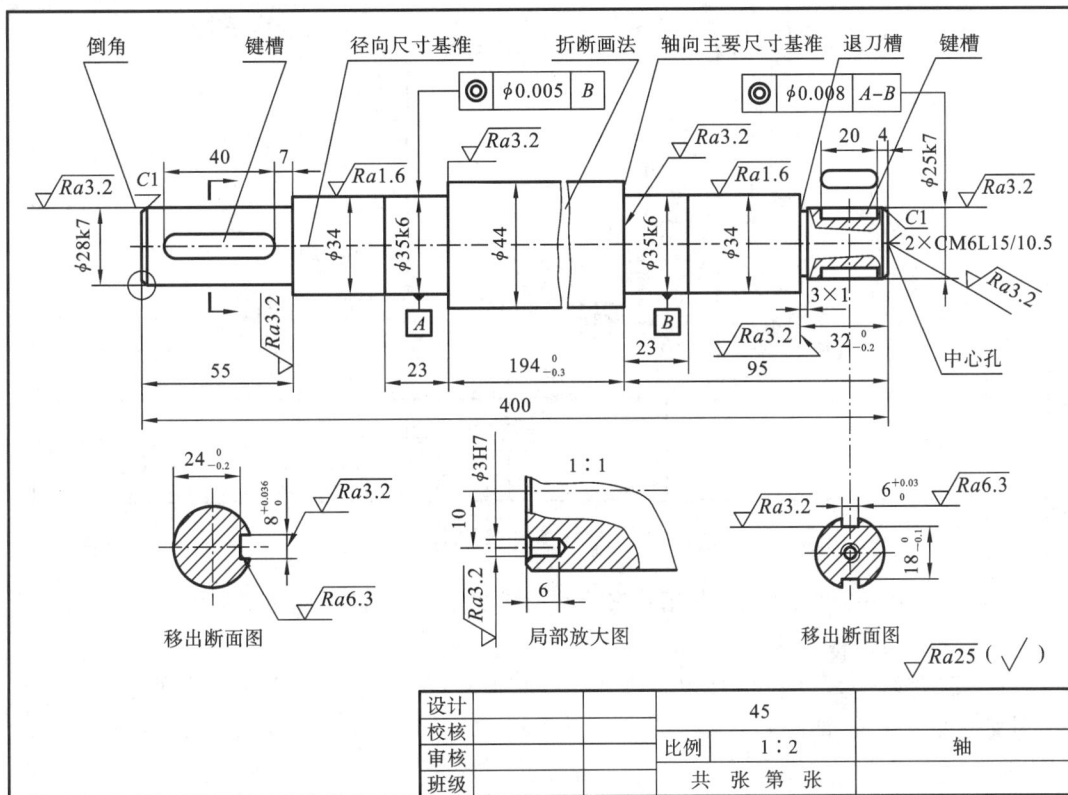

图 1-5-4 轴零件图

关于套类零件,主要结构仍由回转体组成,与轴类零件不同之处在于套类零件是空心的,因此主视图多采用轴线水平放置的全剖视图表示。

2)轮盘类零件

(1)结构特点。轮盘类零件的基本形状是扁平的盘状,主体部分多为回转体,轮盘类零件的径向尺寸远大于其轴向尺寸,如图 1-5-5 所示。轮盘类零件大部分是铸件,如各种齿轮、带轮、手轮、减速器的一些端盖,齿轮泵的泵盖等都属于这类零件。

(2)常用的表达方法。根据轮盘类零件的结构特点,主要加工表面以车削为主,因此在表达这类零件时,其主视图经常是将轴线水平放置,并作全剖视。如图 1-5-6 所示,采用一个全剖的主视图,基本上清楚地反映了端盖的

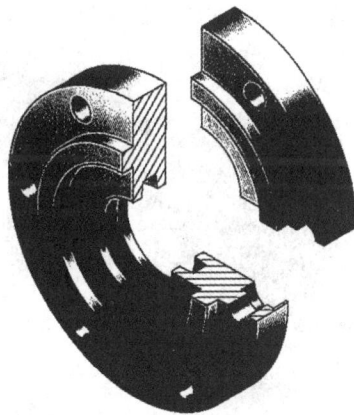

图 1-5-5 端盖轴测剖视图

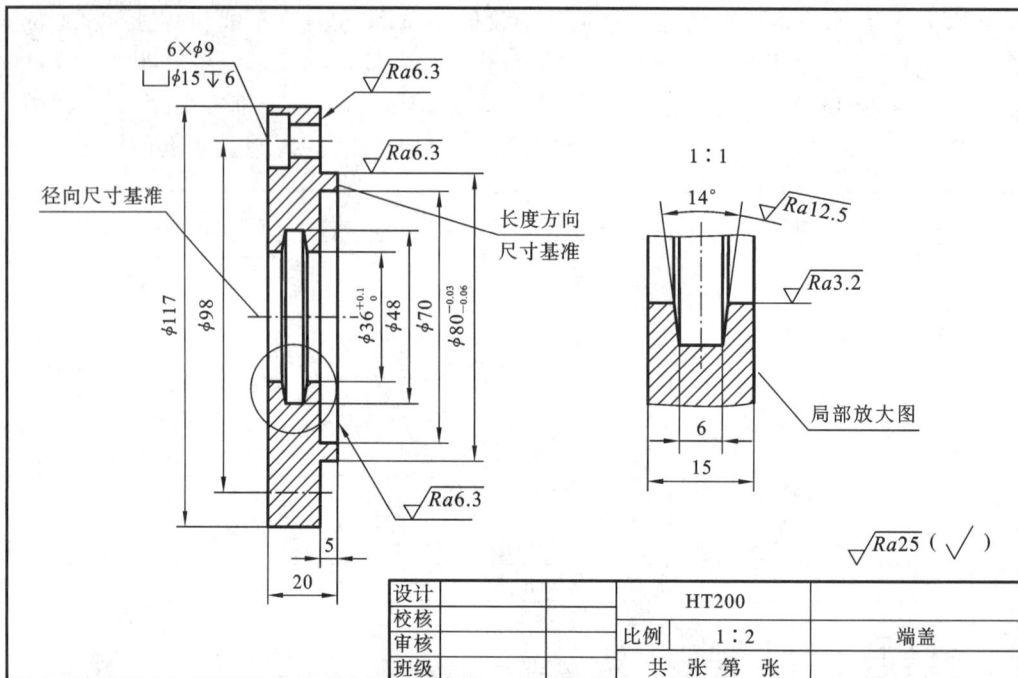

图 1-5-6　端盖零件图

结构。另外采用一个局部放大图，用它表示密封槽的结构，以便于标注密封槽的尺寸。

　　3）叉架类零件

　　（1）结构特点。叉架类零件包括拨叉、支架、连杆等零件。叉架类零件一般由三部分构成，即支持部分、工作部分和连接部分。连接部分多是肋板结构，且形状弯曲、扭斜的较多。支持部分和工作部分的细部结构也较多，如圆孔、螺纹孔、油槽、油孔等。这类零件，多数形状不规则，结构比较复杂，毛坯多为铸件，需经多道工序加工制成。

　　（2）常用的表达方法。由于叉架类零件加工工序较多，其加工位置经常变化，因此选择主视图时，主要考虑零件的形状特征和工作位置。叉架类零件常需要两个或两个以上的基本视图，为了表达零件上的弯曲或扭斜结构，还要选用斜视图、单一斜剖切面剖切的全剖视图、断面图和局部视图等表达方法。

　　画图时，一般把零件主要轮廓放成垂直或水平位置。图 1-5-2 是将拨叉竖立放置时的零件图。拨叉的套筒部分内部有孔，在主视图上采用局部剖视表达较为合适。左视图着重表示了叉、套筒的形状和弯杆的宽度，并用移出断面图表示弯杆的断面形状。

　　4）箱体类零件

　　（1）结构特点。箱体类零件主要用来支承和包容其他零件，其内外结构都比较复杂，一般为铸件，如图 1-5-7 所示。泵体、阀体、减速器的箱体等都属于这类零件。

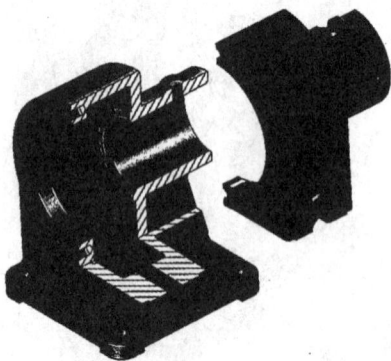

图 1-5-7　蜗轮箱轴测剖视图

（2）常用的表达方法。由于箱体类零件形状复杂,加工工序较多,加工位置不尽相同,但箱体在机器中的工作位置是固定的。因此,箱体的主视图常常按工作位置及形状特征来选择。为了清晰地表达内部结构,常采用剖视的方法。

图 1-5-8 是蜗轮减速器箱体零件图,采用了三个基本视图。主视图采用全剖视,重点表达其内部结构;左视图内外兼顾,采用了半剖视,并采用局部剖视表达了底板上安装孔的结构;而 A—A 半剖视图既表达了底板的形状,又反映了蜗轮减速器箱体下部的断面形状和外形,显然比画出俯视图的表达效果要好。

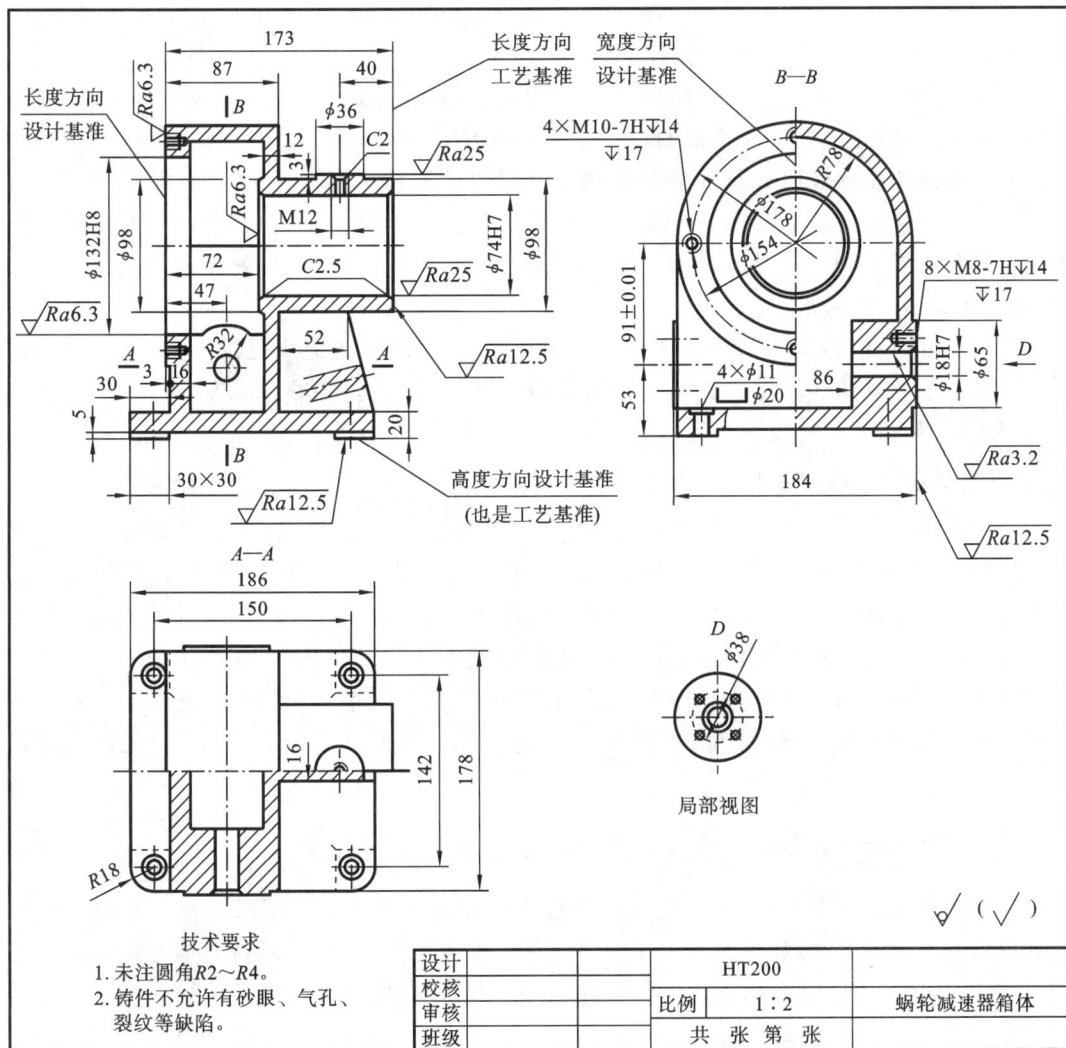

图 1-5-8 蜗轮减速器箱体零件图

二、尺寸基准的概念

零件图中的尺寸是制造、检验零件的重要依据,生产中要求零件图中的尺寸不允许有任何差错。在零件图上标注尺寸,除要求正确、完整和清晰外,还应考虑合理性,既要满足设计要求,又要便于加工、测量。

要合理标注尺寸,必须恰当地选择尺寸基准,即尺寸基准的选择应符合零件的设计要求并便于加工和测量。零件的底面、端面、对称面、主要的轴线、对称中心线等都可作为尺寸基准。

1. 设计基准和工艺基准

根据机器的结构和设计要求,用于确定零件在机器中位置的一些面、线、点,称为设计基准。根据零件加工制造、测量和检验等工艺要求所选定的一些面、线、点,称为工艺基准。

(1)设计基准。如图 1-5-8 所示,φ18H7 孔的高度是影响蜗轮减速器工作性能的功能尺寸,其轴线高(53)以底面为基准,以保证轴孔到底面的高度。其他高度方向的尺寸,如 5、20 均以底面为基准。蜗轮减速器箱体宽度方向的定位尺寸,均以蜗轮减速器箱体的前后对称面为基准,以保证蜗轮减速器箱体外形及内腔的对称关系,如图中尺寸 184、86、142、178、R78、φ154、φ178 等。蜗轮减速器箱体底面和前后对称面,都是满足设计要求的基准,是设计基准。

(2)工艺基准。蜗轮减速器箱体上方 M12 螺纹孔的定位尺寸,若以蜗轮减速器箱体的左端为基准标注,就不易测量和加工。应以右端面为基准标注尺寸 40,测量和加工都比较方便,故右端面是工艺基准。

标注尺寸时,应尽量使设计基准与工艺基准重合,使尺寸既能满足设计要求,又能满足工艺要求。蜗轮减速器箱体底面是设计基准,加工时又是工艺基准。当设计基准与工艺基准不能重合时,主要尺寸应从设计基准出发标注。

2. 主要基准与辅助基准

(1)主要基准。每个零件都有长、宽、高三个方向的尺寸,每个方向至少有一个尺寸基准,且都有一个主要基准,即决定零件主要尺寸的基准。图 1-5-8 中蜗轮减速器箱体底面为高度方向的主要基准,左端面为长度方向的主要基准,前后对称面为宽度方向的主要基准。

(2)辅助基准。为了便于加工和测量,通常还附加一些尺寸基准,这些除主要基准外另选的基准为辅助基准。辅助基准必须有尺寸与主要基准相联系。如蜗轮减速器箱体长度方向的主要基准是左端面,右端面为辅助基准(工艺基准),辅助基准与主要基准之间的联系尺寸为 173。

三、表面结构及表面粗糙度的符号、代号及其标注和识读

零件图中除了图形和尺寸外,还应具备加工和检验零件的技术要求。技术要求主要是指几何精度方面的要求,如表面粗糙度、尺寸公差、零件的几何公差、材料的热处理和表面处理,以及对指定加工方法和检验的说明等。技术要求通常是用符号、代号或标记标注在图形上,或者用简明的文字注写在标题栏附近。

在机械图样上,为保证零件装配后的使用要求,除了对零件各部分结构的尺寸、形状和位置给出公差要求,还要根据零件的功能需要,对零件的表面质量和表面结构提出要求。表面结构是表面粗糙度、表面波纹度、表面缺陷、表面纹理和表面几何形状的总称。表面结构的各项要求在图样上的表示法在《产品几何技术规范(GPS) 技术产品文件中表面结构的表示法》(GB/T 131—2006)中均有具体规定。这里简要介绍表面粗糙度的表示法。

1. 表面粗糙度的基本概念

零件在机械加工过程中,由于机床、刀具的振动,以及材料在切削时产生塑性变形、刀痕等原因,经放大后可见其加工表面是高低不平的,如图 1-5-9 所示。零件加工表面由较小间距和较小峰、谷所组成的微观几何形状特征,称为表面粗糙度。表面粗糙度与加工方法、刀具形状及进给量等各种因素都有密切关系。

表面粗糙度是评定零件表面质量的一项重要技术指标,对于零件的配合、耐磨性、抗腐蚀性以及密封性等都有显著影响,是零件图中必不可少的一项技术要求。

图 1-5-9　零件的真实表面

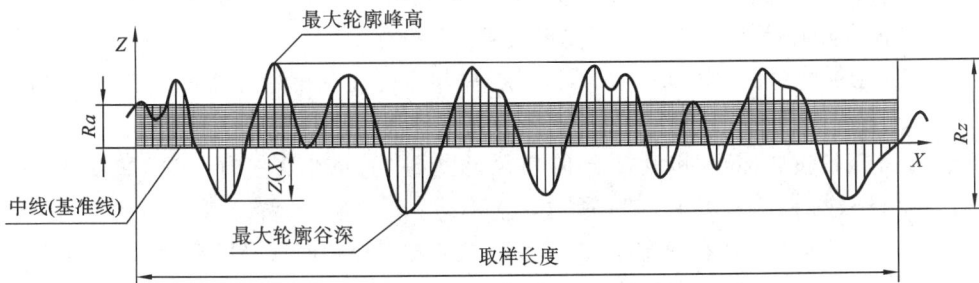

零件表面粗糙度的选用,既应该满足零件表面的功用要求,又要考虑经济合理。一般情况下,零件上凡是有配合要求或有相对运动的表面,表面粗糙度参数值均较小。表面粗糙度参数值越小,表面质量越高,加工成本也越高。因此,在满足使用要求的前提下,应尽量选用较大的粗糙度参数值,以降低成本。

国家标准规定评定粗糙度轮廓中的两个高度参数 Ra 和 Rz,是我国机械图样中最常用的评定参数。

(1)轮廓的算术平均偏差 Ra:在一个取样长度内,纵坐标值 $Z(X)$ 绝对值的算术平均值,如图 1-5-10 所示。

(2)轮廓的最大高度 Rz:在一个取样长度内,最大轮廓峰高和最大轮廓谷深之和,如图 1-5-10 所示。

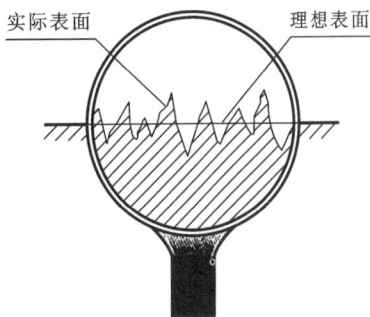

图 1-5-10　轮廓的算术平均偏差 Ra 和最大高度 Rz

2. 表面粗糙度的图形符号

标注表面粗糙度时,其图形符号的种类、名称、尺寸及含义如表 1-5-1 所示。

表 1-5-1　表面粗糙度图形符号的含义

符号名称	符号	含义
基本图形符号 (简称基本符号)	符号粗细为$h/10$　h＝字体高度	对表面粗糙度有要求的图形符号 仅用于简化代号标注,没有补充说明时不能单独使用

符号名称	符号	含义
扩展图形符号（简称扩展符号）		对表面粗糙度有指定要求（去除材料）的图形符号 在基本图形符号上加一短横，表示指定表面是用去除材料的方法获得的，如通过机械加工获得的表面；仅当其含义是"被加工表面"时可单独使用
		对表面粗糙度有指定要求（不去除材料）的图形符号 在基本图形符号上加一圆圈，表示指定表面是用不去除材料的方法获得的
完整图形符号（简称完整符号）	允许任何工艺　去除材料　不去除材料	对基本图形符号或扩展图形符号扩充后的图形符号 当要求标注表面结构特征的补充信息时，在基本图形符号或扩展图形符号的长边上加一横线

3. 表面粗糙度在图样中的注法

在图样中，零件表面粗糙度是用代号标注的。表面粗糙度的图形符号中注写了具体参数代号及数值等要求后，即称为表面粗糙度代号。

（1）表面粗糙度对每一表面一般只注一次，并尽可能注在相应的尺寸及其公差的同一视图上，除非另有说明，所标注的表面粗糙度是对完工零件表面的要求。

（2）表面粗糙度的注写和读取方向与尺寸的注写和读取方向一致，如图 1-5-2、图 1-5-4、图 1-5-6、图 1-5-8、图 1-5-11 所示。

（3）表面粗糙度可标注在轮廓线上，其符号应从材料外指向并接触表面，如图 1-5-11、图 1-5-12 所示。必要时，表面粗糙度也可用带箭头或黑点的指引线引出标注，如图 1-5-13 所示。

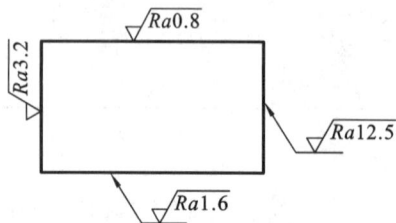

图 1-5-11　表面粗糙度的注写方向

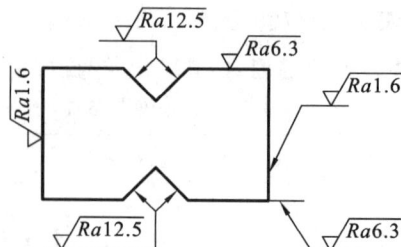

图 1-5-12　表面粗糙度在轮廓线上的标注

（4）在不致引起误解时，表面粗糙度可以标注在给定的尺寸线上，如图 1-5-14 所示。

铣
$\sqrt{Ra3.2}$

车
$\sqrt{Ra3.2}$

（a）

$\phi30$

（b）

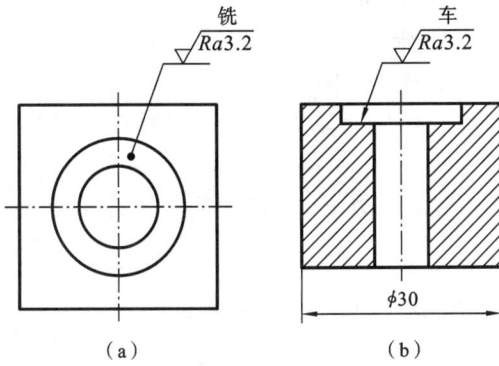

图 1-5-13　用指引线引出标注表面粗糙度

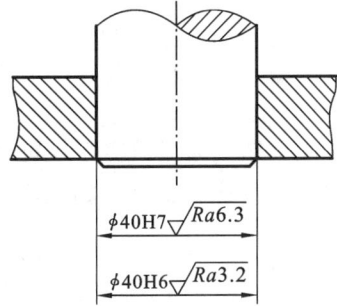

$\phi40H7\sqrt{Ra6.3}$

$\phi40H6\sqrt{Ra3.2}$

图1-5-14　表面粗糙度标注在尺寸线上

（5）圆柱表面的表面粗糙度只标注一次，如图 1-5-15 所示。

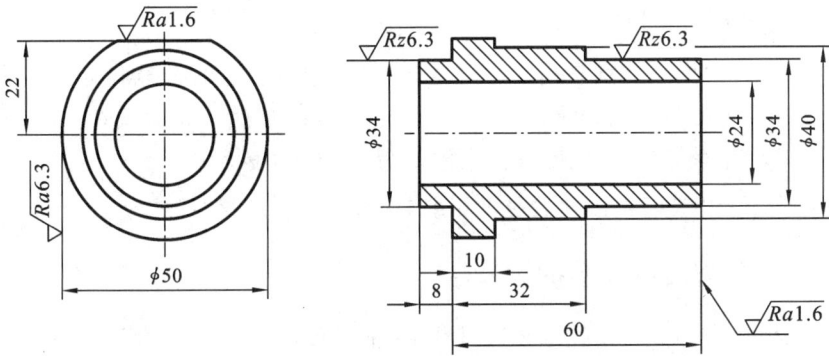

$\sqrt{Ra1.6}$

22

$\sqrt{Ra6.3}$

$\phi50$

$\sqrt{Rz6.3}$　$\sqrt{Rz6.3}$

$\phi34$　$\phi24$　$\phi34$　$\phi40$

10

8　32

60

$\sqrt{Ra1.6}$

图 1-5-15　表面粗糙度标注在圆柱特征的延长线上

（6）表面粗糙度可以直接标注在延长线上，或用带箭头的指引线引出标注，如图 1-5-15、图 1-5-16 所示。

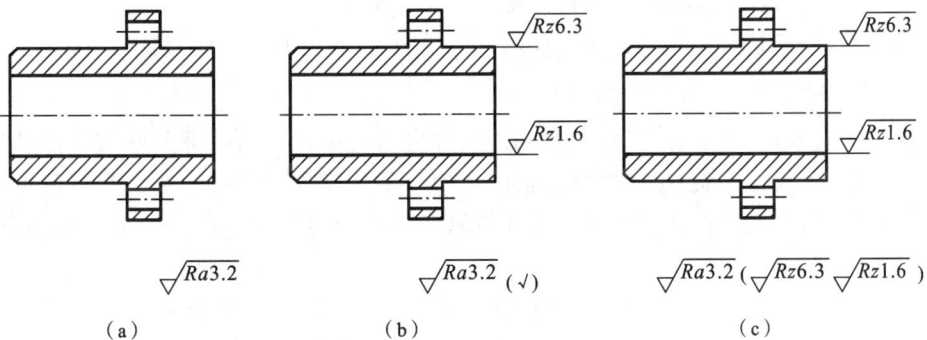

$\sqrt{Rz6.3}$

$\sqrt{Rz1.6}$

$\sqrt{Ra3.2}$

（a）

$\sqrt{Ra3.2}$ (√)

（b）

$\sqrt{Rz6.3}$

$\sqrt{Rz1.6}$

$\sqrt{Ra3.2}$ ($\sqrt{Rz6.3}$ $\sqrt{Rz1.6}$)

（c）

图 1-5-16　大多数表面有相同表面粗糙度的简化注法

4. 表面粗糙度的简化注法

（1）如果工件的全部表面具有相同的表面粗糙度，则图形中不再标注表面粗糙度代号，在紧邻标题栏的右上方统一标注表面粗糙度代号即可,如图 1-5-16(a)所示。

(2)如果工件的多数表面有相同的表面粗糙度,则表面粗糙度代号可统一标注在紧邻标题栏的右上方,并在表面粗糙度代号后面的圆括号内,给出无任何其他标注的基本符号,如图 1-5-16(b)所示;或将已在图形上注出的不同的表面粗糙度代号,一一抄注在圆括号内,如图 1-5-16(c)所示。

(3)只用表面粗糙度符号的简化注法。如图 1-5-17 所示,用表面粗糙度符号,以等式的形式给出对多个表面共同的表面粗糙度。

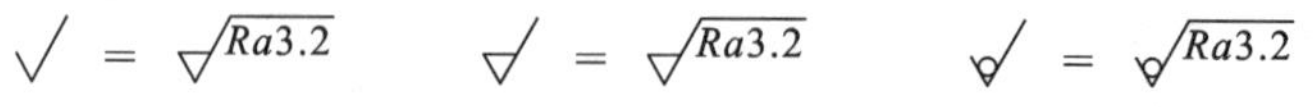

$$ \sqrt{} = \sqrt{Ra3.2} \qquad \sqrt{} = \sqrt{Ra3.2} \qquad \sqrt{} = \sqrt{Ra3.2} $$

(a)未指定工艺方法　　(b)要求去除材料　　(c)不允许去除材料

图 1-5-17　只用表面粗糙度符号的简化注法

5. 表面粗糙度代号的识读

在图样中,零件表面粗糙度是用代(符)号标注的,它由规定的符号和有关参数组成。表面粗糙度代号一般按下列方式识读。

(1)$\sqrt{Ra3.2}$,读作"表面粗糙度 Ra 的上限值为 3.2 μm(微米)"

(2)$\sqrt{Rz6.3}$,读作"表面粗糙度的最大高度 Rz 为 6.3 μm(微米)"。

四、中等复杂程度零件图的识读

零件的设计、生产加工以及技术改造过程中,都需要读零件图。因此,准确、熟练地读懂零件图,是工程技术人员必须掌握的基本技能之一。

读零件图的目的是:

(1)了解零件的名称、用途、材料等。

(2)了解零件各部分的结构、形状,以及它们之间的相对位置。

(3)了解零件的大小、制造方法和所提出的技术要求。

现以减速器箱盖零件图(见图 1-5-18)为例,说明读零件图的一般方法和步骤。

1. 概括了解

首先看标题栏,了解零件名称、材料和比例等内容。由零件名称可判断该零件属于哪一类零件;由材料可大致了解其加工方法;根据比例可估计零件的实际大小。对不熟悉的比较复杂的零件图,可对照装配图了解该零件在机器或部件中与其他零件的装配关系等,从而对零件有初步了解。

箱盖是减速器上的主要零件,它与箱体合在一起,起到支承齿轮轴及密封减速器的作用。零件的材料为灰铸铁,牌号为 HT200,说明零件毛坯的制造方法为铸造,因此应具备铸造的一些工艺结构。零件的绘图比例为 1∶1,由图形大小,可估计出该零件的真实大小。

2. 分析视图

分析视图,首先应找出主视图,再分析零件各视图的配置以及视图之间的关系,进而识

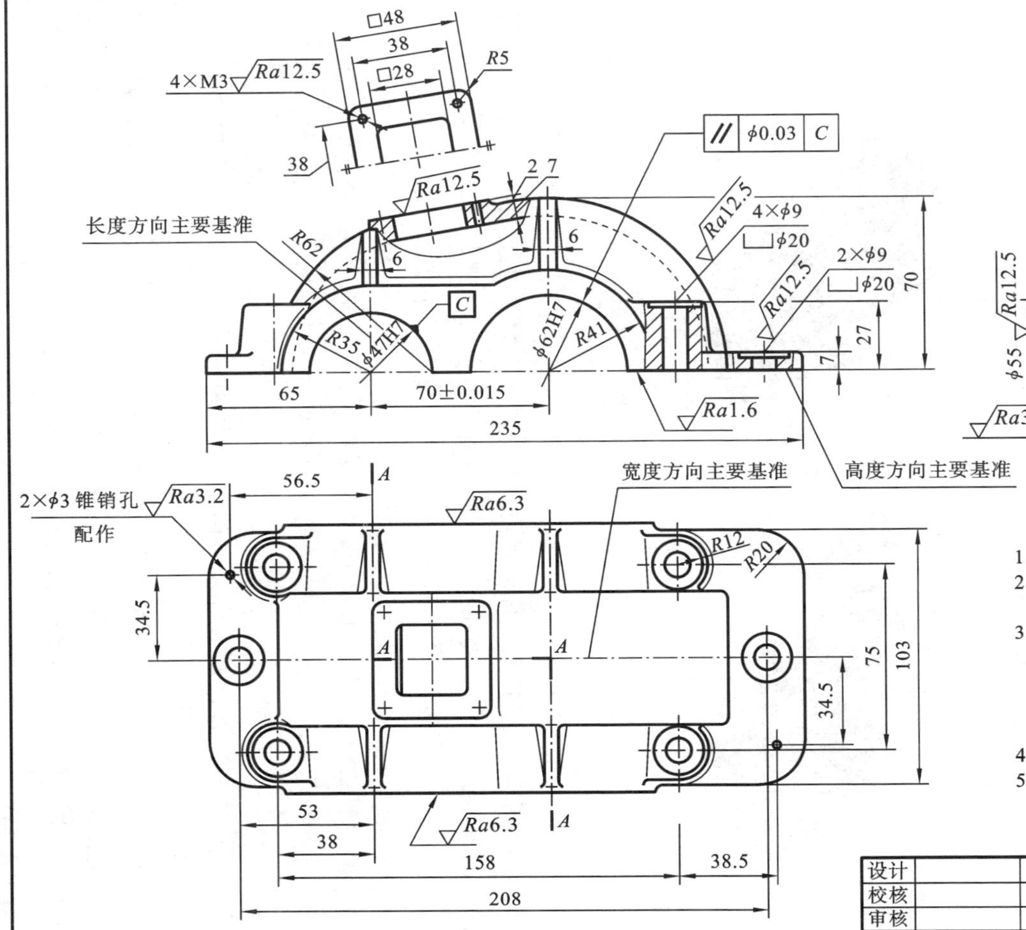
4×M3 Ra12.5
□48
38
□28
R5
38
// ϕ0.03 C
2 7
Ra12.5
长度方向主要基准
R62
6
6
C
R35
ϕ47H7
ϕ62H7
R41
Ra12.5
4×ϕ9
⌴ϕ20
2×ϕ9
⌴ϕ20
Ra12.5
70
27
7
65
70±0.015
Ra1.6
235
宽度方向主要基准
高度方向主要基准
2×ϕ3 锥销孔 Ra3.2
配作
56.5
A
Ra6.3
R12
R20
34.5
A
A
75
103
34.5
53
38
Ra6.3
A
158
38.5
208

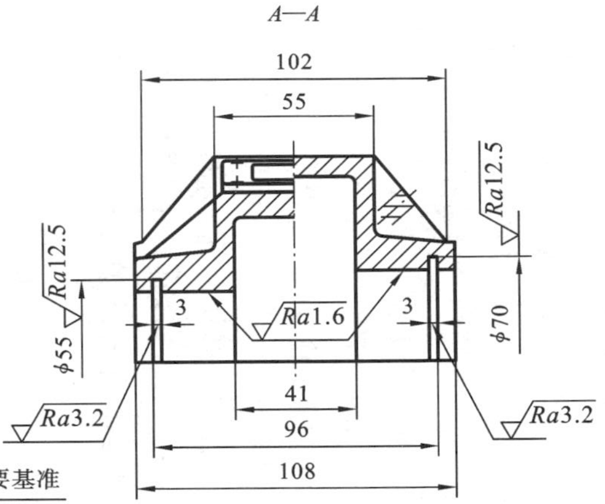
A—A
102
55
Ra12.5
Ra12.5
ϕ55
3
Ra1.6
3
ϕ70
41
96
108
Ra3.2
Ra3.2

技术要求

1. 箱盖铸成后，应清理并进行时效处理。
2. 箱盖与箱座合箱后，边缘应平齐、相互错位，每边不大于0.5。
3. 应仔细检查箱盖与箱座部分面接触的密合性，用0.05mm塞尺塞入深度不得大于剖分面宽度的三分之一。用涂色法检查，接触面积达到每平方厘米内不少于一个斑点。
4. 未注圆角$R3\sim R5$。
5. 与箱座连接后，打上定位销进行镗孔。镗孔时，结合面禁放任何衬垫。

$\sqrt{}$ （$\sqrt{}$）

设计			HT200		
校核			比例	1:1	箱盖
审核					
班级			共 张 第 张		

图1-5-18 箱盖零件图

别出其他视图的名称及投射方向。若采用剖视或断面的表达方法,还需确定出剖切位置。要运用形体分析法读懂零件各部分结构,想象出零件的结构形状。

零件的结构形状是读零件图的重点,组合体的读图方法仍适用于读零件图。读零件图的一般顺序是先整体、后局部;先主体结构、后局部结构;先读懂简单部分,再分析复杂部分。

主视图的选择符合箱盖的工作位置,采用三个基本视图和一个局部视图。

主视图中采用了三个局部剖视,分别表达连接螺孔和视孔的结构。左视图是采用两个平行的剖切面获得的全剖视图,主要表达两个轴孔的内部结构和两块肋板的形状。俯视图只画箱盖的外形,主要表达螺栓孔、锥销孔、视孔和肋板的分布情况,同时表达了箱盖的外形。

综合三个视图,由形体分析方法可知,箱盖主体结构的下方是一长方形板,中间凸起、左低右高两圆柱,其内部是空腔,如图 1-5-19 所示。为了与箱体准确地合在一起(便于加工和装配),加工出两个定位销孔和六个螺钉沉孔;为支承齿轮轴,加工出 $\phi47H7$ 和 $\phi62H7$ 两个轴孔;为了安装嵌入透盖和嵌入闷盖,加工出槽宽为 3、直径为 $\phi55$ 和 $\phi70$ 的两道槽;起模斜度、铸造圆角等均为铸造工艺结构。

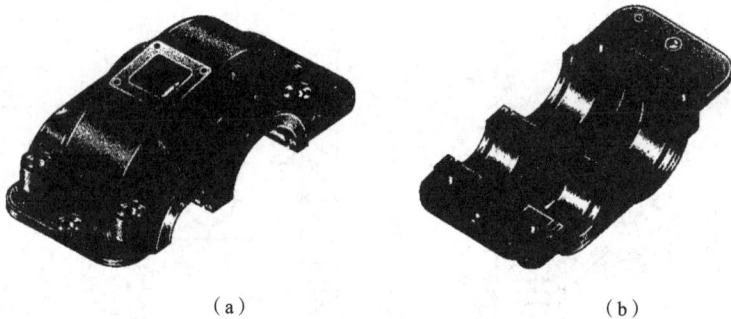

(a)　　　　　　　　　　　　　　　(b)

图 1-5-19　箱盖轴测图

3. 分析尺寸

零件图上的尺寸是制造、检验零件的重要依据。分析尺寸的主要目的是:根据零件的结构特点、设计和制造的工艺要求,找出尺寸基准,分清设计基准和工艺基准,明确尺寸种类和标注形式;分析影响性能的主要尺寸标注是否合理,标准结构要素的尺寸标注是否符合要求,其他尺寸是否满足工艺要求;校核尺寸标注是否完全等。

长度方向的主要基准为左侧的竖向中心线,以此来确定两轴孔中心距(70 ± 0.015)mm、箱盖左端面到中心线的距离 65 mm 等。左端面是长度方向的辅助基准,以此确定箱盖的总长 235 mm。

宽度方向的尺寸基准为箱盖前后方向的对称面,箱盖的宽度 108 mm、内腔的宽度 41 mm、槽的定位尺寸 96 mm 等由此注出。

高度方向的尺寸基准为箱盖的底面,底板的高度 7 mm、凸台的高度 27 mm、箱盖的总高 70 mm 等由此注出。两轴孔 $\phi47H7$ 和 $\phi62H7$ 及其中心距(70 ± 0.015)mm,是加工和装配所需的重要尺寸,分别标有尺寸公差和几何公差。

4. 了解技术要求

零件图上的技术要求是零件的制造质量指标。读图时应根据零件在机器中的作用,分析配合面或主要加工面的加工精度要求,了解其表面结构要求、尺寸公差、几何公差及其代号含义;再分析其余加工面和非加工面的相应要求,了解零件的热处理、表面处理及检验等其他技术要求,以便根据现有加工条件,确定合理的加工工艺,来保证这些技术要求。

箱盖有配合要求的加工面为两(半圆)轴孔,分别为 $\phi47H7$ 和 $\phi62H7$(基孔制间隙配合),其表面结构代号为 $Ra1.6$(表面粗糙度 Ra 的上限值为 $1.6\ \mu m$)。两轴孔中心距(70 ± 0.015)mm 是重要尺寸,其尺寸公差为 0.03 mm。两个定位销孔与箱体同钻铰,其表面结构代号为 $Ra3.2$(表面粗糙度 Ra 的上限值为 $3.2\ \mu m$)。箱盖底面与箱体上面为接触面,其表面结构代号为 $Ra1.6$(表面粗糙度 Ra 的上限值为 $1.6\ \mu m$)。非加工面为毛坯面,由铸造直接获得。

箱盖两(半圆)轴孔有几何公差的要求。$\phi47H7$ 轴孔的轴线为基准线,$\phi62H7$ 轴孔的轴线对 $\phi47H7$ 轴线的平行度公差为 $\phi0.03$ mm。

标题栏上方的技术要求,则用文字说明了零件的热处理要求、铸造圆角的尺寸,以及镗孔加工时的要求。

通过上述方法和步骤读图,可对零件有全面的了解,但对某些比较复杂的零件,还需参考有关技术资料和相关的装配图,才能彻底读懂。读图的各个步骤也可视零件的具体情况灵活运用,交叉进行。

五、极限的概念、标准公差与基本偏差

在一批相同的零件中任取一个,不需修配便可装到机器上并能满足使用要求的性质,称为互换性。

为使零件具有互换性,必须保证零件的尺寸、表面粗糙度、几何形状及零件上有关要素的相互位置等技术要求的一致性。就尺寸而言,互换性要求尺寸的一致性,并不是要求零件都准确地制成一个指定的尺寸,而只是限定其在一个合理的范围内变动。对于相互配合的零件,这个范围,一是要求在使用和制造上是合理、经济的;再就是要求保证相互配合的尺寸之间形成一定的配合关系,以满足不同的使用要求。前者要以"公差"的标准化——极限制来解决,后者要以"配合"的标准化来解决,由此产生了"极限与配合"制度。

1. 尺寸公差与公差带

在机械加工过程中,不可能将零件的尺寸加工得绝对准确,而是允许零件的实际尺寸在合理的范围内变动。这个允许的尺寸变动量就是尺寸公差,简称公差。公差越小,零件的精度越高,实际尺寸的允许变动量也越小;反之,公差越大,零件的精度越低。

如图 1-5-20(a)、(b)所示,轴的直径尺寸 $\phi40^{+0.050}_{+0.034}$ 中,$\phi40$ 是设计给定的尺寸,称为公称尺寸。$\phi40$ 后面的 $^{+0.050}_{+0.034}$ 是什么含义呢? 其中,+0.050 称为上极限偏差,+0.034 称为下极限偏差。它们的含义分别是:轴的直径允许的最大尺寸,即上极限尺寸为 40 mm+0.05 mm=40.05 mm;轴的直径允许的最小尺寸,即下极限尺寸为 40 mm+0.034 mm=40.034 mm。

也就是说,轴的直径最粗为 $\phi40.05$ mm、最细为 $\phi40.034$ mm。轴径的实际尺寸只要在 $\phi40.034\sim\phi40.05$ mm 的范围内,就是合格的。

由此可见,"公差=上极限尺寸-下极限尺寸",即 40.05 mm-40.034 mm=0.016 mm;

或"公差＝上极限偏差－下极限偏差"，即 0.05 mm-0.034 mm$=0.016$ mm。

上极限偏差和下极限偏差统称为极限偏差。极限偏差可以是正值、负值或零；而公差恒为正值，不能是零或负值。

在公差分析中，常把公称尺寸、极限偏差及尺寸公差之间的关系简化成公差带图，如图1-5-20(c)所示。

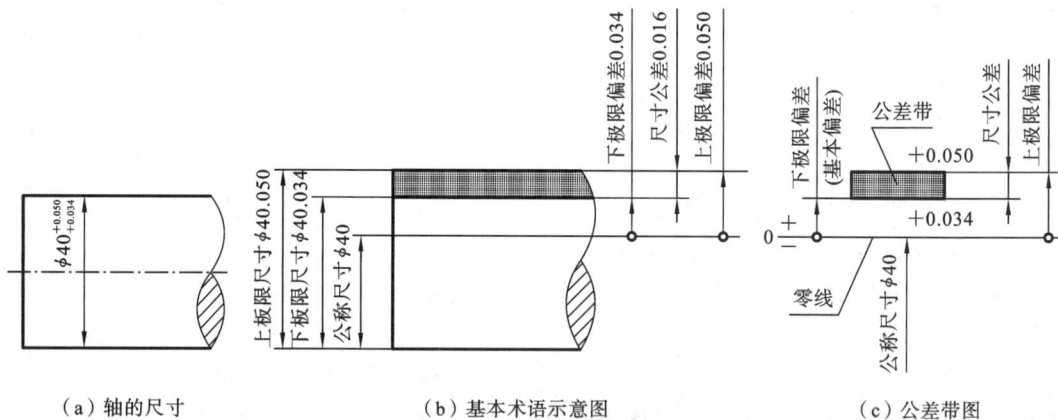

（a）轴的尺寸 （b）基本术语示意图 （c）公差带图

图 1-5-20 基本术语和公差带示意图

在公差带图解中，由代表上、下极限偏差的两条直线所限定的一个区域，称为公差带。在极限与配合图解中，表示公称尺寸的一条直线称为零线，以其为基准确定极限偏差和尺寸公差。

2. 标准公差与基本偏差

公差带由公差带大小和公差带位置两个要素来确定。

(1) 标准公差。公差带大小由标准公差来确定。标准公差分为 20 个等级，即 IT01，IT0，IT1，IT2，…，IT18。IT 代表标准公差，数字表示公差等级。IT01 公差值最小，精度最高；IT18 公差值最大，精度最低。标准公差数值可在表 A-1 中查得（见附录 A）。

(2) 基本偏差。公差带相对零线的位置由基本偏差来确定。基本偏差通常是指靠近零线的那个极限偏差，它可以是上极限偏差或下极限偏差。当公差带在零线上方时，基本偏差为下极限偏差，如图 1-5-20(c)所示。当公差带在零线下方时，基本偏差为上极限偏差。

《产品几何技术规范(GPS)　线性尺寸公差 ISO 代号体系　第 1 部分：公差、偏差和配合的基础》(GB/T 1800.1—2020)对孔和轴各规定了 28 个不同的基本偏差。基本偏差代号用拉丁字母表示。其中，用一个字母表示的有 21 个，用两个字母表示的有 7 个。从 26 个拉丁字母中去掉了易与其他含义相混淆的 I、L、O、Q、W(i、l、o、q、w)5 个字母。大写字母表示孔，小写字母表示轴。轴和孔的基本偏差代号与数值可在表 A-2、表 A-3(见附录 A)中查得。

如果基本偏差和标准公差确定了，那么孔和轴的公差带大小和位置就确定了。

图 1-5-21 为基本偏差系列示意图，图中各公差带只表示了公差带位置，即基本偏差，另一端开口，由相应的标准公差确定。

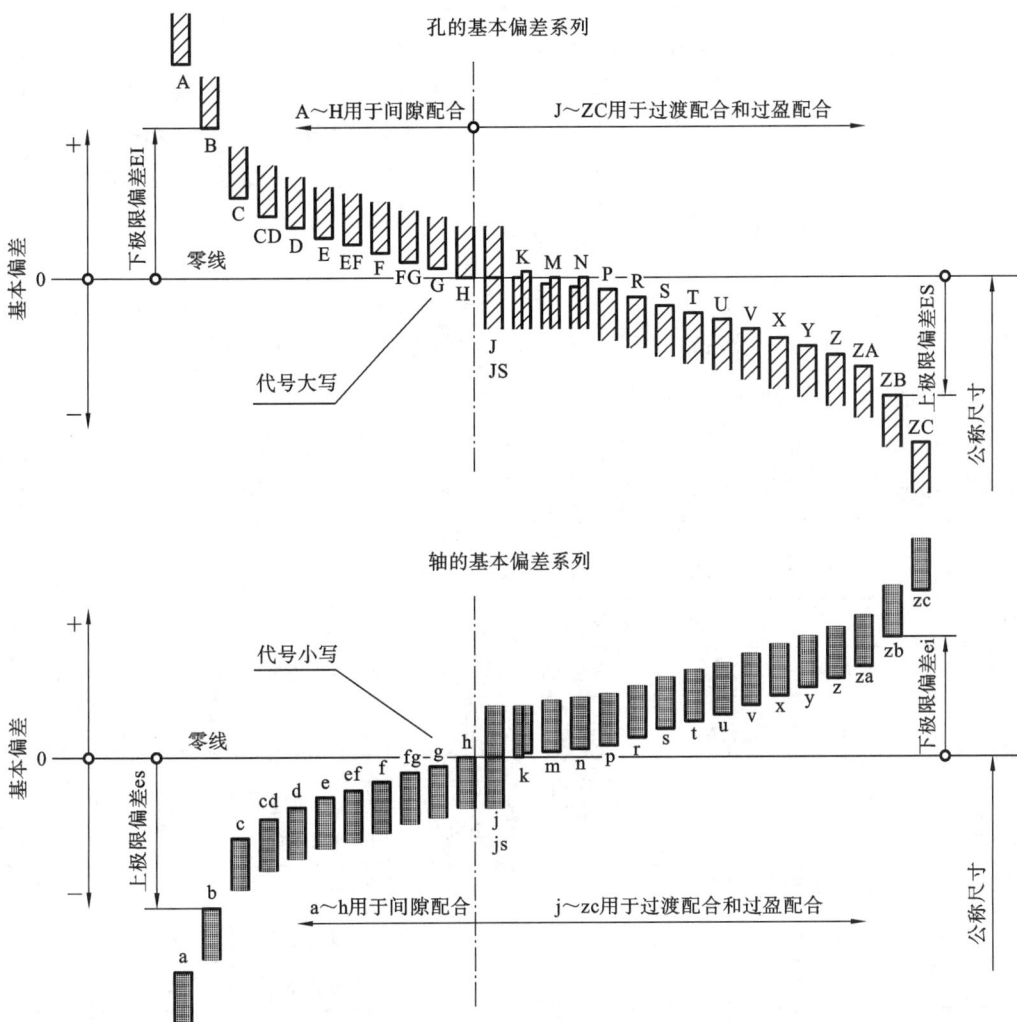

图 1-5-21　基本偏差系列示意图

【例 1-5-1】　查表确定公称尺寸为 φ35、公差等级为 IT8 级的标准公差数值。

解　查表 A-1,找到竖列 IT8→横排"大于 30 至 50"的交点,得到其标准公差数值为 39 μm(即 0.039 mm)。

【例 1-5-2】　查表确定公称尺寸为 φ80、公差等级为 IT5 级的标准公差数值。

解　查表 A-1,找到竖列 IT5→横排有"大于 50 至 80"和"大于 80 至 120"两处,此时横排选择"大于 50 至 80",得到其标准公差数值为 13 μm(即 0.013 mm)。

【例 1-5-3】　查表确定公称尺寸为 φ30、基本偏差代号为 f 和 p 的基本偏差数值。

解　查表 A-4(轴的基本偏差数值),找到竖列 f→横排"大于 24 至 30"的交点,得到 f 的基本偏差为"−20 μm"(即 0.02 mm),说明公差带在零线下方,基本偏差为上极限偏差;查表 A-5,由横排继续向右找到与竖列 p 的交点,得到 p 的基本偏差为"+22 μm"(即 0.022 mm),说明公差带在零线上方,基本偏差为下极限偏差。

【例1-5-4】 查表确定公称尺寸为 $\phi40$、基本偏差代号为 h 和 H 的基本偏差数值。

解 查表 A-4(轴的基本偏差数值),找到竖列 h→横排"大于 30 至 40"的交点,得到 h 的基本偏差(整列)为"0",说明轴的上极限偏差与零线重合;查表 A-2(孔的基本偏差数值),找到竖列 H→横排"大于 30 至 40"的交点,得到 H 的基本偏差(整列)为"0",说明孔的下极限偏差与零线重合。

六、尺寸公差在图样上的标注和识读

零件的几何公差是指形状公差、方向公差、位置公差和跳动公差。对于精度要求较高的零件,要规定其几何公差,合理地确定几何公差是保证产品质量的重要措施。

1. 几何公差的几何特征和符号

国家标准《产品几何技术规范(GPS) 几何公差 形状、方向、位置和跳动公差标注》(GB/T 1182—2018)规定,几何公差的几何特征 19 项(符号 14 个),即形状公差 6 项、方向公差 5 项、位置公差 6 项、跳动公差 2 项,如表 1-5-2 所示。

表 1-5-2 几何公差的分类、几何特征及符号(摘自 GB/T 1182—2018)

公差类型	几何特征	符 号	有无基准	公差类型	几何特征	符 号	有无基准
形状公差	直线度	─	无	位置公差	位置度	⊕	有或无
	平面度	▱	无		同心度 (用于中心点)	◎	有
	圆度	○	无		同轴度 (用于轴线)	◎	有
	圆柱度	⌀	无		对称度	═	有
	线轮廓度	⌒	无		线轮廓度	⌒	有
	面轮廓度	⌓	无		面轮廓度	⌓	有
方向公差	平行度	∥	有	跳动公差	圆跳动	↗	有
	垂直度	⊥	有		全跳动	↗↗	有
	倾斜度	∠	有		—	—	—
	线轮廓度	⌒	有		—	—	—
	面轮廓度	⌓	有		—	—	—

2. 几何公差的标注

几何公差要求在矩形框格中给出。该框格由两格或多格组成,框格中的内容从左到右按几何特征符号、公差数值、基准字母的次序填写,其标注的基本形式及其框格、几何特征符号、数字规格、基准三角形的画法等如图 1-5-22 所示。

图 1-5-23 所示的为标注几何公差的图例。从图中可以看到,标注几何公差时应遵守以下规定:

(1)当被测要素是表面或轴线时,从框格引出的指引线箭头,应指在该要素的轮线或其

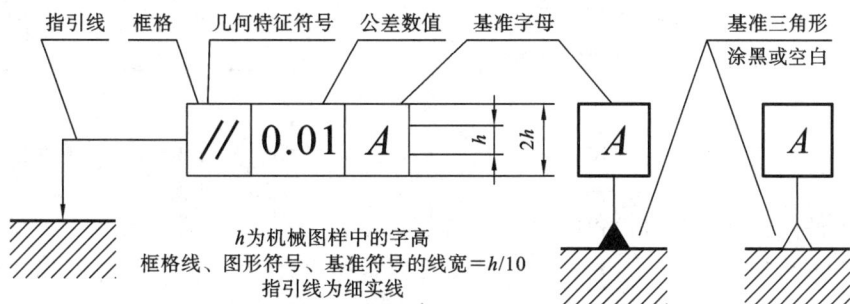

图 1-5-22 几何特征符号及基准三角形

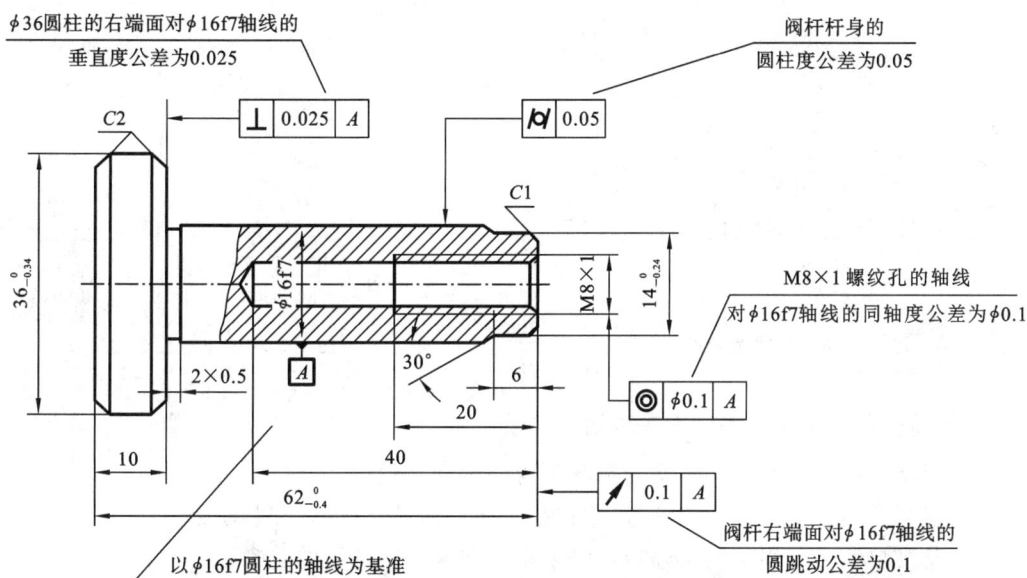

图 1-5-23 几何公差的标注示例

延长线上。

（2）当被测要素是轴线时,应将箭头与该要素的尺寸线对齐(如 M8×1 轴线的同轴度要求的注法)。

（3）当基准要素是轴线时,应将基准三角形与该要素的尺寸线对齐(如基准 A)。

七、常用形位公差的特征项目、符号及其标注和识读

1. 认识形状和位置公差

图 1-5-24(a)所示的为一理想形状的销轴,而加工后其实际形状发生了变化,即轴线变弯了,如图 1-5-24(b)所示,因而产生了直线度误差。

又如,图 1-5-25(a)所示的为一要求严格的四棱柱,加工后的实际位置却是上表面倾斜了,如图 1-5-25(b)所示,因而产生了平行度误差。

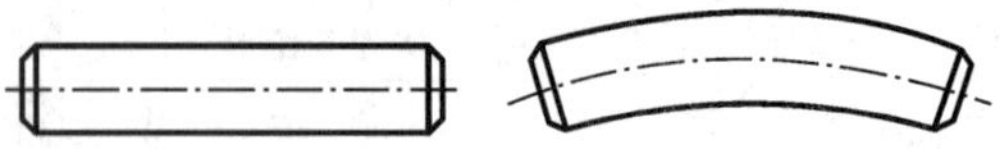

(a)　　(b)

图 1-5-24　形状误差

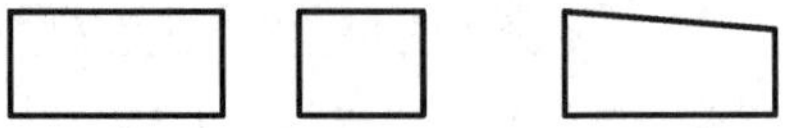

(a)　　(b)

图 1-5-25　位置误差

如果零件存在严重的形状和位置误差,将使其装配造成困难,影响机器的质量,因此,对于精度要求较高的零件,除给出尺寸公差外,还应根据设计要求,合理地确定出形状和位置误差的最大允许值,如图 1-5-26(b)中的 ϕ0.08(即销轴轴线必须位于直径为公差值 ϕ0.08 mm 的圆柱面内,如图 1-5-26(a)所示)、图 1-5-27(b)中的 0.1(即上表面必须位于距离为公差值0.1 mm 且平行于基准表面 A 的两平行平面之间,如图 1-5-27(a)所示)。

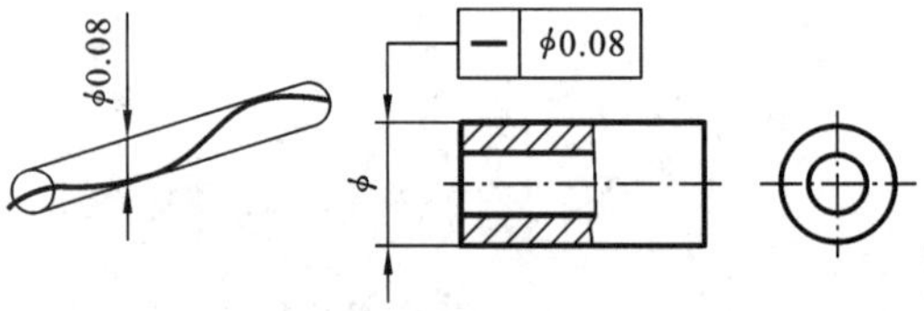

(a)　　(b)

图 1-5-26　直线度公差

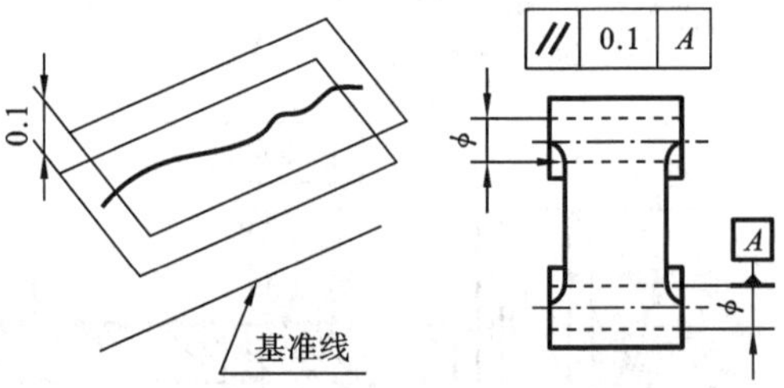

(a)　　(b)

图 1-5-27　平行度公差

2. 形状公差和位置公差的有关术语

(1) 形状公差——指实际要素的形状所允许的变动量。

(2) 位置公差——允许的变动量,它包括定向公差、定位公差和跳动公差。

(3) 基准要素——用来确定理想被测要素方向或(和)位置的要素。

3. 形位公差的项目、符号及公差带

形位公差的分类、项目及符号如表 1-5-3 所示。

表 1-5-3　形位公差的分类、项目及符号

分类	项目	特征符号		有或无基准要求
形状公差	形状	直线度	⏤	无
		平面度	⏥	无
		圆度	○	无
		圆柱度	⌭	无
形状或位置	轮廓	线轮廓度	⌒	有或无
		面轮廓度	⌓	有或无

续表

分类	项目	特征符号		有或无基准要求
位置公差	定向	平行度	//	有
		垂直度	⊥	有
		倾斜度	∠	有
	定位	位置度	⊕	有或无
		同轴度	◎	有
		对称度	≡	有
	跳动	圆跳动	↗	有
		全跳动	↗↗	有

注：国家标准 GB/T 1182—2018 规定项目特征符号线型为 $h/10$，符号高度为 h（同字高）。其中，平面度、圆柱度、平行度、跳动等符号的倾斜角度为 75°。

4．形位公差的标注

1）公差框格

公差框格用细实线画出，可画成水平的或垂直的，框格高度是图样中尺寸数字高度的 2 倍，它的长度视需要而定。框格中的数字、字母、符号与图样中的数字等高。图 1-5-28 所示的为形状公差和位置公差的框格形式，用带箭头的指引线将被测要素与公差框格一端相连。

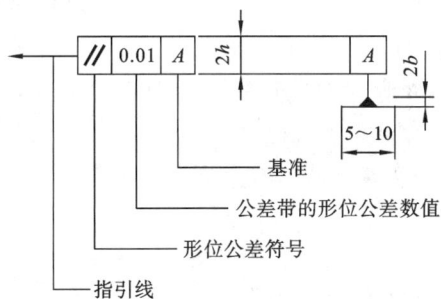

图 1-5-28　形位公差代号及基准符号

2）被测要素

用带箭头的指引线将被测要素与公差框格一端相连，指引线箭头指向公差带的宽度方向或直径方向。指引线箭头所指部位可有：

（1）当被测要素为整体轴线或公共中心平面时，指引线箭头可直接指在轴线或中心线上，如图 1-5-29（a）所示。

（2）当被测要素为轴线、球心或中心平面时，指引线箭头应与该要素的尺寸线对齐，如图 1-5-29（b）所示。

（3）当被测要素为线或表面时，指引线箭头应指该要素的轮廓线或其引出线上，并应明显地与尺寸线错开,如图 1-5-29(c)所示。

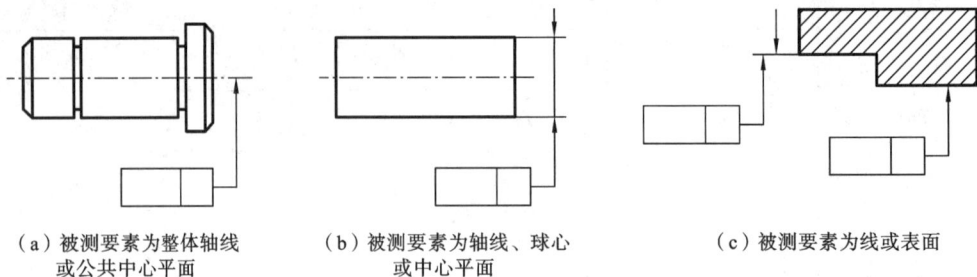

（a）被测要素为整体轴线
或公共中心平面　　（b）被测要素为轴线、球心
或中心平面　　（c）被测要素为线或表面

图 1-5-29　被测要素标注示例

3）基准要素

基准符号的画法如图 1-5-30 所示,无论基准符号在图中的方向如何,正方形内的字母一律水平书写。

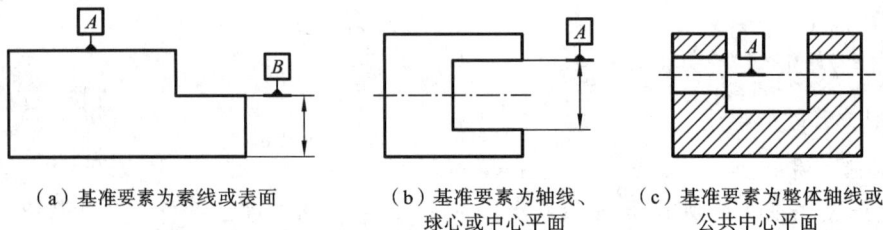

（a）基准要素为素线或表面　　（b）基准要素为轴线、
球心或中心平面　　（c）基准要素为整体轴线或
公共中心平面

图 1-5-30　基准要素标注示例

（1）当基准要素为素线或表面时,基准符号应靠近该要素的轮廓线或引出线标注,并应明显地与尺寸线箭头错开,如图 1-5-30(a)所示。

（2）当基准要素为轴线、球心或中心平面时,基准符号应与该要素的尺寸线箭头对齐,如图 1-5-30(b)所示。

（3）当基准要素为整体轴线或公共中心平面时,基准符号可直接靠近公共轴线（或公共中心线）标注,如图 1-5-30(c)所示。

【例 1-5-5】 如图 1-5-31 所示,解释图样中形位公差的意义。

解 图 1-5-31 中的形位公差的意义如下。

（1）$\boxed{\cancel{\text{/}}|0.05}$:$\phi32$ mm 圆柱面的圆柱度公差为 0.05 mm,即该被测圆柱面必须位于半径差为公差值 0.05 mm 的两同轴圆柱面之间。

（2）$\boxed{\odot|\phi0.1|A}$:M12×1 的轴线对基准 A($\phi32$ mm 圆柱面的轴线)的同轴度公差为 0.1 mm,即被测圆柱面的轴线必须位于直径为公差值 $\phi0.1$ mm,且与基准轴线 A 同轴的圆柱面内。

（3）$\boxed{\text{/}|0.01|A}$:$\phi32$ mm 圆柱的右端面对基准 A 的端面圆跳动公差为 0.01 mm,即被测面围绕基准 A 旋转一周时,任一测量直径处的轴向圆跳动量不得大于公差值0.01 mm。

（4）$\boxed{\perp|0.025|A}$:$\phi72$ mm 圆柱的右端面对基准 A 的垂直度公差为 0.025 mm,即该被测面必须位于距离为公差值 0.025 mm,且垂直于基准 A 的两平行平面之间。

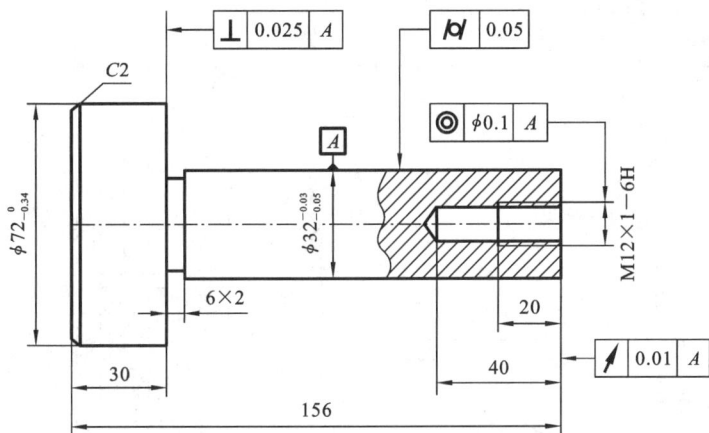

图 1-5-31 形位公差综合标注举例

第六节 装 配 图

一、装配图的零件序号和明细栏

装配图是表示产品及其组成部分的连接、装配关系及其技术要求的图样。它主要反映机器(或部件)的工作原理、各零件之间的装配关系、传动路线和主要零件的结构形状,是设计和绘制零件图的主要依据,也是装配生产过程中调试、安装、维修的主要技术文件。

图 1-6-1 为传动器的轴测剖视图。图 1-6-2 为传动器的装配图,从图中可以看出,一张完整的装配图具备以下五方面内容。

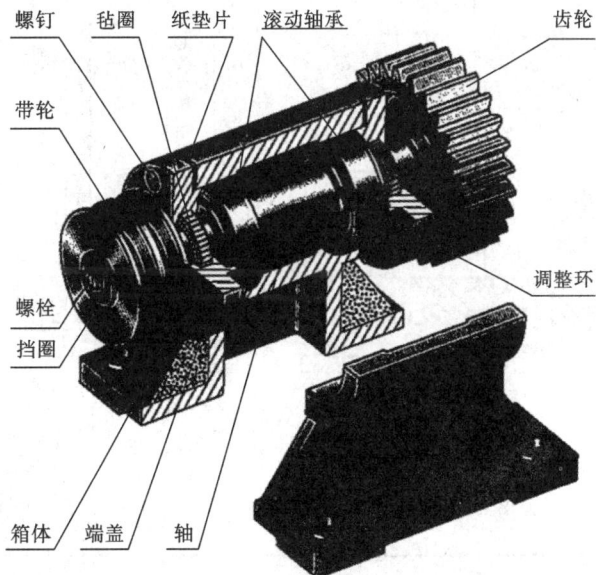

图 1-6-1 传动器轴测剖视图

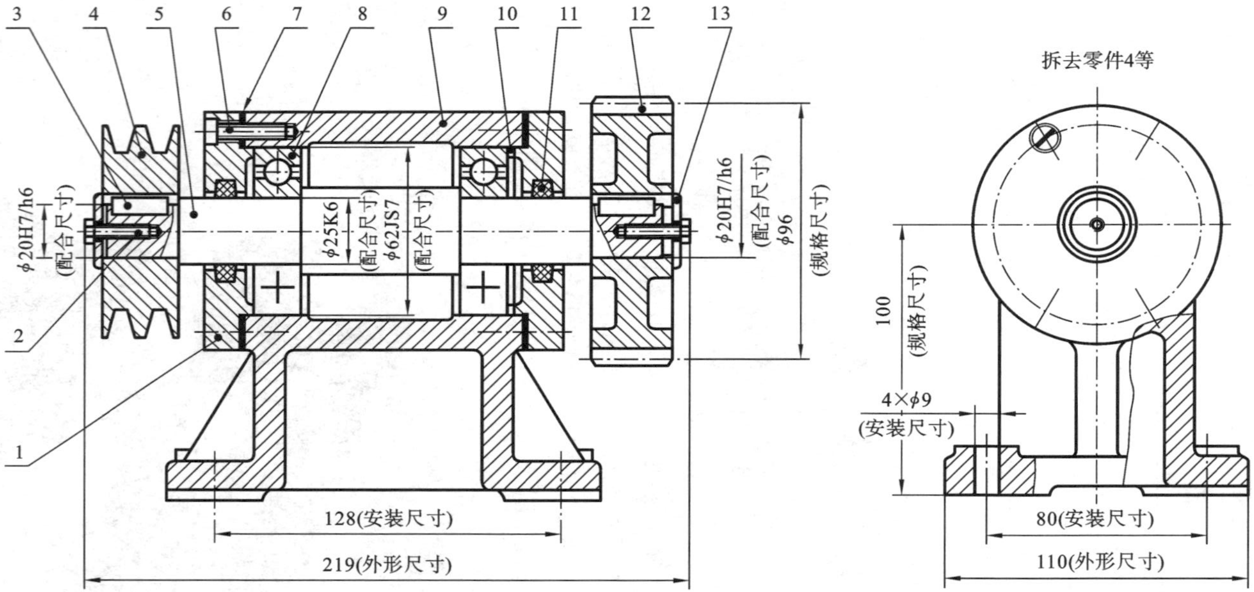

技术要求

1. 用手转动主轴时应旋转轻松灵活。
2.主轴轴线与箱底平面的平行度公差为0.05。

13	GB/T 892—1986	挡圈B28	2		
12		齿轮	1	45	$m=3$ $z=32$
11		毡圈	2	半粗羊毛	
10		调整环	1	0235A	
9		箱体	1	HT200	
8	GB/T 276—2013	滚动轴承 6305	2		
7		纸垫片	2	纸	
6	GB/T 65—2016	螺钉 M6×20	12		
5		轴	1	45	

4		带轮	1	HT200	
3	GB/T 1096—2003	键 6×6×20	2		
2	GB/T 5781—2016	螺栓 M5×20	2		
1		端盖	2	HT200	
序号	代号	名称	数量	材料	备注

设计				
校核			比例 1∶1	传动器
审核				
班级			共 张第 张	

图1-6-2 传动器装配图

（1）一组视图：用来表达机器的工作原理、装配关系、传动路线，以及各零件的相对位置、连接方式和主要零件结构形状等。

（2）必要的尺寸：装配图中只需标注表达机器（或部件）规格、性能、外形的尺寸以及装配和安装时所必需的尺寸。

（3）技术要求：用文字说明机器（或部件）在装配、调试、安装和使用过程中的技术要求。

（4）零件序号和明细栏：为了便于生产管理和看图，装配图中必须对每种零件进行编号，并在标题栏上方绘制明细栏，明细栏中要按编号填写零件的名称、材料、数量，以及标准件的规格尺寸等。

（5）标题栏：装配图的标题栏包括机器（或部件）名称、图号、比例，以及图样责任者的签名等内容。

二、配合的概念、种类

在设计和绘制装配图的过程中，应考虑到装配结构的合理性，以保证机器或部件的性能要求，并给零件的加工和装拆带来方便。

1. 接触面的数量

为了避免装配时不同的表面相互干涉，两零件在同一个方向上的接触面数量，一般不得多于一个，否则会给加工和装配带来困难，如图1-6-3所示。

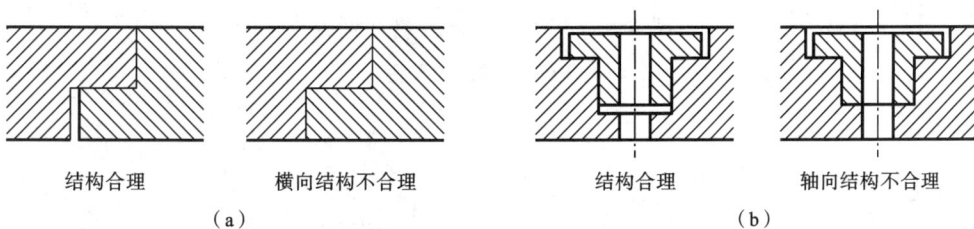

结构合理　　横向结构不合理　　　结构合理　　轴向结构不合理

（a）　　　　　　　　　　　（b）

图1-6-3　接触面的画法

2. 轴与孔的配合

轴与孔配合且轴肩与端面相互接触时，在两接触面的交角处（孔端或轴的根部）应加工出倒角、退刀槽或不同大小的倒圆，以保证两个方向的接触面均接触良好，确保装配精度。如图1-6-4（a）所示的孔口倒角、图1-6-4（b）所示的轴肩处切槽，能保证孔口端面与轴肩有良好接触。图1-6-4（c）所示的结构是错误的。

3. 锥面的配合

由于锥面配合能同时确定轴向和径向的位置，因此当锥孔不通时，锥体顶部与锥孔底部之间必须留有间隙，否则得不到稳定的配合，如图1-6-5所示。

4. 滚动轴承的轴向固定结构

为了防止滚动轴承产生轴向窜动，必须采用一定的结构来固定其内、外圈。常用的轴向固定结构形式有轴肩、台肩、弹性挡圈、端盖凸缘、圆螺母、止退垫圈和轴端挡圈等。若轴肩过高或座孔直径过小，则会给滚动轴承的拆卸带来困难，如图1-6-6所示。

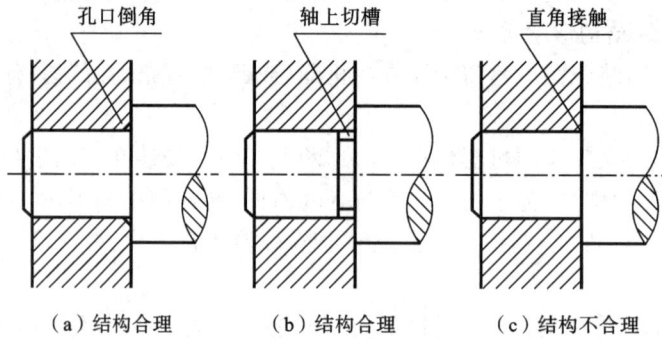

（a）结构合理   （b）结构合理   （c）结构不合理

图 1-6-4　轴与孔的配合

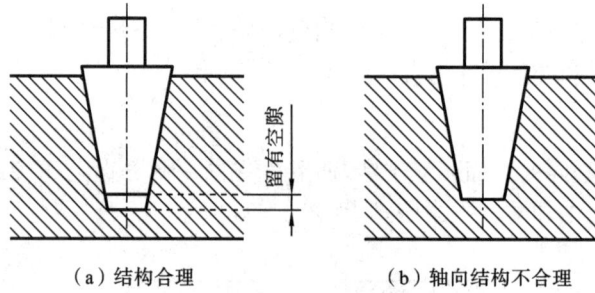

（a）结构合理　　　　　　　（b）轴向结构不合理

图 1-6-5　锥面的配合

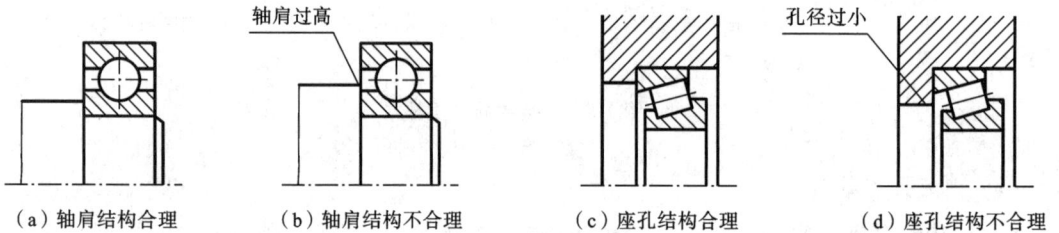

（a）轴肩结构合理　　（b）轴肩结构不合理　　（c）座孔结构合理　　（d）座孔结构不合理

图 1-6-6　滚动轴承的轴向固定结构

5. 螺纹连接防松结构

为了防止螺纹连接在工作中由于机器振动而松动,常采用螺纹防松装置。如双螺母防松,其结构形式如图 1-6-7(a)所示;弹簧垫圈防松,其结构形式如图 1-6-7(b)所示;开口销防松,其结构形式如图 1-6-7(c)所示。

6. 螺栓连接结构

采用螺栓连接时,孔的位置与箱壁之间应有足够的空间,以保证装配的可能和方便,如图 1-6-8 所示。

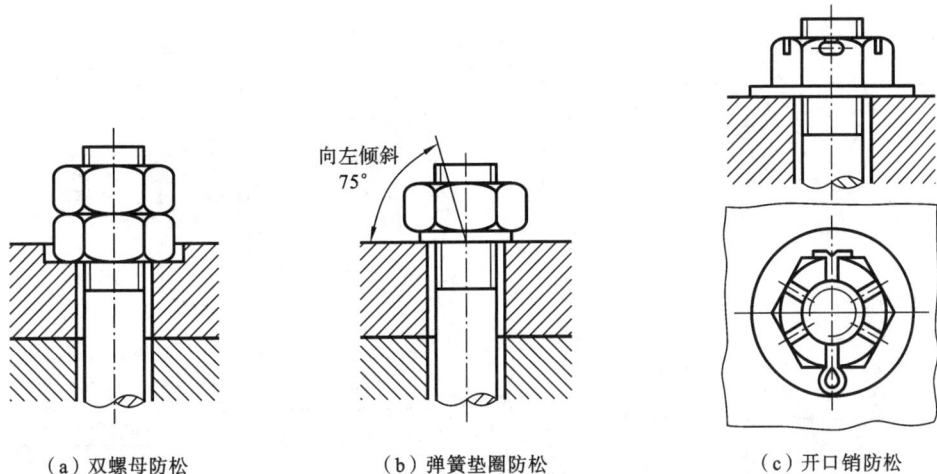

（a）双螺母防松　　　　　（b）弹簧垫圈防松　　　　　（c）开口销防松

图 1-6-7　螺纹连接防松结构

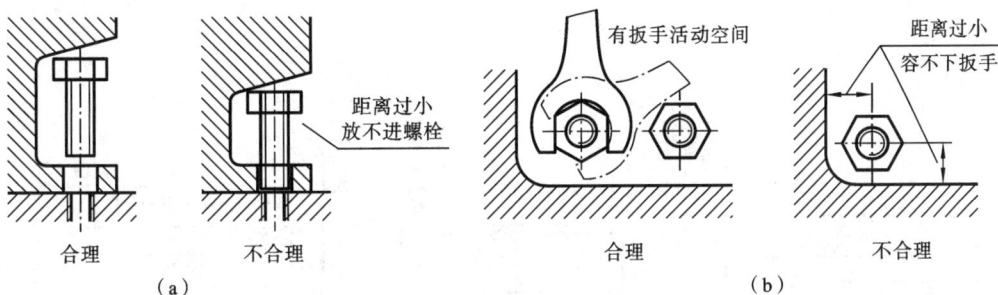

合理　　　　不合理　　　　　　　　合理　　　　不合理

（a）　　　　　　　　　　　　　　　　　（b）

图 1-6-8　螺栓连接结构

三、配合在装配图上的标注和识读

基本尺寸相同,相互结合的孔和轴公差带之间的关系称为配合。

1. 配合的种类

根据机器的设计要求和生产实际的需要,国家标准将配合分为三类:

(1) 间隙配合。孔的公差带完全在轴的公差带之上,任取其中一对轴和孔相配都称为具有间隙的配合(包括最小间隙为零),如图 1-6-9 所示。

(2) 过盈配合。孔的公差带完全在轴的公差带之下,任取其中一对轴和孔相配都称为具有过盈的配合(包括最小过盈为零),如图 1-6-10 所示。

(3) 过渡配合。孔和轴的公差带相互交叠,任取其中一对孔和轴相配合,可能具有间隙,也可能具有过盈的配合,如图 1-6-11 所示。

2. 配合的基准制

国家标准规定了如下两种基准制。

(1) 基孔制。基本偏差一定的孔的公差带与不同基本偏差的轴的公差带构成各种配合

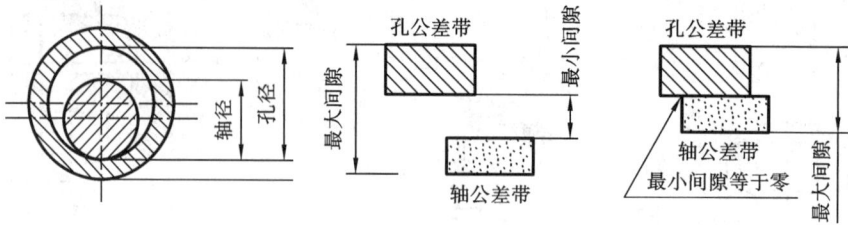

图 1-6-9　间隙配合

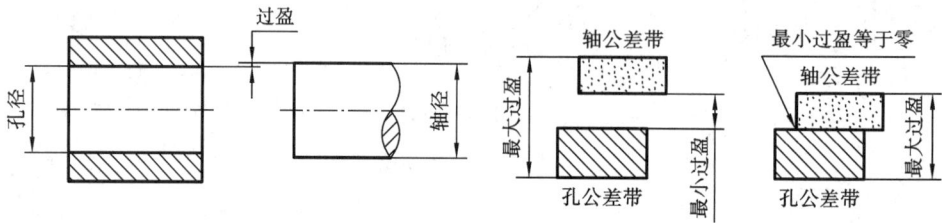

图 1-6-10　过盈配合

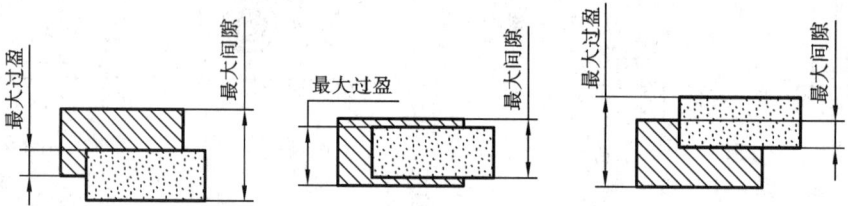

图 1-6-11　过渡配合

的一种制度称为基孔制。这种制度在同一基本尺寸的配合中，是将孔的公差带位置固定，通过变动轴的公差带位置，得到各种不同的配合，如图 1-6-12 所示。

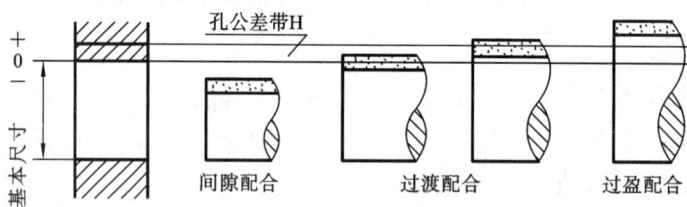

图 1-6-12　基孔制配合

　　基孔制的孔称为基准孔。国标规定基准孔的下偏差为零，"H"为基准孔的基本偏差。

　　（2）基轴制。基本偏差一定的轴的公差带与不同基本偏差的孔的公差带构成各种配合的一种制度称为基轴制。这种制度在同一基本尺寸的配合中，是将轴的公差带位置固定，通过变动孔的公差带位置，得到各种不同的配合，如图 1-6-13 所示。

　　基轴制的轴称为基准轴。国家标准规定基准轴的上偏差为零，"h"为基轴制的基本

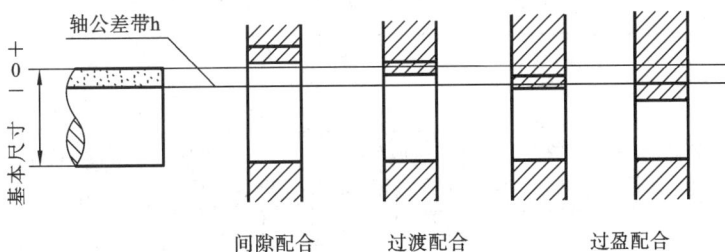

图 1-6-13　基轴制配合

偏差。

3. 优先和常用配合

国家标准根据机械工业产品生产使用的需要,考虑到定值刀具、量具的统一,规定了一般用途孔公差带 105 种,轴公差带 119 种以及优先选用的孔、轴公差带。国家标准还规定轴、孔公差带中组合成基孔制常用配合 59 种,优先配合 13 种;基轴制常用配合 47 种,优先配合 13 种。表 1-6-1 所示的为基孔制常用、优先配合系列,表 1-6-2 所示的为基轴制常用、优先配合系列。在设计中,应根据配合特性和使用功能,尽量选用优先和常用配合。

表 1-6-1　基孔制常用、优先配合

基准孔	轴																				
	a	b	c	d	e	f	g	h	js	k	m	n	p	r	s	t	u	v	x	y	z
	间隙配合								过渡配合				过盈配合								
H6						$\frac{H6}{f5}$	$\frac{H6}{g5}$	$\frac{H6}{h5}$	$\frac{H6}{js5}$	$\frac{H6}{k5}$	$\frac{H6}{m5}$	$\frac{H6}{n5}$	$\frac{H6}{p5}$	$\frac{H6}{r5}$	$\frac{H6}{s5}$	$\frac{H6}{t5}$					
H7						$\frac{H7}{f6}$	$\frac{H7}{g6}$	$\frac{H7}{h6}$	$\frac{H7}{js6}$	$\frac{H7}{k6}$	$\frac{H7}{m6}$	$\frac{H7}{n6}$	$\frac{H7}{p6}$	$\frac{H7}{r6}$	$\frac{H7}{s6}$	$\frac{H7}{t6}$	$\frac{H7}{u6}$	$\frac{H7}{v6}$	$\frac{H7}{x6}$	$\frac{H7}{y6}$	$\frac{H7}{z6}$
H8					$\frac{H8}{e7}$	$\frac{H8}{f7}$	$\frac{H8}{g7}$	$\frac{H8}{h7}$	$\frac{H8}{js7}$	$\frac{H8}{k7}$	$\frac{H8}{m7}$	$\frac{H8}{n7}$	$\frac{H8}{p7}$	$\frac{H8}{r7}$	$\frac{H8}{s7}$	$\frac{H8}{t7}$	$\frac{H8}{u7}$				
			$\frac{H8}{d8}$	$\frac{H8}{e8}$	$\frac{H8}{f8}$		$\frac{H8}{h8}$													
H9			$\frac{H9}{c9}$	$\frac{H9}{d9}$	$\frac{H9}{e9}$	$\frac{H9}{f9}$		$\frac{H9}{h9}$													
H10			$\frac{H10}{c10}$	$\frac{H10}{d10}$				$\frac{H10}{h10}$													
H11	$\frac{H11}{a11}$	$\frac{H11}{b11}$	$\frac{H11}{c11}$	$\frac{H11}{d11}$				$\frac{H11}{h11}$													
H12		$\frac{H12}{b12}$						$\frac{H12}{h12}$													

注:1. $\frac{H6}{n5}$、$\frac{H7}{p6}$≤3 mm 和 $\frac{H8}{r7}$≤100 mm 时为过渡配合。

2. 黑框中的配合符号为优先配合。

表 1-6-2　基轴制常用、优先配合

基准孔	轴																				
	a	b	c	d	e	f	g	h	js	k	m	n	p	r	s	t	u	v	x	y	z
	间隙配合								过渡配合				过盈配合								
H6					H6/e7…	H6/f5	H6/g5	H6/h5	H6/js5	H6/k5	H6/m5	H6/n5	H6/p5	H6/r5	H6/s5	H6/t5					
H7						H7/f6	H7/g6	H7/h6	H7/js6	H7/k6	H7/m6	H7/n6	H7/p6	H7/r6	H7/s6	H7/t6	H7/u6	H7/v6	H7/x6	H7/y6	H7/z6
H8					H8/e7	H8/f7	H8/g7	H8/h7	H8/js7	H8/k7	H8/m7	H8/n7	H8/p7	H8/r7	H8/s7	H8/t7	H8/u7				
				H8/d8	H8/e8	H8/f8		H8/h8													
H9			H9/c9	H9/d9	H9/e9	H9/f9		H9/h9													
H10			H10/c10	H10/d10				H10/h10													
H11	H11/a11	H11/b11	H11/c11	H11/d11				H11/h11													
H12		H12/b12						H12/h12													

注:1. $\dfrac{H6}{n5}$、$\dfrac{H7}{p6}$≤3 mm 和 $\dfrac{H8}{r7}$≤100 mm 时为过渡配合。

2. 黑框中的配合符号为优先配合。

4. 公差与配合的标注

1) 在装配图中的标注方法

配合的代号由两个相互结合的孔和轴的公差带的代号组成,用分数形式表示,分子为孔的公差带代号,分母为轴的公差带代号,标注的通用形式如图 1-6-14 所示。

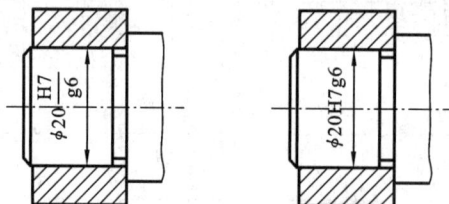

图 1-6-14　装配图中尺寸公差的标注方法

2) 在零件图中的标注方法

如图 1-6-15(a)所示的是只标注公差带的代号;图 1-6-15(b)所示的是只标注偏差数值;图 1-6-15(c)所示的是公差带代号和偏差数值一起标注。

5. 查表方法

基本尺寸、基本偏差、公差等级确定以后,极限偏差的数值可以从表中查得。

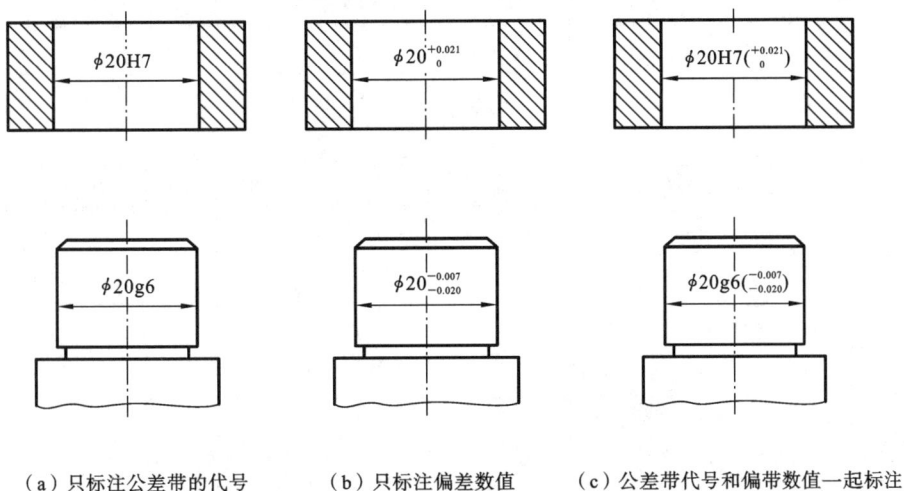

（a）只标注公差带的代号　　（b）只标注偏差数值　　（c）公差带代号和偏带数值一起标注

图 1-6-15　零件图中尺寸公差的标注方法

【例 1-6-1】　查表写出 $\phi30H8/f7$ 轴、孔的极限偏差数值。

分析　从该配合代号中可以看出，孔、轴基本尺寸为 $\phi30$，孔为基准孔，公差等级 8 级；相配合的轴的基本偏差代号为 f，公差等级 7 级，属于基孔制间隙配合。

（1）查孔 $\phi30H8$ 的偏差数值。由表 1-6-3 中基本尺寸"大于 24 至 30"的横行与 H8 的纵列相交处，查得上偏差为 $+33\ \mu m$（即 $+0.033$ mm），下偏差为"0"，所以 $\phi30H8$ 可写成中 $\phi30^{+0.033}_{0}$。

表 1-6-3　查孔 $\phi30H8$ 的偏差数值

代号		A	B	C	D	E	F	G	H				
基本尺寸 /mm		公差等级											
大于	至	11	11	*11	*9	8	*8	*7	6	*7	*8	*9	10	*11
10	14	+400	+260	+205	+93	+59	+43	+24	+11	+18	+27	+43	+70	+110
14	18	+290	+150	+95	+50	+32	+16	+6	0	0	0	0	0	0
18	24	+430	+290	+240	+117	+73	+53	+28	+13	+21	+33	+52	+84	+130
24	30	+300	+160	+110	+65	+40	+20	+7	0	0	0	0	0	0
30	40	+470	+330	+280	+142	+89	+64	+34	+16	+25	+39	+62	+100	+160
		+310	+170	+120										
40	50	+480	+340	+290	+80	+50	+25	+9	0	0	0	0	0	0
		+320	+180	+130										

（2）查轴 $\phi30f7$ 的偏差数值。由表 1-6-4 中基本尺寸"大于 24 至 30"的横行与 f7 的纵列相交处，查得上偏差为 $-20\ \mu m$（即 -0.020 mm），下偏差为 $-41\ \mu m$（即 -0.041 mm），所以 $\phi30f7$ 可写成 $\phi30^{-0.020}_{-0.041}$。

表 1-6-4　查轴 $\phi30f7$ 的偏差数值

代号		a	b	c	d	e	f	g	h					
基本尺寸 /mm		公差等级												
大于	至	11	11	*11	*9	8	*7	*6	5	*6	*7	8	*9	*10
10	14	−290	−150	−90	−50	−32	−16	−6	0	0	0	0	0	0
14	18	−400	−260	−205	−93	−59	−34	−17	−8	−11	−18	−27	−43	−70
18	24	−300	−160	−110	−65	−40	−20	−7	0	0	0	0	0	0
24	30	−430	−290	−240	−117	−73	−41	−20	−9	−13	−21	−33	−52	−84
30	40	−310 −470	−170 −330	−120 −280	−80	−50	−25	−9	0	0	0	0	0	0
40	50	−320 −480	−180 −340	−130 −290	−142	−89	−50	−25	−11	−16	−25	−39	−162	−100

四、简单装配图的识读

在机器或部件的设计、装配、检验和维修工作中,或进行技术交流的过程中,都需要装配图。因此,熟练地阅读装配图,正确地由装配图拆画零件图,是每个工程技术人员必须具备的基本技能之一。读装配图的目的是:

(1) 了解机器或部件的性能、用途和工作原理。

(2) 了解各零件间的装配关系及拆卸顺序。

(3) 了解各零件的主要结构形状和作用。

1. 概括了解

读装配图时,首先要看标题栏、明细栏,从中了解该机器或部件的名称、组成该机器或部件的零件名称、数量、材料以及标准件的规格等。根据视图的大小、画图的比例和装配体的外形尺寸等,对装配体有一个初步印象。

图 1-6-16 为机用虎钳装配图。由标题栏可知该部件名称为机用虎钳,对照图上的序号和明细栏,可知它由 11 种零件组成,其中垫圈 5、圆锥销 7、螺钉 10 、垫圈 11 是标准件(明细栏中有标准编号),其他为非标准件。根据实践知识或查阅说明书及有关资料,大致可知:机用虎钳是安装在机床工作台上,用于夹紧工件,以便进行切削加工的一种通用工具。

2. 分析视图,明确表达目的

首先要找到主视图,再根据投影关系识别出其他视图;找出剖视图、断面图所对应的部切位置,识别出表达方法的名称,从而明确各视图表达的意图和重点,为下一步深入看图做准备。

机用虎钳装配图采用了主、俯、左三个基本视图,并采用了单件画法、局部放大图、移出断面图等表达方法。各视图及表达方法的分析如下。

(1) 主视图:采用了全剖视,主要反映机用虎钳的工作原理和零件的装配关系。

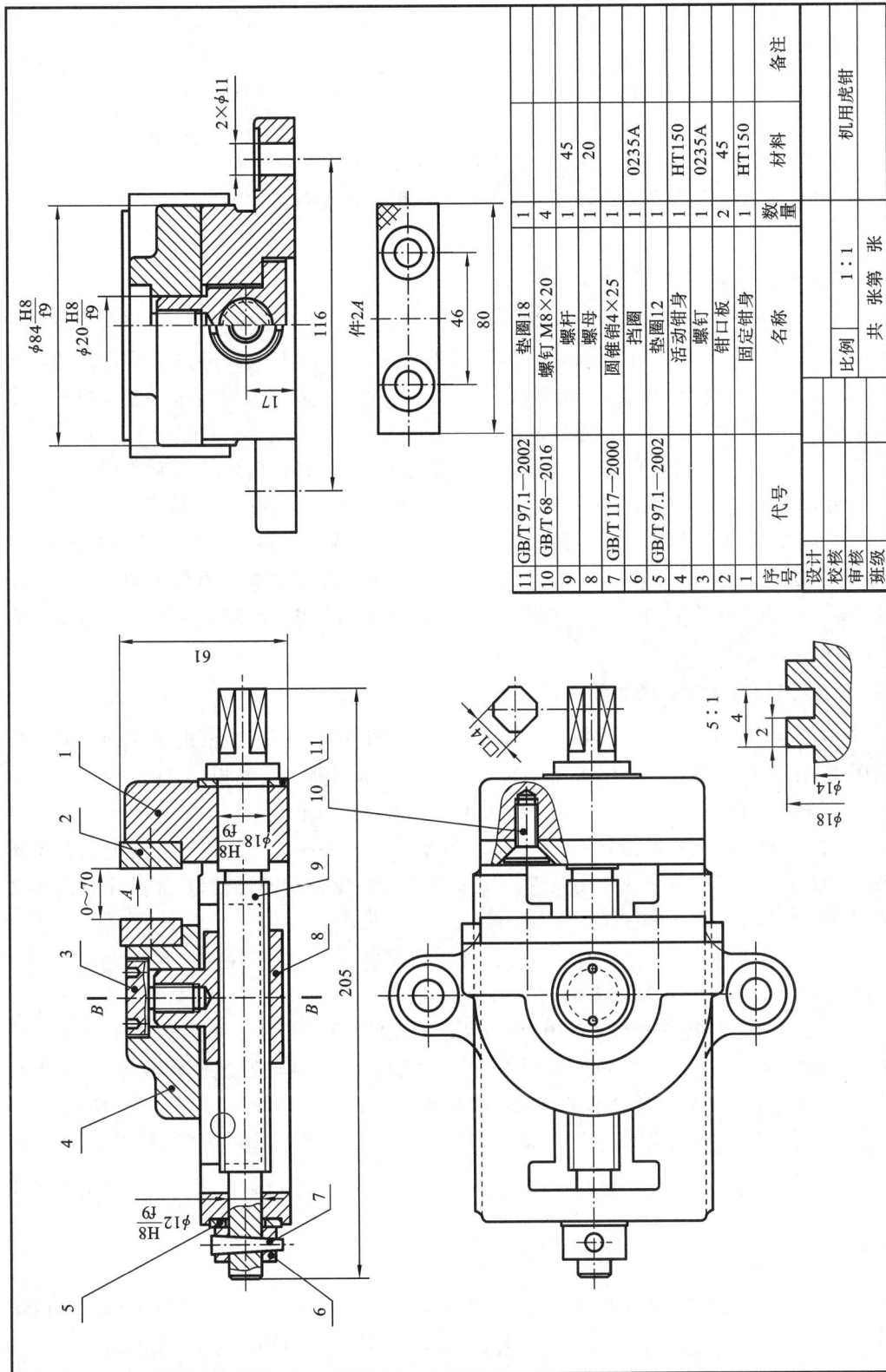

序号	代号	名称	数量	材料	备注
11	GB/T 97.1—2002	垫圈18	1		
10	GB/T 68—2016	螺钉 M8×20	4	45	
9		螺杆	1	20	
8		螺母	1		
7	GB/T 117—2000	圆锥销4×25	1	0235A	
6		挡圈	1		
5	GB/T 97.1—2002	垫圈12	1		
4		活动钳身	1	HT150	
3		螺钉	1	0235A	
2		钳口板	2	45	
1		固定钳身	1	HT150	

机用虎钳

比例 1:1

图 1-6-16 机用虎钳装配图

（2）俯视图：主要表达机用虎钳的外形，并通过局部剖视表达钳口板 2 与固定钳身 1 连接的局部结构。

（3）左视图：采用 $B—B$ 半剖视，表达固定钳身 1、活动钳身 4 和螺母 8 三个零件之间的装配关系。

（4）单件画法：件 2 的 A 向视图，用来表达钳口板 2 的形状。

（5）局部放大图：用以表达螺杆 9 上螺纹（矩形螺纹）的结构和尺寸。

（6）移出断面图：用以表达螺杆 9 右端的断面形状。

3. 分析工作原理和零件的装配关系

对于比较简单的装配体，可以直接对装配图进行分析。对于比较复杂的装配体，需要借助说明书等技术资料来阅读图样。读图时，可先从反映工作原理、装配关系较明显的视图入手，抓主要装配干线或传动路线，分析研究各相关零件间的连接方式和装配关系，判明固定件与运动件，搞清传动路线和工作原理。

（1）工作原理：机用虎钳的主视图基本反映出其工作原理，即旋转螺杆 9，使螺母 8 带动活动钳身 4 在水平方向上左右移动，进而夹紧或松开工件。机用虎钳的最大夹持厚度为 70 mm。

（2）装配关系：主视图反映了机用虎钳主要零件间的装配关系，即螺母 8 从固定钳身 1 下方的空腔装入工字形槽内，再装入螺杆 9，用垫圈 11、垫圈 5 及挡圈 6 和圆锥销 7 将螺杆轴向固定；螺钉 3 用于连接活动钳身 4 与螺母 8，最后用螺钉 10 将两块钳口板 2 分别与固定钳身 1、活动钳身 4 连接。

4. 分析视图，看懂零件的结构形状

在弄清上述内容的基础上，还要看懂每一个零件的形状。读图时，借助序号指引的零件上的剖面线，利用同一零件在不同视图中的剖面线方向与间隔一致的规定，对照投影关系以及与相邻零件的装配情况，逐步想象出各零件的主要结构形状。

分析时，一般先从主要零件着手，然后是次要零件。有些零件的具体形状可能表达得不够清楚，这时需要根据该零件的作用及其与相邻零件的装配关系进行推想，完整构思出零件的结构形状，为拆画零件图做准备。

固定钳身、活动钳身、螺杆、螺母是机用虎钳的主要零件，它们在结构和尺寸上都有非常密切的联系，要读懂装配图，必须看懂它们的结构形状。

（1）固定钳身。根据主、俯、左视图，可知其结构左低右高，下部有一空腔，且有一工字形槽（因矩形槽的前后各凸起一个长方形而形成）。空腔的作用是放置螺杆和螺母，工字形槽的作用是使螺母带动活动钳身沿水平方向左右移动。

（2）活动钳身。由三个基本视图可知其主体左侧为阶梯半圆柱，右侧为长方体，前后向下探出的部分包住固定钳身，二者的结合面采用基孔制、间隙配合 $\left(\phi84\dfrac{H9}{f9}\right)$。中部的阶梯孔与螺母的结合面采用基孔制、间隙配合 $\left(\phi20\dfrac{H8}{f9}\right)$。

（3）螺杆。由主视图、俯视图、断面图和局部放大图可知，螺杆的中部为矩形螺纹，两端轴径与固定钳身两端的圆孔采用基孔制、间隙配合 $\left(\phi12\dfrac{H8}{f9}、\phi18\dfrac{H8}{f9}\right)$。螺杆左端加工出锥销孔,右端加工出矩形平面。

(4) 螺母。由主、左视图可知,其结构为上圆下方,上部圆柱与活动钳身相配合,并通过螺钉调节松紧度;下部方形内的螺纹孔可旋入螺杆,将螺杆的旋转运动转变为螺母的左右水平移动,带动活动钳身沿螺杆轴线移动,达到夹紧或松开工件的目的;底部凸台的上表面与固定钳身工字形槽的下导面相接触,故而应有较高的表面结构要求。

把机用虎钳中每个零件的结构形状都看清楚之后,将各个零件联系起来,便可想象出机用虎钳的完整形状,如图 1-6-17 所示。

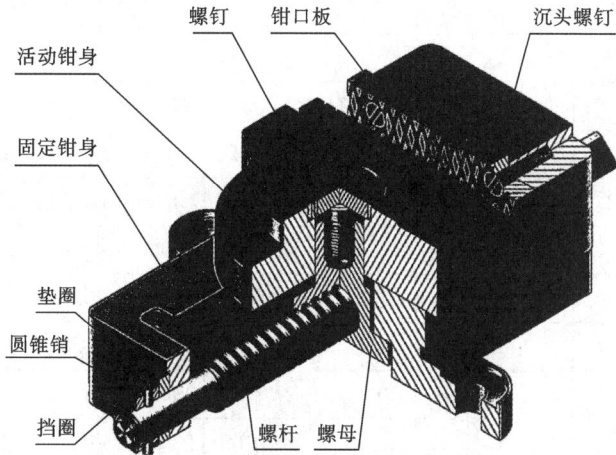

图 1-6-17 机用虎钳轴测剖视图

5. 归纳总结

在以上分析的基础上,还要对技术要求、尺寸等进行研究,并综合分析总体结构,从而对装配体有一个全面了解。

附录 A　极限与配合

表 A-1　标准公差数值(摘自 GB/T 1800.1—2020)

公称尺寸 /mm		标准公差级																
大于	至	IT1	IT2	IT3	IT4	IT5	IT6	IT7	IT8	IT9	IT10	IT11	IT12	IT13	ITI4	ITI5	IT16	ITI7	IT18
		μm											mm						
—	3	0.8	1.2	2	3	4	6	10	14	25	40	60	0.1	0.14	0.25	0.4	0.6	1	1.4
3	6	1	1.5	2.5	4	5	8	12	18	30	48	75	0.12	0.18	0.3	0.48	0.75	1.2	1.8
6	10	1	1.5	2.5	4	6	9	15	22	36	58	90	0.15	0.22	0.36	0.58	0.9	1.5	2.2
10	18	1.2	2	3	5	8	11	18	27	43	70	110	0.18	0.27	0.43	0.7	1.1	1.8	2.7
18	30	1.5	2.5	4	6	9	13	21	33	52	84	130	0.21	0.33	0.52	0.84	1.3	2.1	3.3
30	50	1.5	2.5	4	7	11	16	25	39	62	100	160	0.25	0.39	0.62	1	1.6	2.5	3.9
50	80	2	3	5	8	13	19	30	46	74	120	190	0.3	0.46	0.74	1.2	1.9	3	4.6
80	120	2.5	4	6	10	15	22	35	54	87	140	220	0.35	0.54	0.87	1.4	2.2	3.5	5.4
120	180	3.5	5	8	12	18	25	40	63	100	160	250	0.4	0.63	1	1.6	2.5	4	6.3
180	250	4.5	7	10	14	20	29	46	72	115	185	290	0.46	0.72	1.15	1.85	2.9	4.6	7.2
250	315	6	8	12	16	23	32	52	81	130	210	320	0.52	0.81	1.3	2.1	3.2	5.2	8.1
315	400	7	9	13	18	25	36	57	89	140	230	360	0.57	0.89	1.4	2.3	3.6	5.7	8.9
400	500	8	10	15	20	27	40	63	97	155	250	400	0.63	0.97	1.55	2.5	4	6.3	9.7
500	630	9	11	16	22	32	44	70	110	175	280	440	0.7	1.1	1.75	2.8	4.4	7	11
630	800	10	13	18	25	36	50	80	125	200	320	500	0.8	1.25	2	3.2	5	8	12.5
800	1000	11	15	21	28	40	56	90	140	230	360	560	0.9	1.4	2.3	3.6	5.6	9	14
1000	1250	13	18	24	33	47	66	105	165	260	420	660	1.05	1.65	2.6	4.2	6.6	10.5	16.5
1250	1600	15	21	29	39	55	78	125	195	310	500	780	1.25	1.95	3.1	5	7.8	12.5	19.5
1600	2000	18	25	35	46	65	92	150	230	370	600	920	1.5	2.3	3.7	6	9.2	15	23
2000	2500	22	30	41	55	78	110	175	280	440	700	1100	1.75	2.8	4.4	7	11	17.5	28
2500	3150	26	36	50	68	96	135	210	330	540	860	1350	2.1	3.3	5.4	8.6	13.5	21	33

注:1. 公称尺寸大于 500 mn 的 IT1 至 IT5 的标准公差数值为试行的。

　　2. 公称尺寸小于或等于 1 mm 时,无 IT14 至 IT18。

　　《产品几何技术规范(GPS)　线性尺寸公差 ISO 代号体系　第 1 部分:公差、偏差和配合的基础》(GB/T 1800.1—2020)对孔和轴各规定了 29 个不同的基本偏差数值。基本偏差代号用拉丁字母表示。其中,用一个字母表示的有 21 个,用两个字母表示的有 8 个,其中基本偏差的概念不适用于 JS 和 is。从 26 个拉丁字母中去掉了易与其他含义相混淆的 I、L、O、Q、W(i、l、o、q、w)5 个字母。大写字母表示孔,小写字母表示轴。轴和孔的基本偏差代号与数值可在表 A-2、表 A-3、表 A-4、表 A-5 中查得。

表 A-2　孔的基本偏差数值(摘自 GB/T 1800.1—2020)

孔 A~M 的基本偏差数值　　　　　　　　　　　　　　　　单位:μm

公称尺寸/mm 大于	至	A[a]	B[a]	C	CD	D	E	EF	F	FG	G	H	JS	J IT6	J IT7	J IT8	K[c,d] ≤IT8	K[c,d] >IT8	M[b,c,d] ≤IT8	M[b,c,d] >IT8
—	3	+270	+140	+60	+34	+20	+14	+10	+6	+4	+2	0		+2	+4	+6	0	0	−2	−2
3	6	+270	+140	+70	+46	+30	+20	+14	+10	+6	+4	0		+5	+6	+10	−1+Δ	—	−4+Δ	−4
6	10	+280	+150	+80	+56	+40	+25	+18	+13	+8	+5	0		+5	+8	+12	−1+Δ	—	−6+Δ	−6
10	14	+290	+150	+95	+70	+50	+32	+23	+16	+10	+6	0		+6	+10	+15	−1+Δ	—	−7+Δ	−7
14	18																			
18	24	+300	+160	+110	+85	+65	+40	+28	+20	+12	+7	0		+8	+12	+20	−2+Δ	—	−8+Δ	−8
24	30																			
30	40	+310	+170	+120	+100	+80	+50	+35	+25	+15	+9	0		+10	+14	+24	−2+Δ	—	−9+Δ	−9
40	50	+320	+180	+130																
50	65	+340	+190	+140	—	+100	+60	—	+30	—	+10	0		+13	+18	+28	−2+Δ	—	−11+Δ	−11
65	80	+360	+200	+150																
80	100	+380	+220	+170	—	+120	+72	—	+36	—	+12	0		+16	+22	+34	−3+Δ	—	−13+Δ	−13
100	120	+410	+240	+180																
120	140	+460	+260	+200	—	+145	+85	—	+43	—	+14	0		+18	+26	+41	−3+Δ	—	−15+Δ	−15
140	160	+520	+280	+210																
160	180	+580	+310	+230																
180	200	+660	+340	+240	—	+170	+100	—	+50	—	+15	0		+22	+30	+47	−4+Δ	—	−17+Δ	−17
200	225	+740	+380	+260																
225	250	+820	+420	+280																
250	280	+920	+480	+300	—	+190	+110	—	+56	—	+17	0		+25	+36	+55	−4+Δ	0	−20+Δ	−20
280	315	+1050	+540	+330																
315	355	+1200	+600	+360	—	+210	+125	—	+62	—	+18	0		+29	+39	+60	−4+Δ	0	−21+Δ	−21
355	400	+1350	+680	+400																
400	450	+1500	+760	+440	—	+230	+135	—	+68	—	+20	0		+33	+43	+65	−5+Δ	0	−23+Δ	−23
450	500	+1650	+840	+480																

表头说明:基本偏差数值——下极限偏差,EI(所有公差等级):A~H、JS;上极限偏差,ES:J(IT6、IT7、IT8)、K(≤IT8、>IT8)、M(≤IT8、>IT8)。

JS 列:偏差=±ITn/2,式中 n 为标准公差等级数

公称尺寸/mm 大于	至	A^a	B^a	C	CD	D	E	EF	F	FG	G	H	JS	J IT6	J IT7	J IT8	K^{c,d} ≤IT8	K^{c,d} >IT8	M^{b,c,d} ≤IT8	M^{b,c,d} >IT8
												基本偏差数值								
500	560					+260	+145		+76		+22	0	偏差=±$IT_n/2$,式中 n 为标准公差等级数				0		−26	
560	630																			
630	710					+290	+160		+80		+24	0					0		−30	
710	800																			
800	900					+320	+170		+86		+26	0					0		−34	
900	1000																			
1000	1120					+350	+195		+98		+28	0					0		−40	
1120	1250																			
1250	1400					+390	+220		+110		+30	0					0		−48	
1400	1600																			
1600	1800					+430	+240		+120		+32	0					0		−58	
1800	2000																			
2000	2240					+480	+260		+130		+34	0					0		−68	
2240	2500																			
2500	2800					+520	+290		+145		+38	0					0		−76	
2800	3150																			

[a] 公称尺寸≤1 mm 时,不适用基本偏差 A 和 B。

[b] 特例:对于公称尺寸大于 250 mm～315 mm 的公称带代号 M6,ES=−9 μm(计算结果不是−11 μm)。

[c] 为确定 K 和 M 的值,参见《产品几何技术规范(GPS) 线性尺寸公差 ISO 代号体系 第1部分:公差偏差和配合的基础》(GB/T 1800.1—2020)中的 4.3.2.5 小节。

[d] 对于 Δ 值,见表 A-3。

表 A-3 孔的基本偏差数值(摘自 GB/T 1800.1—2020)

公称尺寸/mm		基本偏差数值 上极限偏差,ES															Δ值 标准公差等级					
		N^(a,b)		P~ZC^a	>IT7 的标准公差等级																	
大于	至	≤IT8	>IT8	≤IT7	P	R	S	T	U	V	X	Y	Z	ZA	ZB	ZC	IT3	IT4	IT5	IT6	IT7	IT8
—	3	−4	−4	在大于IT7的标准公差等级的基本偏差数值上增加一个Δ值	−6	−10	−14	—	−18	—	−20	—	−26	−32	−40	−60	0	0	0	0	0	0
3	6	−8+Δ	0		−12	−15	−19	—	−23	—	−28	—	−35	−42	−50	−80	1	1.5	1	3	4	6
6	10	−10+Δ	0		−15	−19	−23	—	−28	—	−34	—	−42	−52	−67	−97	1	1.5	2	3	6	7
10	14	−12+Δ	0		−18	−23	−28	—	−33	—	−40	—	−50	−64	−90	−130	1	2	3	3	7	9
14	18	−12+Δ	0		−18	−23	−28	—	−33	−39	−45	—	−60	−77	−108	−150	1	2	3	3	7	9
18	24	−15+Δ	0		−22	−28	−35	—	−41	−47	−54	−63	−73	−90	−136	−188	1.5	2	3	4	8	12
24	30	−15+Δ	0		−22	−28	−35	−41	−48	−55	−64	−75	−88	−118	−160	−218	1.5	2	3	4	8	12
30	40	−17+Δ	0		−26	−34	−43	−48	−60	−68	−80	−94	−112	−148	−200	−274	1.5	3	4	5	9	14
40	50	−17+Δ	0		−26	−34	−43	−54	−70	−81	−97	−114	−136	−180	−242	−325	1.5	3	4	5	9	14
50	65	−20+Δ	0		−32	−41	−53	−66	−87	−102	−122	−144	−172	−226	−300	−405	2	3	5	6	11	16
65	80	−20+Δ	0		−32	−43	−59	−75	−102	−120	−146	−174	−210	−274	−360	−480	2	3	5	6	11	16
80	100	−23+Δ	0		−37	−51	−71	−91	−124	−146	−178	−214	−258	−335	−445	−585	2	4	5	7	13	19
100	120	−23+Δ	0		−37	−54	−79	−104	−144	−172	−210	−254	−310	−400	−525	−690	2	4	5	7	13	19
120	140	−27+Δ	0		−43	−63	−92	−122	−170	−202	−248	−300	−365	−470	−620	−800	3	4	6	7	15	23
140	160	−27+Δ	0		−43	−65	−100	−134	−190	−228	−280	−340	−415	−535	−700	−900	3	4	6	7	15	23
160	180	−27+Δ	0		−43	−68	−108	−146	−210	−252	−310	−380	−465	−600	−780	−1000	3	4	6	7	15	23
180	200	−31+Δ	0		−50	−77	−122	−166	−236	−284	−350	−425	−520	−670	−880	−1150	3	4	6	9	17	26
200	225	−31+Δ	0		−50	−80	−130	−180	−258	−310	−385	−470	−575	−740	−960	−1250	3	4	6	9	17	26
225	250	−31+Δ	0		−50	−84	−140	−196	−284	−340	−425	−520	−640	−820	−1050	−1350	3	4	6	9	17	26
250	280	−34+Δ	0		−56	−94	−158	−218	−315	−385	−475	−580	−710	−920	−1200	−1550	4	4	7	9	20	29
280	315	−34+Δ	0		−56	−98	−170	−240	−350	−425	−525	−650	−790	−1000	−1300	−1700	4	4	7	9	20	29
315	355	−37+Δ	0		−62	−108	−190	−268	−390	−475	−590	−730	−900	−1150	−1500	−1900	4	5	7	11	21	32
355	400	−37+Δ	0		−62	−114	−208	−294	−435	−530	−660	−820	−1000	−1300	−1650	−2100	4	5	7	11	21	32
400	450	−40+Δ	0		−68	−126	−232	−330	−490	−595	−740	−920	−1100	−1450	−1850	−2400	5	5	7	13	23	34
450	500	−40+Δ	0		−68	−132	−252	−360	−540	−660	−820	−1000	−1250	−1600	−2100	−2600	5	5	7	13	23	34

续表

公称尺寸/mm		基本偏差数值 上极限偏差，ES							
		≤IT8	>IT8	≤IT7	>IT7 的标准公差等级				
大于	至	N^a,b	P~ZC^a	P	P	R	S	T	U
500	560	−44	在大于 IT7 的标准公差等级的基本偏差数值上增加一个 △ 值	−78		−150	−280	−400	−600
560	630					−155	−310	−450	−660
630	710	−50		−88		−175	−340	−500	−740
710	800					−185	−380	−560	−840
800	900	−56		−100		−210	−430	−620	−940
900	1000					−220	−470	−680	−1050
1000	1120	−66		−120		−250	−520	−780	−1150
1120	1250					−260	−580	−840	−1300
1250	1400	−78		−140		−300	−640	−960	−1450
1400	1600					−330	−720	−1050	−1600
1600	1800	−92		−170		−370	−820	−1200	−1850
1800	2000					−400	−920	−1350	−2000
2000	2240	−110		−195		−440	−1000	−1500	−2300
2240	2500					−460	−1100	−1650	−2500
2500	2800	−135		−240		−550	−1250	−1900	−2900
2800	3150					−580	−1400	−2100	−3200

[a] 为确定 N 和 P~ZC 的值，参见《产品几何技术规范（GPS） 线性尺寸公差 ISO 代号体系 第 1 部分：公差偏差和配合的基础》(GB/T 1800.1—2020)中的 4.3.2.5 小节。

[b] 公称尺寸≤1 mm 时，不使用标准公差等级大于 IT8 的基本偏差 N。

表 A-4 轴的基本偏差数值(摘自 GB/T 1800.1—2020)

轴 a~j 的基本偏差数值 　　　　　　　单位：μm

公称尺寸/mm 大于	至	基本差数值 上极限偏差,es 所有公差等级												下级极限偏差,ei IT5和IT6	IT7	IT8
		a[a]	b[a]	c	cd	d	e	ef	f	fg	g	h	js	j	j	j
—	3	−270	−140	−60	−34	−20	−14	−10	−6	−4	−2	0		−2	−4	−6
3	6	−270	−140	−70	−46	−30	−20	−14	−10	−6	−4	0		−2	−4	
6	10	−280	−150	−80	−56	−40	−25	−18	−13	−8	−5	0		−2	−5	
10	14	−290	−150	−95	−70	−50	−32	−23	−16	−10	−6	0		−3	−6	
14	18	−290	−150	−95	−70	−50	−32	−23	−16	−10	−6	0		−3	−6	
18	24	−300	−160	−110	−85	−65	−40	−25	−20	−12	−7	0		−4	−8	
24	30	−300	−160	−110	−85	−65	−40	−25	−20	−12	−7	0		−4	−8	
30	40	−310	−170	−120	−100	−80	−50	−35	−25	−15	−9	0		−5	−10	
40	50	−320	−180	−130	−100	−80	−50	−35	−25	−15	−9	0		−5	−10	
50	65	−340	−190	−140		−100	−60		−30		−10	0		−7	−12	
65	80	−360	−200	−150		−100	−60		−30		−10	0		−7	−12	
80	100	−380	−220	−170		−120	−72		−36		−12	0		−9	−15	
100	120	−410	−240	−180		−120	−72		−36		−12	0		−9	−15	
120	140	−460	−260	−200		−145	−85		−43		−14	0		−11	−18	
140	160	−520	−280	−210		−145	−85		−43		−14	0		−11	−18	
160	180	−580	−310	−230		−145	−85		−43		−14	0		−11	−18	
180	200	−660	−340	−240		−170	−100		−50		−15	0		−13	−21	
200	225	−740	−380	−260		−170	−100		−50		−15	0		−13	−21	
225	250	−820	−420	−280		−170	−100		−50		−15	0		−13	−21	
250	280	−920	−480	−300		−190	−110		−56		−17	0		−16	−26	
280	315	−1050	−540	−330		−190	−110		−56		−17	0		−16	−26	
315	355	−1200	−600	−360		−210	−125		−62		−18	0		−18	−28	
355	400	−1350	−680	−400		−210	−125		−62		−18	0		−18	−28	
400	450	−1500	−760	−440		−230	−135		−68		−20	0		−20	−32	
450	500	−1650	−840	−480		−230	−135		−68		−20	0		−20	−32	
500	560					−260	−145		−76		−22	0				
560	630					−260	−145		−76		−22	0				
630	710					−290	−160		−80		−24	0				
710	800					−290	−160		−80		−24	0				
800	900					−320	−170		−86		−26	0				
900	1000					−320	−170		−86		−26	0				
1000	1120					−350	−195		−98		−28	0				
1120	1250					−350	−195		−98		−28	0				
1250	1400					−390	−220		−110		−30	0				
1400	1600					−390	−220		−110		−30	0				
1600	1800					−430	−240		−120		−32	0				
1800	2000					−430	−240		−120		−32	0				
2000	2240					−480	−260		−130		−34	0				
2240	2500					−480	−260		−130		−34	0				
2500	2800					−520	−290		−145		−38	0				
2800	3150					−520	−290		−145		−38	0				

（js 列）偏差＝±IT_n/2，式中 n 是标准公差等级数

[a] 公称尺寸≤1 mm 时，不使用基本偏差 a 和 b。

表 A-5　轴的基本偏差数值(摘自 GB/T 1800.1—2020)

轴 k～zc 的基本偏差数值　　　　　　　　　　　　　　　　　　　　单位:μm

| 公称尺寸/mm | | 基本差数值 下极限偏差,ei | | | | | | | | | | | | | | | |
| 大于 | 至 | IT4至IT7 | ≤IT3,>IT7 | 所有公差等级 | | | | | | | | | | | | | |
		k	k	m	n	p	r	s	t	u	v	x	y	z	za	zb	zc
—	3	0	0	+2	+4	+6	+10	+14	—	+18	—	+20	—	+26	+32	+40	+60
3	6	+1	0	+4	+8	+12	+15	+19	—	+23	—	+28	—	+35	+42	+50	+80
6	10	+1	0	+6	+10	+15	+19	+23	—	+28	—	+34	—	+42	+52	+67	+97
10	14	+1	0	+7	+12	+18	+23	+28	—	+33	—	+40	—	+50	+64	+90	+130
14	18	+1	0	+7	+12	+18	+23	+28	—	+33	+39	+45	—	+60	+77	+108	+150
18	24	+2	0	+8	+15	+22	+28	+35	—	+41	+47	+54	+63	+73	+90	+136	+188
24	30	+2	0	+8	+15	+22	+28	+35	+41	+48	+55	+64	+75	+88	+118	+160	+218
30	40	+2	0	+9	+17	+22	+34	+43	+48	+60	+68	+80	+94	+112	+148	+200	+274
40	50	+2	0	+9	+17	+22	+34	+43	+54	+70	+81	+97	+114	+136	+180	+242	+325
50	65	+2	0	+11	+20	+32	+41	+53	+66	+87	+102	+122	+144	+172	+226	+300	+405
65	80	+2	0	+11	+20	+32	+43	+59	+75	+102	+120	+146	+174	+210	+274	+360	+480
80	100	+3	0	+13	+23	+37	+51	+71	+91	+124	+146	+178	+214	+258	+335	+445	+585
100	120	+3	0	+13	+23	+37	+54	+79	+104	+144	+172	+210	+254	+310	+400	+525	+690
120	140	+3	0	+15	+27	+43	+63	+92	+122	+170	+202	+248	+300	+365	+470	+620	+800
140	160	+3	0	+15	+27	+43	+65	+100	+134	+190	+228	+280	+340	+415	+535	+700	+900
160	180	+3	0	+15	+27	+43	+68	+108	+146	+210	+252	+310	+380	+465	+600	+780	+1000
180	200	+4	0	+17	+31	+50	+77	+122	+166	+236	+284	+350	+425	+520	+670	+880	+1150
200	225	+4	0	+17	+31	+50	+80	+130	+180	+258	+310	+385	+470	+575	+740	+960	+1250
225	250	+4	0	+17	+31	+50	+84	+140	+196	+284	+340	+425	+520	+640	+820	+1050	+1350
250	280	+4	0	+20	+34	+56	+94	+158	+218	+315	+385	+475	+580	+710	+920	+1200	+1550
280	315	+4	0	+20	+34	+56	+98	+170	+240	+350	+425	+525	+650	+790	+1000	+1300	+1700
315	355	+4	0	+21	+37	+62	+108	+190	+268	+390	+475	+590	+730	+900	+1150	+1500	+1900
355	400	+4	0	+21	+37	+62	+114	+208	+294	+435	+530	+660	+820	+1000	+1300	+1650	+2100
400	450	+5	0	+23	+40	+68	+126	+232	+330	+490	+595	+740	+920	+1100	+1450	+1850	+2400
450	500	+5	0	+23	+40	+68	+132	+252	+360	+540	+660	+820	+1000	+1250	+1600	+2100	+2600
500	560	0	0	+26	+44	+78	+150	+280	+400	+600							
560	630	0	0	+26	+44	+78	+155	+310	+450	+660							
630	710	0	0	+30	+50	+88	+175	+340	+500	+740							
710	800	0	0	+30	+50	+88	+185	+380	+560	+840							
800	900	0	0	+34	+56	+100	+210	+430	+620	+940							
900	1000	0	0	+34	+56	+100	+220	+470	+680	+1050							
1000	1120	0	0	+40	+66	+120	+250	+520	+780	+1150							
1120	1250	0	0	+40	+66	+120	+260	+580	+840	+1300							
1250	1400	0	0	+48	+78	+140	+300	+640	+960	+1450							
1400	1600	0	0	+48	+78	+140	+330	+720	+1050	+1600							
1600	1800	0	0	+58	+92	+170	+370	+820	+1200	+1850							
1800	2000	0	0	+58	+92	+170	+400	+920	+1350	+2000							
2000	2240	0	0	+68	+110	+195	+440	+1000	+1500	+2300							
2240	2500	0	0	+68	+110	+195	+460	+1100	+1650	+2500							
2500	2800	0	0	+76	+135	+240	+550	+1250	+1900	+2900							
2800	3150	0	0	+76	+135	+240	+580	+1400	+2100	+3200							

附录B 常用的机械加工一般规范和零件的结构要素

表 B-1 零件倒圆与倒角(摘自 GB/T 6403.4—2008) 单位:mm

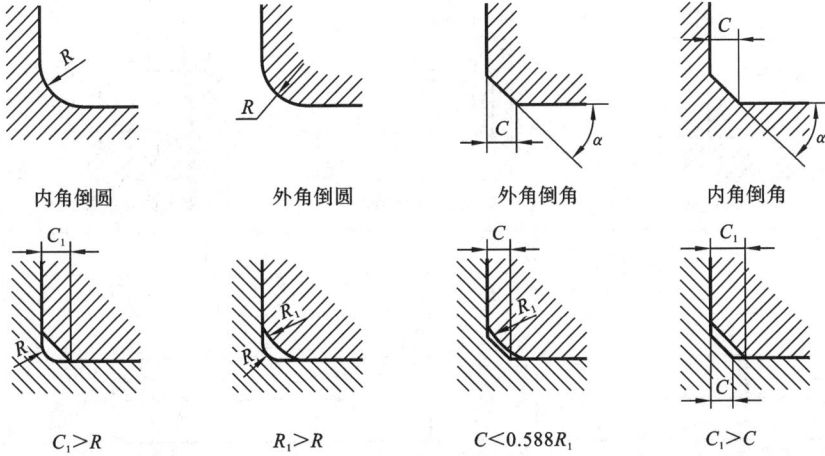

内角倒圆 外角倒圆 外角倒角 内角倒角

$C_1>R$ $R_1>R$ $C<0.588R_1$ $C_1>C$

ϕ	～3	>3～6	>6～10	>10～18	>18～30	>30～50	>50～80	>80～120	>120～180
C 或 R	0.2	0.4	0.6	0.8	1.0	1.6	2.0	2.5	3.0
ϕ	>180～250	>250～320	>320～400	>400～500	>500～630	>630～800	>800～1000	>1000～1250	>1250～1600
C 或 R	4.0	5.0	6.0	8.0	10	12	16	20	25

注:a 一般采用 45°,也可采用 30°或 60°。

表 **B-2**　回转面及端面砂轮越程槽(摘自 GB/T 6403.5—2008)　　　　单位:mm

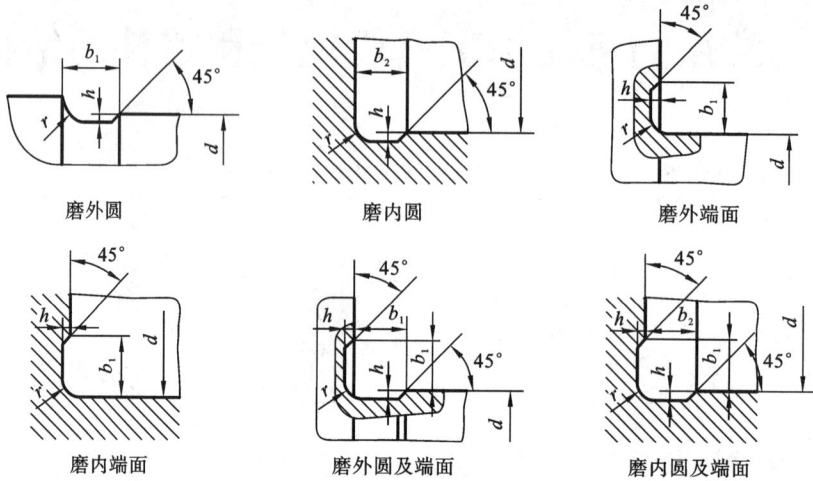

磨外圆　　　　　　　　磨内圆　　　　　　　　磨外端面

磨内端面　　　　　　磨外圆及端面　　　　　磨内圆及端面

d	\~10			10\~50		50\~100		100	
b_1	0.6	1.0	1.6	2.0	3.0	4.0	5.0	8.0	10
b_2	2.0	3.0		4.0		5.0			
h	0.1	0.2		0.3	0.4		0.6	0.8	1.2
r	0.2	0.5		0.8	1.0		1.6	2.0	3.0

注:1. 越程槽内与直线相交处,不允许产生尖角。

　　2. 越程槽深度 h 与圆弧半径 r,要满足 $r \leqslant 3h$。

表 **B-3**　普通螺纹退刀槽和倒角(摘自 GB/T 3—1997)　　　　单位:mm

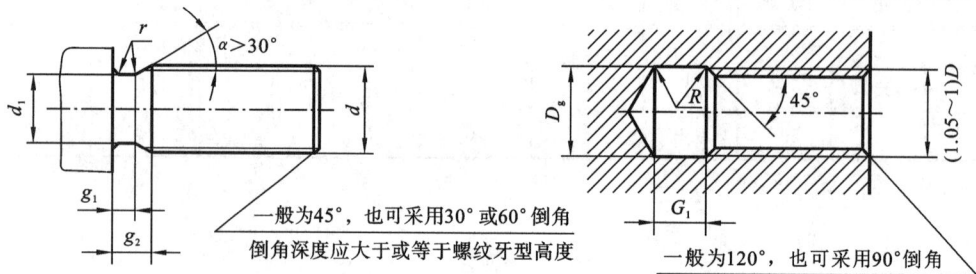

一般为45°,也可采用30°或60°倒角
倒角深度应大于或等于螺纹牙型高度

一般为120°,也可采用90°倒角

螺距 P	外螺纹				内螺纹			
	g_2 max	g_1 min	d_g	$r \approx$	G_1		D_g	$R \approx$
					一般	短的		
0.5	1.5	0.8	$d-0.8$	0.2	2	1		0.2
0.6	1.8	0.9	$d-1$		2.4	1.2		0.3
0.7	2.1	1.1	$d-1.1$	0.4	2.8	1.4	$D+0.3$	
0.75	2.25	1.2	$d-1.2$		3	1.5		0.4
0.8	2.4	1.3	$d-1.3$		3.2	1.6		

续表

螺距 P	外螺纹				内螺纹			
	g_2 max	g_1 min	d_g	$r\approx$	G_1 一般	G_1 短的	D_g	$R\approx$
1	3	1.6	$d-1.6$	0.6	4	2	$D+0.5$	0.5
1.25	3.75	2	$d-2$		5	2.5		0.6
1.5	4.5	2.5	$d-2.3$	0.8	6	3		0.8
1.75	5.25	3	$d-2.6$	1	7	3.5		0.9
2	6	3.4	$d-3$		8	4		1
2.5	7.5	4.4	$d-3.6$	1.2	10	5		1.2
3	9	5.2	$d-4.4$	1.6	12	6		1.5
3.5	10.5	6.2	$d-5$		14	7		1.8
4	12	7	$d-5.7$	2	16	8		2
4.5	13.5	8	$d-6.4$	2.5	18	9		2.2
5	15	9	$d-7$		20	10		2.5
5.5	17.5	11	$d-7.7$	3.2	22	11		2.8
6	18	11	$d-8.3$		24	12		3
参考值	$\approx 3P$	—	—	—	$=4P$	$=2P$	—	$\approx 0.5P$

注:d、D 为螺纹公称直径代号。"短"退刀槽仅在结构受限制时采用。

表 B-4　紧固件通孔及沉孔尺寸　　　　　　　　单位:mm

螺纹规格 d			M4	M5	M6	M8	M10	M12	M16	M18	M20	M24	M30	M36
通孔尺寸 d_1			4.5	5.5	6.6	9	11	13.5	17.5	20	22	26	33	39
用于内六圆角柱头螺钉	d_2	8	10	11	15	18	20	26	—	33	40	48	5
	t	4.6	5.7	6.8	9	11	13	17.5	—	21.5	25.5	32	38
	d_3	—	—	—	—	—	16	20	—	24	28	36	42
用于开槽圆柱头螺钉	d_2	8	10	11	15	18	20	26	—	33	—	—	—
	t	3.2	4	4.7	6	7.0	8.0	10.5	—	12.5	—	—	—
	d_3	—	—	—	—	—	16	20	—	24	—	—	—

GB/T 152.3—1988

续表

螺纹规格 d			M4	M5	M6	M8	M10	M12	M16	M18	M20	M24	M30	M36
通孔尺寸 d_1			4.5	5.5	6.6	9	11	13.5	17.5	20	22	26	33	39
GB/T 152.4—1988	用于六角头螺栓及六角螺母	d_2	10	11	13	18	22	26	33	36	40	48	61	71
		d	—	—	—	—	—	16	20	22	24	28	36	42
		t	只要能制出与通孔 d_1 的轴线垂直的圆平面即可											

螺纹规格 d			M1.6	M2	M2.5	M3	M3.5	M4	M5	M6	M8	M10	—	—
GB/T 152.2—2014	用于沉头及半沉头螺钉	d_h min	1.8	2.4	2.9	3.4	3.9	4.5	5.5	66	9	11	—	—
		D_c min	3.6	4.4	5.5	6.3	8.2	9.4	10.4	12.6	17.3	20	—	—
		$t\approx$	0.95	1.05	1.35	1.55	2.25	2.55	2.58	3.13	4.28	4.65	—	—

表 B-5　中心孔(摘自 GB/T 145—2001、GB/T 4459.5—1999)　　　　单位:mm

	A 型(不带护锥)中心孔	B 型(带护锥)中心孔	C 型(带螺纹)中心孔	R 型(弧形)中心孔
形式及标记示例	 标记示例: GB/T 4459.5— A4/8.5 $(d=4,D=8.5)$	 标记示例: GB/T 4459.5— B2.5/8 $(d=2.5,D_2=8)$	 标记示例: GB/T 4459.5— CM10L30/16.3 $(d=M10,L=30,D_3=16.3)$	 标记示例: GB/T 4459.5— R3.15/6.7 $(d=3.15,D=6.7)$
用途	通常用于加工后可以保留的场合(此情况占大多数)	通常用于加工后必须要保留的场合	通常用于一些需要带压紧装置的零件	通常用于需要提高加工精度的场合

	要求	规定表示法	简化表示法	说　明
中心孔表示法	在完工的零件上要求保留中心孔	GB/T 4459.5-B4/12.5	B4/12.5	采用 B 型中心孔 $d=4$, $D_2=12.5$ 注:中心孔符号的图线宽度等于图样中尺寸数字字高(h)的 $h/10$

续表

要 求	规定表示法	简化表示法	说　明
中心孔表示法	在完工的零件上可以保留中心孔（是否保留都可以，绝大多数情况如此）	GB/T 4459.5—A2/4.25	A2/4.25	采用 A 型中心孔 $d=2$,$D=4.25$ 一般情况下,均采用这种方式
		2×A4/8.5 GB/T 4459.5	2×A4/8.5	采用 A 型中心孔 $d=4$,$D=8.5$ 同一轴的两端中心孔相同,可只在一端标出,但应注出其数量
	在完工的零件上不允许保留中心孔	GB/T 4459.5—A1.6/3.35	A1.6/3.35	采用 A 型中心孔 $d=1.6$,$D=3.35$ 注:中心孔符合的图线宽度等于图样中尺寸数字字高(h)的 $h/10$

注:1. 对于标准中心孔,在图样中可不绘制详细结构。

　　2. 在不致引起误解时,可省略标准编号。

参 考 文 献

［1］何铭新，钱可强.机械制图[M].北京:高等教育出版社,2016.

［2］胡建生.机械制图[M].北京：机械工业出版社,2020.

［3］郭克希，王桂香.机械制图[M].北京:机械工业出版社,2019.